中华茶文化

主　编　周　浪　姚静怡

副主编　徐　茂　李　霞　舒小红

参　编　刘家民　覃筠闵　黄曼红　张译心

　　　　罗申茂　佘　敏　王　杰　周静芸

　　　　李兰英　谭　静

北京理工大学出版社

BEIJING INSTITUTE OF TECHNOLOGY PRESS

内容提要

本书立足介绍中华茶文化，结合茶艺体验和茶事活动的教育教学实践而编写。

本书共三个篇章，分别为上篇茶故事、中篇茶生命、下篇茶生活，由十一个单元组成，包括茶文化源远流长；茶的历史演绎；茶的文学礼赞；探索多彩茶俗；茶的第一次生命；茶的第二次生命；茶的第三次生命；人之美：茶艺最根本要素；水之美：茶之道，水知道；器之美：茶之道，器之道；艺之美：品茗的最高境界。前两个单元介绍茶的起源、演变、传播，以及茶文化的发展史；第三、四单元介绍茶文学、茶礼仪和茶习俗；第五～七单元分别介绍茶经历的生长、制作、冲泡等三次生命历程；第八～十一单元分别介绍了与茶密切相关的人、水、器、艺等四大要素。本书内容丰富，可读性强，力求以介绍中华茶文化知识为主线，辅以现代茶艺体验和茶事活动实践的内容，兼具知识性和实践性。

本书可作为本科层次职业院校、高等职业院校美育教育和文化素质教育教材，也可作为社会人士学习中华传统茶文化、现代茶艺的读本。

图书在版编目（CIP）数据

中华茶文化 / 周浪，姚静怡主编 .-- 北京：北京理工大学出版社，2024.1

ISBN 978-7-5763-3545-3

Ⅰ.①中…　Ⅱ.①周…②姚…　Ⅲ.①茶文化—中国—高等学校—教材　Ⅳ.① TS971.21

中国国家版本馆 CIP 数据核字（2024）第 039321 号

责任编辑：王梦春　　　　　文案编辑：邓　洁
责任校对：刘亚男　　　　　责任印制：王美丽

出版发行 / 北京理工大学出版社有限责任公司

社　　址 / 北京市丰台区四合庄路 6 号

邮　　编 / 100070

电　　话 / (010) 68914026（教材售后服务热线）

　　　　　　(010) 68944437（课件资源服务热线）

网　　址 / http ://www.bitpress.com.cn

版 印 次 / 2024 年 1 月第 1 版第 1 次印刷

印　　刷 / 河北鑫彩博图印刷有限公司

开　　本 / 787 mm×1092 mm　1/16

印　　张 / 14

字　　数 / 312 千字

定　　价 / 89.00 元

前言

茶，起源于中国，盛行于世界，是中国最具代表性的文化符号之一，它与瓷器、丝绸等自古以来便共同展示着中华文化的魅力。

2022年12月，习近平总书记对非物质文化遗产保护工作作出重要指示："'中国传统制茶技艺及其相关习俗'列入联合国教科文组织人类非物质文化遗产代表作名录，对于弘扬中国茶文化很有意义。"习近平总书记高度重视茶文化的保护、传承与发展，他多次"以茶论道"，阐释茶中蕴含的文化内涵。在习近平总书记的重视和推动下，一杯"中国茶"成为传承、弘扬中华文化的重要载体。

党的二十大报告提出了"中国式现代化是物质文明和精神文明相协调的现代化"的重要论述，强调了"推进文化自信自强，铸就社会主义文化新辉煌"的战略任务，为新时代中华优秀传统茶文化的创造性转化和创新性发展指明了发展方向。

本书作为本科层次职业院校、高等职业院校开展美育教育和文化素质教育的教材，系统介绍了茶历史、茶文学、茶礼仪、茶习俗、茶人、茶器、茶艺等具有民族特色和历史情怀的茶文化知识以外，还介绍了茶生命、茶科技、茶事活动等实践应用型内容，并将课程思政有机融于教材之中，有利于读者培养巩固"弘扬中华文化、坚定文化自信"的文化自豪感。本书各单元主要内容如下。

第一单元　茶文化源远流长　本单元介绍茶的起源、发展、演变、传播，概述中华茶文化的历史渊源和发展特色。从茶起源的传说，到最早的"茶字""茶人""茶书"，再到茶的读音；从茶马古道的由来及历史意义，到中国茶传入亚洲和欧洲的历史，充分证明了中华茶文化是一种源远流长、博大精深的文化传承。

第二单元　茶的历史演绎　本单元介绍中国茶的悠久历史和发展历程，从茶的原始利用，到茶文化的萌芽期、兴盛期、繁盛期、变革期，再到茶馆的千年历程，并重点介绍一种传承历史文化的典型代表——潮州工夫茶，由此来阐释中国茶的历史演绎和社会属性。

第三单元　茶的文学礼赞　本单元介绍茶诗等文学作品的意趣特色和创作意境，以及文人与茶的有趣故事。领略文学作品的永恒魅力，感受茶文化兼收并蓄的特点。

第四单元　探索多彩茶俗　本单元介绍诞生礼、婚嫁礼、祭祀礼人生三礼中的茶俗，以及中华民族多姿多彩的茶俗。茶俗是我国民间风俗的一种，它是中华民族传统文化的积淀，有较明显的地域特征和民族特征。由此展示内容丰富、各呈风采的中华茶俗。

第五单元　茶的第一次生命　本单元介绍茶的"生长"这第一次生命，主要介绍茶树的生命历程、生育条件及其广阔分布。茶树的芽叶萌发、茁壮成长、广阔分布，是茶的第一次生命，它源于自然环境和自然条件。

第六单元　茶的第二次生命　本单元介绍茶的"制作"这第二次生命，主要介绍制茶工艺、茶的种类，以及茶作为健康饮品蕴含的营养成分和保健功效。茶经历摊晾、萎凋、杀青、揉捻等制作工艺，制成各具特色的六大茶类，同时具备对人体健康有益的特质和功效，是茶的第二次生命，它源于制茶之人，以及制茶的匠心工艺。

第七单元　茶的第三次生命　本单元介绍茶的"冲泡"这第三次生命，主要介绍茶叶的形态、茶汤的颜色和特点，不同类别茶叶的香味，以及不同类别茶蕴含的"酸、甜、苦、涩、鲜"味道。茶叶与水融合，茶叶慢慢浸润，展现出原本的形态，色彩变得鲜活，缕缕清香飘起，成为一盏香茗，是为茶的第三次生命，它源于与水的融合，以及品茗的人，让茶的生命更加精彩。

第八单元　人之美：茶艺最根本要素　本单元介绍茶艺美的第一要素——茶人，主要介绍茶人的界定、职业要求和基本素养，以及从事茶事活动应具备的茶事礼仪。人之美是茶艺美的最高形态，也是茶艺达到尽善尽美境界的重要因素。

第九单元　水之美：茶之道，水知道　本单元介绍茶艺美的构成要素——茶水，主要介绍泡茶用水的要求、标准、水量、水质、水温等。茶发于水，水乃茶之母，水之美是茶艺美的要素之一。

第十单元　器之美：茶之道，器之道　本单元介绍茶艺美的构成要素——茶器，主要介绍唐前、唐代、宋代、明清以及当代茶器的种类、功能、特点及其美学价值，介绍不同茶器的形态美、材料美、工艺美等。茶藉于器，器为茶之父，器之美是茶艺美的要素之一。

第十一单元　艺之美：品茗的最高境界　本单元介绍茶艺之美，主要介绍不同类别茶的冲泡技艺和品饮技艺。茶艺是茶和艺术的有机结合，通过介绍泡茶、品茶、赏茶等过程，探索茶艺的独特韵味，体现中和之美、自然之美、内涵之美、气韵之美。

本书由重庆工程职业技术学院组织编写，旨在为读者提供一本兼具知识性、实践性、赏析性的美育教育和文化素质教育教材。全书共十一个单元，编写分工如下：

重庆工程职业技术学院周浪负责策划和统稿，并负责第八单元、第十一单元的编写，重庆工程职业技术学院姚静怡负责全书框架结构和大纲拟定，并负责第一单元、第二单元的编写，重庆工程职业技术学院徐茂负责第五单元、第六单元、第七单元的编写，重庆工程职业技术学院刘家民负责第三单元的编写并参与第八单元的编写，重庆工程职业技术学院覃筠闵负责第四单元的编写，重庆工程职业技术学院黄曼红、张译心、罗申茂也参与了部分内容的编写。

重庆科技大学佘敏负责第十单元编写，重庆荟茗茶业有限公司舒小红参与第八单元编写，重庆农业科学院茶叶研究所王杰参与第六单元编写，缙山茶业（重庆）有限责任公司周静芸参与第六单元、第七单元编写，四川省农业科学院茶叶研究所李兰英参与第七单元编写，重庆静舍茶文化传播有限公司谭静负责第九单元编写，重庆文里苗品文化旅游发展有限公司李霞参与第十一单元编写。

全书体例新颖，将各单元内容分为"学习目标""美的视窗""美的解读""文化拓展""文化践行"等模块。在相关内容旁配有微课视频，读者可扫码观看。同时充分借助"互联网＋教育"的优质资源共享性，以"茶艺与茶文化"作为配套数字资源，该在线课程在"重庆智慧教育"平台上线，目前已开课五期，为茶文化与茶艺知识拓展提供综合性、系统性的学习指导。

在本书编写过程中，我们得到重庆大学教师万曼璐、学生隆文娜的大力支持和帮助，我们还参考、借鉴了一些同仁的研究成果和资料，在此特向他们表示衷心的感谢。本书在编写过程中还得到了北京理工大学出版社的支持和帮助，也向他们表示诚挚的谢意。

限于编者水平和时间有限，书中难免有疏漏之处，恳请专家学者、广大读者批评指正。

编　者

2023 年 12 月

目录

上篇　茶故事

中篇　茶生命

下篇　茶生活

上篇 茶故事

从茶的起源传播，到茶的历史演绎；从茶的文学作品，到茶的习俗礼仪；从中国的茶，到世界的茶。

这些茶故事，演绎的是悠久茶历史、灿烂茶文化、多彩茶习俗、和谐茶韵味、高雅茶礼仪。

第一单元　茶文化源远流长

一片树叶，落进水里，改变了水的味道，从此有了茶！

——纪录片《茶，一片树叶的故事》

单元导入

　　茶文化是中华优秀传统文化的重要组成部分。一片叶子，物质与精神交融、传统与现代并进、国内与国际齐放，从文化、艺术、商贸等多领域深刻地影响着世界。今天，中国不仅与世界共享了茶文化，还通过申遗成功使中华民族茶文化中蕴含的生活方式和美学态度得到了世界的充分认同，它不仅是中国的优秀文化，也是全人类的优秀文化。

　　"中国茶"亦是"世界茶"。

学习目标

知识目标：

1. 了解茶的社会性起源和植物学起源；
2. 明确中国对于世界茶业的贡献；
3. 理解茶传入朝鲜半岛、日本的历史意义及精神内涵；
4. 掌握中国茶传入欧洲的历史背景。

能力目标：

1. 学会从科学实证和文学史料方面证实茶树起源于中国；
2. 能够讲好中国茶故事。

素质目标：

1. 感受"万里茶道"的历史意义和新时代使命；
2. 多元角度辩证分析中华茶文化与世界茶文化的联系与不同。

美的视窗

　　中国民间一直流传着这样一个"神农与茶"的神话故事：远在上古时代，传说中的神农氏，亲口尝过百草，以便从中发现有利于人类生存的植物。这一天，他竟然多次中毒，深感情况不妙的他便靠在一棵大树下休息，这时从树枝上飘下一片树叶正巧落进他的嘴里，他咀嚼树叶，清香爽朗，精神为之一振，顿时觉得头脑清醒不少，腹中黑色毒素居然消失了。于是，神农将树叶采摘下来带回部落，并且将这种树定名为"茶"，神农中毒而用茶叶解毒的故事，虽然有明显夸张的成分，但是人类利用茶叶，也确实可能是从药用开始的。

从此，人类与茶结下不解之缘。

🍵 美的解读

专题一

一盏乡愁：中国是茶的故乡

2018 年 8 月，习近平总书记在全国宣传思想工作会议上指出：中华优秀传统文化是中华民族的文化根脉，其蕴含的思想观念、人文精神、道德规范，不仅是我们中国人思想和精神的内核，对解决人类问题也有重要价值。他还指出：要推动中华优秀传统文化创造性转化和创新性发展。中华优秀传统文化博大精深，中国是茶的故乡，也是茶文化的发源地，茶文化兼具历史性、时代性、地区性和国际性，是一种独特而优秀的中华传统文化。

一、关于茶起源的传说

关于茶的起源，根据文献记载，有许多不同的版本。其中，茶圣陆羽的《茶经》中有"茶之为饮，发乎神农氏，闻于鲁周公"的记载。

前述神话故事中"神农尝百草"说茶的历史，讲到了茶的社会属性：茶是什么时候被人类发现并利用的。那么作为一种植物，茶树又是什么时候在地球上出现的？按植物学分类的说法，可以追根溯源，我们先找到茶树的亲缘植物。据研究，茶树所属的被子植物，起源于中生代的早期。中生代是显生宙的三个地质时代之一，可分为三叠纪、侏罗纪和白垩纪三个纪，而山茶科植物化石出现于白垩纪期的地层中，也就是中生代末期。在山茶科内，山茶属是比较原始的一个种群，而茶树在山茶属中又是比较原始的一个种。因此，据植物学家分析，茶树起源于中生代的末期至新生代早期，至今已有 6 000 万年历史了。

> **微课 1：茶的源流**
>
> 茶，一片树叶，可以呈现出千变万化的香。这片神奇的树叶是什么时候被发现的？它又有着怎样的前世今生呢？

二、中国是茶的原产地

吴觉农（公元 1897—1989 年），著名农学家、农业经济学家，现代茶叶事业复兴和发展的奠基人，其代表作为《茶经述评》，他在《中华农学会报》发表的《茶树原产地》一文中指出："中国有几千年茶业的历史，为全世界需茶的出产地……谁也不能否认中华是茶的原产地。"

茶在地球上存在约有 6 000 万年至 7 000 万年的历史，中国是茶的原产地。中国人发现和利用茶始于原始母系氏族社会，迄今已有 5 000 年至 6 000 年历史了。一片树叶穿越千年，在历史、文学和发展传播之路上，都烙印下了它的足迹。

（一）稽古揆今：中国是茶树的发源中心

苏联学者乌鲁夫在其《历史植物地理学》中指出"许多属的起源中心在某一地区集中，指出了这一植物区系的发源中心"。目前，全球山茶科植物共有 24 属、380 多个种，中国西南部山区有 16 属、260 多个种，按照这一理论，自然分布的山茶科山茶属植物在中国西南区域高度集中，是原产地植物区系的重要标志，中国是茶树的发源中心。

1980 年 7 月，在贵州省晴隆县碧痕镇云头大山发现了一枚四头茶籽化石（图 1-1），经中国科学院南京地质古生物研究所鉴定，距今约 100 万年，是迄今为止世界上发现的最古老的茶籽化石。

图 1-1　四头茶籽化石

这枚化石的出土，将我国西南地区出产茶叶的历史，向前推进了至少 100 万年；同时，这枚化石还从地质学、考古学、生物遗传学等方面，证明了黔西南就是茶树原产地中心，或者说就是茶叶的故乡。

（二）千秋万代：最早的"茶字""茶人""茶书"

1. 字里观茶："荼"与"茶"

在史料记载中，有关茶的名称不少，但在"茶"字使用前，"荼"实为"茶"的古体字，是"茶"字的最早写法。

（1）"荼"字的由来。"荼"字最早见于我国古代第一部诗歌总集《诗经》，书中曾记载：

"谁谓荼苦，其甘如荠。"——《诗·邶风·谷风》

"周原膴膴，菫荼如饴。"——《诗·大雅·绵》

"采荼薪樗，食我农夫。"——《诗·豳风·七月》

"予手拮据，予所捋荼。"——《诗·豳风·鸱鸮》

"出其闉闍，有女如荼，非我思且。"——《诗·郑风·出其东门》

由于处于文字形成初期，人们对事物认知程度远低于今天，这增加了"茶"字的考证难度，一名多物或多名一物的情况时常发生，但从可查证的资料可知，"荼"字为古时"茶"字的借用字，上述诗句中的"荼"，多数学者认为指的应是茶。

明确表示有茶名意义的则是最早收录于《汉书·艺文志》中的《尔雅》，作为中国最早解释词义并按词义系统及事物分类编纂而成的词典，有如下所述：

《尔雅注》曰："树小如栀子，冬生叶，可煮羹……蜀人名之苦荼。"

《十三经注疏》曰："槚，一名苦荼……今呼早采者为荼，晚取者为茗。一名荈，蜀人名之苦荼。"

《尔雅正义》曰"荼，今蜀人以作饮，音直加反，茗之类……汉人阳羡买茶之语，则西汉已尚茗饮，三国志韦曜传：曜初见异，密赐茶荈以当酒。自此以后，争茗饮尚矣……荈、茗，其实一也。"

从《尔雅》可以得知，早在2 000多年前，对于茶就有这么多别称。

（2）"茶"字的确立。纵观茶的发展史，茶在不同时期、不同地区得以发现和利用。在古代由于地域障碍、语言差异及文字局限等因素，人们对茶有着不同的认识，对茶也有着多种称呼。在唐代以前，茶的称呼虽多，但用得最多、最普遍、影响最深的便是"荼"字。到了唐代，被后人称为"茶圣"的陆羽在所著的《茶经》中总结出："茶，其名一曰茶，二曰槚，三曰蔎，四曰茗，五曰荈"，并将"荼"字减去一笔统一改写成"茶"字，沿用至今，这规范了茶的语音与书写笔画，由此结束了对茶称呼混淆不清的历史，《茶经》也成了世界上第一部茶叶专著。

2. 植茶始祖：吴理真

"扬子江中水，蒙山顶上茶"是白居易的诗句，被中国茶界尊为天下茶道绝联。

公元前53年，甘露道人吴理真（西汉人，号甘露道人）在四川蒙顶山手植七株茶树，人称皇茶园，这里便是世界上最早的人工栽培茶园。清代雍正年间刻碑记事，讲述这个地方的茶"为蒙顶茶始祖，高不盈尺，不生不灭，迥异寻常"。吴理真开始了人工种茶的先河，因此功绩，被推崇为"植茶始祖"。

3. 茶学专著：《茶经》

《茶经》作为世界上第一部茶书，为唐代陆羽所著，成书于8世纪六七十年代，距今已有1 200多年，是一部关于茶叶生产的历史、源流、现状、生产技术以及饮茶技艺、茶道原理的综合性专著，被誉为"茶叶百科全书"，现已有100多种版本问世。此书不仅受到我国历代文人雅士的推崇，近年来，来自日本、英国、美国等国家的学者，也十分重视《茶经》的研究价值，将其翻译成日、英、法等语言进行研究。由此观之，《茶经》对中国茶业乃至世界茶业发展所做的贡献不容小觑。

微课 2："茶圣"陆羽其人以及《茶经》的写作

"羽嗜茶，造妙理，著《茶经》三卷，言茶之原、之法、之具，时号'茶仙'，天下益知饮茶矣。"陆羽所著《茶经》，是中华茶文化史上的一颗璀璨明珠；一部《茶经》传世，亦成就了陆羽千古"茶圣"之名。

（三）名扬四海：茶的世界读音皆源自中国

世界各国的饮用茶都是先后直接或间接从我国输入的，而各国语言中对于"茶"的发音，都是根据中国对"茶"的发音音译而来。

我国商人正式经营茶叶出口贸易，最先是广东人，而后是厦门人。因此，各国"茶"字的译音都是由广东语和厦门语演变而来，可分为两大系统。另外，俄语的"茶"字发音，是俄国商队来故都（今北京）运茶，从北京的普通话演变的。

1. 由广东语音译

广东茶字的发音是"ca"，读音如"擦"的发音。1516 年葡萄牙人最先来广东交易，接受了对"ca"的发音。之后，从葡萄牙人手里买茶的国家将"ca"转变为十几个国家的语言。如阿拉伯语"Shai"（读作 Shi）、土耳其语"Char"、印地语"Cha"、越南语"Tsa"、保加利亚语"Chi"等，都是由中国"ca"的发音演变而来。

2. 从厦门语音译

福建厦门茶字的发音是"te"，读音如"得"。厦门人最先将茶叶运至爪哇万丹，卖给荷兰人。荷兰人由厦门发音"te"用拉丁文译成"Thee"，欧洲各国除了葡萄牙以外，最初都是依赖荷兰供给茶叶，因此，这些国家对于茶字的发音都是由厦门语演变而来的。

现在的英语"Tea"，原来发音是"Tay"，后变为"Tee"，都是由荷兰文"Thee"演变而来的。1650—1659 年，英国的有关记述茶叶的文献中，就有"Tee"字，发音为"Tay"，1660 年开始拼成"Tea"，但直至 18 世纪中叶，发音仍为"Tay"，18 世纪中叶以后，其发音逐渐演变为与现在发音近似。

专题二
和谐共荣：茶马古道

慢慢熬茶味道好，慢慢说话意思明。

相亲相爱，犹如茶与盐巴；

汉藏团结，犹如茶与盐巴。

茶越熬越酽，书越读越精。

无谚之语难听，无盐之茶难喝。

一、茶马古道的由来

茶马古道，是指存在于中国西南地区，以马为主要交通工具的民间国际商贸通道，是中国西南民族经济文化交流的走廊。

唐贞观十五年（公元 641 年）文成公主进藏，据《西藏政教鉴附录》记载："茶叶自文成公主入藏也。"从此，茶便与这片广袤的内陆高原结下不解之缘，在民间，就流传着"宁可三日无粮，不可一日无茶"的谚语，而在西藏生活的人们离不开茶，和西藏独特的地理环境有着极大关系。

西藏在唐宋时期称为"吐蕃"，元明时期称为"乌斯藏"，清代称为"唐古特""图伯特"等，清朝康熙年间起称为"西藏"，并沿用至今。西藏自治区，面积 120.28 万 km^2，平均海拔在 4 000 m 以上，由于青藏高原受奇特多样的地形地貌、高空空气环境以及天气系统的影响，形成了复杂多样的独特气候，除呈现西北严寒干燥、东南温暖湿润的总趋向外，还有多种多样的区域气候，总体呈现出一天度四季，全年备寒冬的地域特征。在这样特殊的地理及气候条件下，当地多以种植青稞、放牧牛羊为主，蔬菜水果匮乏，人们的饮食也多以青稞面、牛羊肉、糌粑、乳及乳制品等油燥性食物为主，由于古时交通不便，中原的蔬菜、水果等产品很难运送至藏区。据《滴露漫录》记载："茶之为物，西戎吐蕃，古今皆仰食之，以其腥肉之食，非茶不消；青稞之热，非茶不解。"由于茶叶中富含茶多酚、茶多糖、氨基酸、维生素等多种有机物质，具有消食解腻、清热解毒等作用，极大程度地缓解了食用油燥性食物对身体带来的不适感，因此生活在藏区的人们每天需要大量饮茶来维持身体代谢平衡，这就有了"宁可三日无粮，不可一日无茶"的地域风俗。

吐蕃古不产茶，盛产良马，而人民生活需要大量饮茶；中原茶业昌盛，稀缺良马，而边关作战需要大量战马。两地为互补资源，茶马互市由此产生。穿越中国人迹罕至的内陆腹地和青藏高原，马帮们踩出一条崎岖不平的小道，人背马驮，将茶叶送达西藏各地，进入广袤高原的寻常百姓家，以换来矫健雄壮的骏马。这条以茶市马，由人背马驮的方式历经千辛万苦踩出的这条崎岖小道，人称"茶马古道"。

二、茶马古道的历史意义

茶马古道分陕甘、陕康藏、滇藏三条主要线路，连接川滇藏，延伸入不丹、尼泊尔、印度境内，《云南省志·地理志》记载，茶马古道的核心地带，穿越横断山脉以及金沙江、澜沧江、怒江、雅砻江向西延伸，跨越中国最大的两个高原（青藏高原和云贵高原），最后通向喜马拉雅山南部的印度次大陆，是世界上类型相对独特、地形相对复杂的高山峡谷地区。千百年来，中原地区的茶叶、盐巴、皮毛和铜矿等物资西行，换回了当地马匹等牲畜、土特产、药材等，其中往来的运输，不仅为两地补给物资，汉唐文化也随之影响着西南各民族。就像闻名中外的丝绸之路一样，地处大西南的茶马古道，构成了古代中国和西亚、南亚之间交通、交流的重要门户，它是多民族政治、经济、社会和文化融合的巨大平台，是鼓荡在云贵高原和青藏高原上巨大的血脉。

茶马古道源于古代西南边疆的茶马互市，兴于唐宋，盛于明清。为了贸易获利，一代代马帮们几乎是以生命去冒险，他们既是生意人，又是探险家，凭借着刚毅和智慧，用心血和汗水，铺就了一条条沿着茶马古道前行的生存之路。如今，茶马古道已经不再延续它的商贸功能，但以茶为媒，走出了一条政治、经济、文化交流"大通道"的茶马古道，历经千百年，不仅有着丰富的商贸往来故事，更是中华民族大家庭一份珍贵的历史文化遗产。古道上各民族之间的互动，促进了茶马古道的开拓与发展，茶马互市，交换的不只是商品，更多的是技术、观念、文化和精神，这条古道不仅是商贸通道，更是民族走廊、文化桥梁，这是茶马古道文化魅力之所在。

专题三
礼尚往来：中国茶传亚洲

习近平总书记在 2019 年亚洲文明对话大会开幕式上的主旨演讲中指出："文明因多样而交流，因交流而互鉴，因互鉴而发展。我们要加强世界上不同国家、不同民族、不同文化的交流互鉴，夯实共建亚洲命运共同体、人类命运共同体的人文基础。"中国茶的传播正是典型的文化交流、文明互鉴之路。茶，穿越历史、跨越国界，起于中国，传向世界。

一、唐宋遗风：茶入朝鲜半岛

茶，在韩语中为 cha/ta，是由汉语演变而来的。中国茶传入朝鲜半岛时，被当地人看成是一种有助于修行的饮料，随着佛教的兴盛，饮茶开始风靡，渐渐地，具有药用价值的各种汤，都被称为"茶"。

唐朝时期是中华茶文化的第一个高峰。为寻求佛法，朝鲜半岛有大批僧侣来到中土且在回国时带走了茶和茶籽。据高丽时代金富轼的《三国史记·新罗本纪》记载：

"冬十二月，遣使入唐朝贡，文宗召对于麟德殿，宴赐有差。入唐回使大廉持茶种来，王使植地理（亦称智异）山。茶自善德王有之，至此盛焉。"

由此说明朝鲜半岛在唐代初期已引入中国茶。当时的饮茶法主要仿效唐朝的煎茶法，饮茶主要在贵族、僧侣和上层社会中传播并流行，且主要用于宗庙祭礼和佛教茶礼。

宋元时期是中华茶文化的第二个高峰。受中华茶文化发展的影响，朝鲜半岛的茶文化也进入全盛期，初期流行煎茶法，中晚期流行点茶法。在吸收、消化中国宋元的茶文化后，朝鲜半岛茶文化在这个时期形成并普及于王室、官员、僧道和普通百姓中。这时的茶礼主要有官府茶礼，佛教禅宗茶礼，儒、道茶礼以及平民茶礼。

明末清初，朝鲜半岛饮茶之风颇为盛行，泡茶法传入，并被茶礼所采用，但煎茶法和点茶法同时并存，随着茶礼器具及技艺化的发展，其形式被固定下来，更趋完备。朝鲜中期至朝鲜战争，其茶文化受到重创。战后，开始复兴逐步进入蓬勃发展时期。

在朝鲜古代社会和传统风俗中，从中国传入的"四礼"（冠礼、婚礼、丧礼、祭礼）长期占有重要地位。而在韩国近现代的历史发展过程中，冠礼已经消失，婚礼和丧礼也日益西化，唯独祭礼保持传统特色延续了下来。与中国不同的是，祭礼在韩国又叫作"茶礼"（或"茶祀"），茶是最主要的祭物，"茶礼"几乎是"祭祀"的代名词。

二、唐宋遗风：日本茶道文化

"茶事之会是一期一会，即使同一个主人、同一个客人多次重复茶事，也无法再现现在的情况。"在日本人的心目中，茶道是一种精神修养和文化传统，而非简单的饮茶行为。

盛唐时期，中国茶道达到鼎盛，并通过各国使者相继传播到琉球、天竺等地。日本茶道及其文化是由中国传入，并在日本传承发展起来的重要传统文化，受到日本地理环境、传统礼节、艺术审美的多重影响。

公元 805 年，由日本来中国研学的最澄大师回国，同时带回了中国的茶籽，并在京都比睿山栽种。

公元 1168 年，荣西禅师从日本来中国研学。其在回国时不仅带回了茶籽，也将中国寺院的饮茶方式一并带回日本。回国后，他撰写了日本的第一部茶叶专著《吃茶养生记》，书中记载了茶叶的药用价值，僧侣们很快意识到饮茶不仅可以提神醒脑，还有助于身体健康，于是饮茶在寺庙禅僧间普及，并且逐渐形成一套禅宗礼法。日本茶道是融自然、技艺、哲学、宗教于一体的多元素文化活动，具有独特的精神内涵（图 1-2）。

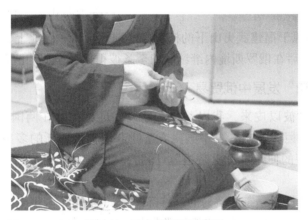

图 1-2　日本茶道抹茶展示

微课 3：日本茶道表演

茶道，是一种人文艺术，是自身文化修养，是关于茶的一系列仪式。日本茶道是在烧水、点茶、喝茶的过程中由形入心，向人表达尊敬、友好之情。

专题四
漂洋过海：中国茶传欧洲

一片树叶穿越千年，从"柴米油盐酱醋茶"到"琴棋书画诗酒茶"，从最开始清热解毒的药饮，到现在风靡世界的天然饮品，放眼全球，茶叶如今遍布世界五大洲，"万里茶道"是我国各民族交往交流交融的纽带，也是促进东西方交流互鉴的桥梁。

一、"万里茶道"，经济走廊

中国茶——这片神奇的树叶联结起亚欧大陆，开启了商品贸易与文明互鉴的茶叶之路，途经如今的中、俄两国，这就是"万里茶道"，是继丝绸之路和茶马古道后，于17世纪末期在亚欧大陆兴起的、一条以茶叶贸易为主的国际商道。自南宋至清初，随着西北丝绸之路的衰落，中国茶叶贸易的主要路线逐渐向"草原之路"转移，形成"万里茶道"雏形，虽然它在开辟的时间上晚于丝绸之路1 500多年，然而就其经济意义和巨大的商品负载量来说，却是丝绸之路无法比拟的。

在这里，无茶不做事。当地人手不离杯，每时每刻都在喝茶。以茶相佐，谈话交流也变得更加顺畅。乌兹别克人喝茶时喜欢加盐，不好加糖，有时会加点酥油，名曰"克穆克茶"。每人痛饮两大杯后，再用小杯盛茶，不加奶，传给客人。壶中茶叶亦一一分给客人，客人会像嚼烟叶一样嚼食茶叶。

——亚历山大·伯恩斯《布哈拉行纪》

"万里茶道"起源于福建武夷山下的梅村，经湖北汉口一路北上，再经乌兰巴托到达通商口岸恰克图，此后在俄罗斯境内继续延伸至圣彼得堡，全程约两万千米。

（一）"万里茶道"发展中俄贸易

中俄贸易素有"彼以皮来，我以茶往"之说，足见茶叶在两国贸易中所占的地位。由于俄罗斯对茶叶的巨大需求，自中国南方茶叶产地至俄罗斯的多条茶叶贸易线路逐渐形成，其中最为典型的便是"万里茶道"。同时，俄罗斯城市的发展也与茶叶贸易密切相关：

（1）19世纪，莫斯科是茶叶贸易的"首都"，这里汇聚了全俄十大茶商；

（2）圣彼得堡是"万里茶道"的茶叶消费中心，也是向欧洲输送中国茶叶的窗口；

（3）图拉是"万里茶道"上的重镇，俄罗斯茶文化的标志性茶具——茶炊便发源于此；

（4）新西伯利亚因西伯利亚大铁路的建设而崛起，同时，西伯利亚大铁路的建造也使"万里茶道"的运输方式由驮马运输转为铁路运输。

（二）"万里茶道"的茶路精神

和谐、和平、合作是中华茶文化追求的最高境界，也是"万里茶道"追求的现实目标；恩泽四海则是"万里茶道"开辟的初衷和开辟之后带来的实际效应。尤为可贵的是，各地区各民族在开辟、维护、繁荣"万里茶道"的历程中，培养了不畏艰险、勇于开拓、合作共赢、诚实守信的"茶路精神"，贯穿于"万里茶道"始终，成为全人类共同的文化遗产。

（三）"万里茶道"的历史延续

"万里茶道"从形成、发展到繁荣用了近300年，20世纪30年代以后因交通运输、贸易方式和战争等外部环境的改变而日渐衰落。2013年3月，习近平总书记在莫斯科国际关系学院发表演讲时，将"万里茶道"和新世纪的中俄油气管道并称为"世纪动脉"，封尘已久的"万里茶道"被重新拉回大众的视野中，并被置于一个新的历史高度。如今，随着世界各国着力推进"一带一路"建设，万里茶道又以更新、更高级的形式出现——中俄两国经济走廊，这既是历史的延续，也是新时代的发展和创新；既是新经济合作范式和地缘政治的需要，更是文化交流和文明互鉴的需要。茶和世界，共享共品，坚守中华茶文化"和合天下"的精神价值，共同推动人类和平、和谐发展。

> **微课4：中国茶向欧洲的传播**
> 茶、咖啡、可可是世界三大天然无酒精饮料，备受世界人民的喜爱。中国，是全世界最早发现并利用茶的国家，对于世界茶产业的贡献极其深远。

二、漂洋过海的东方树叶

《傲慢与偏见》是英国最著名的小说之一，茶会场景在小说中几乎随处可见。晚餐之后主人公参加茶会，茶会上播放着悠闲轻松的音乐，人们一边品饮香茶，一边愉悦地闲聊。茶会结束之后，风度翩翩的男主角为漂亮迷人的小姐们朗诵诗歌。正是通过各种茶会茶宴的描写，将茶会所具有的社会功能一一跃然纸上。人们以茶会友的形式，从东方至西方，穿越千年，跨越万里，中国茶伴随着中国文化向全世界传播，在不同时间与空间下诠释着它那独特的魅力与价值，对世界茶业的格局影响深远。

中国茶叶进入欧洲的历史可追溯到400年前。作为中华民族传统文化的重要载体，茶文化的国际传播对我国在全世界的文化交流活动中有着非常重要的意义。现如今，欧洲茶叶行业体系已经十分完善，欧洲茶叶市场在全球茶叶市场中占据很大的份额。

葡萄牙可以说是最早饮茶的欧洲国家。明代嘉靖三十二年（公元1553年），葡萄牙人开始与茶结缘。在中国居住的一些葡萄牙人，他们在回国时往往随身带一些中国的茶叶作为礼品，就这样中国茶正式与欧洲结缘。而后，茶叶被作为商品，被葡萄牙商人沿陆上丝绸之路传入欧洲，以谋取高额利润。

1607年，荷兰一艘商船将一船茶叶从澳门运往爪哇，这是历史记载中第一艘运送茶叶的欧洲商船。刚开始，由于供需失衡，茶价非常昂贵，仅是宫廷贵族和豪门世家作为养生和社交礼仪的奢侈品，一般人喝不起。17世纪上半叶，茶已成为荷兰上流社会的时髦饮料，富家豪门常以拥有别致的茶室、优质的茶叶、精美的茶具为荣。17世纪70—80年代，饮茶成为荷兰全国的时尚，当时人们兴起早茶、午茶、晚茶，并融入中国以茶待客的礼仪，迎客、入座、敬茶、品尝、寒暄、辞别等步骤都很讲究。18世纪，阿姆斯特丹曾上演喜剧《茶迷贵妇人》，以嘲讽当时高昂的茶叶价格。

17世纪中叶茶叶流传到德国，18世纪中国茶叶在英国、法国等当时更为发达的国家深受欢迎，此后，中国茶开始大量涌入欧洲市场，中国茶叶的迅速传播，极大促进了欧洲茶产业、茶文化的形成与发展。

茶叶并不仅仅是对健康有益的东方药草，更代表了一种悠久神秘的东方文化，可以静心凝神，中华茶文化在欧洲茶叶市场扮演着越来越重要的角色。初到欧洲时，茶叶被放在药店中当作药物出售，主要用来治疗头疼、痛风等疾病。由于数量稀少，价格极其昂贵，欧洲一些国家民众将茶叶视为奢侈品，而饮茶活动也多从皇室贵族开始。随着茶叶贸易量的不断增加，价格逐渐下降，饮茶才真正在普通大众中流行起来，形成了欧洲人喝下午茶的习惯。其后，饮茶风靡欧洲各国，茶叶这种来自中国的饮品在异国他乡大放异彩。

微课 5：一杯醇正英式下午茶的诞生

中国茶在西方各国传播过程中，许多国家只传去了茶叶，但在英国却形成了一种文化！蕾丝的桌巾，优雅的瓷器，精致的点心，还有喉间久久不能退去的浓郁茶香，这是一门综合的艺术，华丽而不庸俗。

📖 文化拓展

一、开眼看世界

公元前 138 年，朝廷侍从官张骞，郑重地从汉武帝刘彻手中接过象征授权的符节，踏上出使西域的行程（图 1-3）。河西走廊，从此进入中国人的视野。张骞两次出使西域，到了很多国家，宣扬了汉朝的威德，加强了中国和中亚、印度等地的联系，进一步沟通了中西交往的大通道。

张骞第一次出使西域时被扣留了，最后拿着符节逃了出去。公元前 119 年，张骞第二次出使西域，这时河西走廊已经开通，他带领一队人马，带了大批内地的商品到西域各国，如丝绸、瓷器、茶叶等，而这被普遍看作中国茶叶的第一次对外传播。张骞也被后世称为"中国第一个睁开眼睛看世界的人"。

图 1-3　莫高窟第 323 窟张骞出使西域图

二、中式茶会雅集

　　茶会，一种以茶交友、以茶聚会的形式，从唐宋时期就颇为流行（图1-4、图1-5），当下也被广大茶人所推崇。以茶为媒，人们可以搭建友谊、交流信息、增进情感，在亚洲、欧洲一些国家广为流行。在都市快节奏生活下，茶会，俨然成为人们细品"慢"生活的一种方式，让心静下来，感受自己、感受别人、感受自然、感受当下，即可静心，亦可交友。在中国当下，茶会形式有很多，如坐席式茶会、游走式茶会、户外茶会、流觞式茶会、无我茶会等，可根据不同时期、不同主题以及自己的喜好选择性参与。

图1-4　[唐] 宫乐图（会茗图）

48.7 cm×69.5 cm　中国台北"故宫博物院"收藏

　　描绘宫廷仕女坐长案娱乐茗饮的盛况。图中12人，或坐或站于条案四周，长案正中置一大茶海，茶海中有一长柄茶勺，一女正操勺，舀茶汤于自己茶碗内，另有正在啜茗品尝者，也有弹琴、吹箫者，神态生动

图1-5　[北宋] 文会图 赵佶

184.4 cm×123.9 cm　绢本设色　中国台北"故宫博物院"收藏

　　描绘九文士以茶雅集的盛会。在一个豪华庭院中，设一巨榻，榻上放着各式各样的瓜果菜肴、杯盏等，九文士围坐其旁，神志各异，潇洒自如，或举杯、或交谈、或凝坐。在画面的另一旁，侍者们正忙着温酒、备茶，场面极其热烈

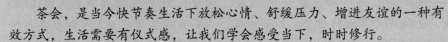

微课 6：当代茶生活——申时茶

　　茶会，是当今快节奏生活下放松心情、舒缓压力、增进友谊的一种有效方式，生活需要有仪式感，让我们学会感受当下，时时修行。

📖 文化践行

一、综合实践

　　1. 以下（　　）故事被普遍认作是茶的社会性起源。

　　A. "神农尝百草"　　　　　　　　　　　B. "万里茶道"

　　C. 张骞出使西域　　　　　　　　　　　D. 东汉王褒《僮约》

　　2. "茶"字的统一使用是在中国（　　）朝代。

　　A. 唐　　　　　　B. 宋　　　　　　C. 明　　　　　　D. 清

　　3. 古人最早发现并利用茶是源于茶的（　　）功能。

　　A. 食用　　　　　B. 解毒　　　　　C. 饮用　　　　　D. 社会

　　4. 世界上第一部茶叶科学专著《茶经》的作者是（　　）。

　　A. 赵佶　　　　　B. 吴理真　　　　C. 皎然　　　　　D. 陆羽

　　5. 习近平总书记提出（　　）是联通中俄两国的"世纪动脉"。

　　A. 茶马古道　　　B. 万里茶道　　　C. 丝绸之路　　　D. 唐蕃古道

　　6. 茶马交易发展过程中，下列（　　）时期不需要进行茶马交易。

　　A. 唐　　　　　　B. 元　　　　　　C. 明　　　　　　D. 清

　　7.（　　）最早沿陆上丝绸之路将茶叶运往欧洲。

　　A. 法国　　　　　B. 英国　　　　　C. 葡萄牙　　　　D. 日本

二、各抒己见

　　1. 世界各国对于"茶"的发音都源自中国，分别来自广东话"ca"和厦门话"te"，请分别列举 5 个国家关于茶的发音。

　　2. 相比日本茶道的文化特点，中华茶文化特色表现在哪些方面？

三、生活实践

　　当今生活中，主题茶会的形式有很多，如无我茶会、四序茶会、曲水茶宴、申时茶会等。请与同伴们一起策划一场主题茶会，提供流程方案，要求细节清晰、主题明确。

第二单元　茶的历史演绎

　　茶之为饮，发乎神农氏，闻于鲁周公。齐有晏婴，汉有扬雄、司马相如，吴有韦曜，晋有刘琨、张载、远祖纳、谢安、左思之徒，皆饮焉。滂时浸俗，盛于国朝，两都并荆渝间，以为比屋之饮。

——唐 陆羽《茶经》

单元导入

　　在中国，没有人不知道茶，打小我们就知道这是老祖宗留下来的东西，它滋味百般，香气万变，一招一式，半盏七碗，或浓或淡，微苦回甘，每一个细微处，都融合着历史价值、人文艺术、精湛技艺的深邃内容。杯水即万象，越懂它越会被它的灵魂吸引！

▌学习目标

知识目标：

1. 了解中国人对茶叶利用的三个阶段；
2. 掌握中国不同历史时期的饮茶风俗；
3. 明确中国茶馆的发展历程及地域文化。

能力目标：

1. 学会欣赏由唐至宋的中国茶事艺术；
2. 能够独立完成宋代点茶流程；
3. 能够通过艺术以及社会活动中的美好事物激发创新、创造能力。

素质目标：

1. 树立人与自然、茶与自然和谐共生的生态文明理念；
2. 感受中国茶道"活化石"潮州工夫茶的技艺之美；
3. 培养日常生活中的中式雅致之情趣；
4. 涵养以国粹引领国潮新风尚的能力。

✈ 美的视窗

　　中国禅史研究著作《五灯会元》中记载了这样一个故事：1 000多年以前，有两位僧人从远方来到赵州观音寺（今柏林禅寺），向高僧从谂禅师请教何为禅。

　　赵州从谂禅师问其中的一个僧人："你以前来过吗？"僧人答："没有来过。"从谂禅师说："吃茶去！"

从谂禅师转向另一个僧人，问："你来过吗？"僧人答："我曾经来过。"从谂禅师又说："吃茶去！"

这时，引领那两个僧人到从谂禅师身边来的监院就好奇地问："禅师，为何来过的你让他吃茶去，未曾来过的你也让他吃茶去呢？"从谂禅师称呼了监院的名字，监院答应了一声，从谂禅师又说："吃茶去！"

"吃茶去"这三个字的禅意历来是见仁见智，但从"吃茶去"三个字中，我们发现至少在1 000年以前，人们管这项活动叫"吃"而不叫"喝"或者"饮"，茶叶早期是吃进肚子里的？难道是一道美味佳肴？

🍵 美的解读

专题一
初次邂逅：茶的原始利用

中国人最早对茶树的直接利用就是从生嚼鲜叶开始的。传说第一个品尝茶树鲜叶并且发现它具有神奇解毒功能的人是神农氏，而最初的利用方式就是口嚼生食，现在看来这样的方式或许有些原始，但在生产力低下的原始时期，是谈不上什么制作工艺的，生吃是最直接的方式。

中国自古讲究药食同源，茶叶在开启药用的同时，也开始了它的食用功能，这种以茶做菜的风俗，在我国部分少数民族地区至今仍有所保留，例如，云南省基诺族还有吃"凉拌茶"的习惯，把采来的新鲜茶叶揉碎放在碗里，加上少许大蒜、辣椒、盐巴等配料，再加上泉水拌匀，就成为美味可口的佳肴了。

随着一场森林大火，人们发现烤熟的食物味道甚好，于是，在发明了"火"以后，便以火生煮羹饮，也就是将茶叶煮熟了吃，就好比我们今天煮菜汤一样，茶叶开始成为古人餐桌上的一道美味菜肴。

关于茶作羹饮一事，《尔雅》中有记载："槚，苦荼"，注有："树小如栀子，冬生叶，可煮羹饮。"《晋书》也有记载："吴人采荼煮之，曰茗粥。"《晏子春秋》也有一段以茶作菜的记载："晏相齐景公时，食脱粟之饭，炙三弋五卵茗菜而已。"说晏婴身为国相，饮食节俭，吃糙米饭，几样荤菜之外只有"茗菜而已"。晏婴吃的这种"茗菜"的原材料，就是新鲜采摘的没有经过晒干的茶叶。

时至今日，我国部分少数民族仍有吃擂茶的习俗（图2-1），这种形式广泛流传于湖北、江西、福建、广西、四川、贵州等少数民族地区，是以生茶叶、生姜、生米等材料经混合研碎后加水煮成的汤羹（图2-2），又称"三生汤"，这种以茶作菜的形式，从古至今都是一段佳话。

图 2-1　擂茶原料　　　　　　　　图 2-2　擂茶过程

在西周和春秋时代，古人为了长时间保存茶叶，慢慢学会了把茶叶晒干以便随时取用。后来随着生产力的不断提升，在这种原始利用的基础上，进一步发展的结果，就是人们将采集到的新鲜茶叶经高温处理以后再使用，这样茶叶不仅可以长期保存，而且煮出的"茶粥"滋味更加浓郁，少了许多青涩味，口感更佳。这种高温处理的做法，也许就是最原始的绿茶加工了，因为现代"绿茶"的概念，就是通过高温杀青以后制成的茶叶，现代杀青技术有蒸青、炒青等，都是利用高温抑制酶的活性，保持清汤绿叶的绿茶特征。而古人经过高温处理后的鲜叶，实际上也就是达到了杀青的目的。

我国云南西双版纳的布朗族、傣族、拉祜族、佤族，至今还保留着这种"烤鲜茶煮饮"的习俗。他们平时在茶山劳动休息时，常常就地采下茶叶，将鲜叶炙烤后放在鲜竹筒内用山泉水煮成茶汤饮用。这种烤鲜茶煮成的茶汤，有一种先苦后甜的焦香，很能解渴。

专题二
礼貌吃法：中华茶文化的萌芽期

七碗受至味，一壶得真趣。
空持百千偈，不如吃茶去。

——赵朴初《吟茶诗》

一、茶禅一味，精神交融

佛教在东汉时期由西域传入我国内地，至魏晋特别是南北朝这一时期才有了较大发展，到隋唐时达到鼎盛时期。

在魏晋时期甚至更早以前，茶叶就已经成为我国僧道修行或修炼时常用的饮品了。修禅悟道，打坐禅定，需要以茶破睡提神；其次，将茶叶碾碎羹煮，在提神解渴的同时，还可以增加饱腹感。茶，越来越受到僧侣们的青睐。

"问：如何是和尚家风？师曰：饭后三碗茶。"

——《五灯会元》卷九"资福如宝禅师"条

"晨起洗手面，盥漱了吃茶。吃茶了佛前礼拜，归下去打睡了。起来洗手面，盥漱了吃茶。吃茶了东事西事，上堂吃饭了盥洗。盥洗了吃茶，吃茶了东事西事。"

——《景德传灯录》卷二十六

可以说，寺院之中整天都离不了茶，茶是僧众的生活必需品，所以称为"和尚家风"。在我国的众多寺院中，有的专设"茶堂"，除供僧众人等品茶辩理论佛外，也用来招待客人；有的寺院法堂角上设有"茶鼓"，按时击鼓聚众饮茶；有的寺院设立"茶头"，专事烧水煮茶，献茶待客；有的寺院还专为路人施茶。此外，寺院每日都有供于佛前、祖前的茶，称为祭茶。久而久之，饮茶成了禅门的制度之一，逐渐形成了一套庄重的饮茶礼仪。佛门每有大事，如佛教节日、朝廷钦赐、首座请职等，往往要举行盛大的茶仪。而由于这阶段僧侣们对于茶的利用方式更多还是以碾成末后混合茶汤一起吃进肚子里，所以称之为吃茶。

茶与佛教的最初关系是茶为僧人提供了无可替代的多功能饮用品，而僧人与寺院则促进了茶叶生产的发展和制茶技术的进步，进而，在茶事实践中，茶与佛教之间找到了越来越多的思想内涵方面的共同之处，佛教禅宗的理想境界正是力求将其哲学与思想融合到日常生活的一事一行中去，使之成为诠释文化理念的题材与契机，也让茶超脱了单纯的植物属性而赋予了茶道精神。

二、以茶代酒，不成敬意

在酒桌上，如果不胜酒力又不想破坏氛围，常常会以茶代替酒，这种"以茶代酒"的方式可追溯到三国时期。《吴志·韦曜传》记载：东吴的最后一个皇帝孙皓，沉迷于饮酒，喜欢摆酒宴请群臣，而且每个人都有硬性指标，必须喝七升酒以上。其中有一个大臣名叫韦曜，他的酒量只有二升，每次都醉得不省人事，孙皓还挺照顾他，经常命人偷偷将韦曜的酒水换成茶水蒙混过关，这就是"以茶代酒"的来历了。"以茶代酒，不成敬意"，如此一来，不喝酒的人，即便是推了酒，也不会失礼节。

三、以茶待客，传承千年

南北朝时期，出现了一大批富豪，门阀士族奢靡成风，热衷于炫富比排场，一掷千金，奢侈无度。在这种情况下，当时社会上一些有识之士又提出了"以茶养廉"的观点。《茶经》和《晋书》都记载了这样一个故事：东晋陆纳在吴兴担任太守，某日，将军谢安到陆府拜访，陆纳仅仅以几盘水果和一杯清茶来招待客人。然而陆纳的侄子陆椒看到后，害怕怠慢了贵客，便擅自命人备好酒菜端了上去。陆椒自以为叔叔定会夸他会办事，不承想待客人走后，陆纳为之大怒并把侄子打了四十大板。陆纳反对摆酒席请客，进而选择用茶水招待客人，正是要抵抗奢靡之风而提倡节约从简的美德。在陆纳等一批有识之士的倡导下，民间百姓纷纷效仿，用一杯清茶招待客人，继而形成中国客来敬茶的传统习俗，而这一习俗，一直延续至今。

"寒夜客来茶当酒，竹炉汤沸火初红。"我国人民好客重情的传统美德千古流传，无论富贵或是平民家，但凡家有来客，茶是必不可少的待客之物。

> **微课7：魏晋茶事：中华茶文化的萌芽期**
>
> 在中国，茶叶不仅仅是一味解渴的饮料，它因其清新淡雅而又韵味无穷的特质，而被赋予了精神层面的意义，这也是中国茶历经千年而长盛不衰的文化精髓。

专题三
纯粹吃法：中华茶文化的兴盛期

两晋时期，"清谈"变得流行，清谈家不仅喜酒，也爱茶，吃茶成为文人雅士的雅趣，而茶也成为少数人的高级饮品。到了唐代，雅士们对吃茶的要求更高，不仅融入艺术审美，也更注重茶的本味。

一、唐代煎茶的创世

"或用葱、姜、枣、橘皮、茱萸、薄荷之等，煮之百沸，或扬令滑，或煮去沫，斯沟渠间弃水耳，而习俗不已。"

——唐·陆羽《茶经·五之煮》

在唐代之前，传统的吃茶方法是要加葱、姜、枣、橘皮、茱萸、薄荷等佐料一起熬煮的，称之为"煮茶"，这样煮出的茶汤味道比较浓，而且茶叶也被煮得稀烂，几乎没有完整的叶片，茶汤一片"混沌"，所以又称为"茗粥"。显然陆羽对这种混饮法是持否定态度的，他提出茶应当清煮饮用，在《茶经》中详细记录了这一操作流程，这是一种注重礼仪、程式，同时又兼顾汤色美观、滋味本真的一种全新烹茶方式，茶成为真正的主角，其中只用了少许盐加以调味，陆羽称之为"煎茶"（图2-3）。由于煎茶法仍然是将茶叶研磨成茶木后同茶汤一起吃进肚子里，所以这一方式仍是"吃茶"。

《茶经》的创世和煎茶法的创新，对中华茶文化史的贡献无疑是空前的，它使茶从"吃粥"变成了"喝汤"，从"群演"变成了"主角"，从此人们对茶的关注更加纯粹，对茶事活动的一切要素都提出了更高、更新的要求，此后茶道大行，

图2-3 仿唐代宫廷煎茶茶器

王公贵族无不乐在其中，也将中国的饮茶文化推向了第一个高潮。

二、唐代煎茶三部曲

这种具有古典浪漫主义的煎茶法主要程序有备器、选水、取火、候汤、炙茶、碾茶、罗茶、煎茶和酌茶，光是茶道器具就有24组之多，对器皿、茶叶、水质都有要求，尤其讲究煮水。煎茶主要用饼茶，陆羽对饼茶的要求十分严格，它需要经过采、蒸、捣、拍、焙、穿、封七道工序，就是将茶鲜叶用高温蒸软捣烂后用模具拍打成小圆饼形状，再将其烘干穿成一串一串的，加以密封，运往各地。

煎茶第一步：备茶。备茶要经过炙、碾、罗三个步骤。先用夹子取出茶饼炙烤，尽量靠近火焰，不时翻转，等到茶饼表面出现小气泡时，离火五寸，用文火慢烤，等到饼面松开，再按原来的方式重烤，直到水蒸气蒸发完毕，内外烤透，焦香酥脆。为避免茶香外泄，将炙烤后的茶饼装进纸囊中，待茶饼冷却后将其敲碎。接着就是碾，将敲碎的茶末放入茶碾子里继续碾成碎末，目的是得到足够细腻的茶末。最后就是罗，将碾碎后的茶末放进茶罗子里罗筛（图2-4）。《茶经·五之煮》写到"末之上者，其屑如细米"，据此推测，高级的茶末既非片状，又非粉末，应该是细末状的颗粒。

图2-4 仿唐代煎茶茶器茶罗子

煎茶第二步：煮水，古人称为候汤。将水放入"鍑"（如图2-5所示，陆羽发明的茶具，一种大口锅，有三足两耳），生火煮水，水开形成水泡，水泡由小到大分别有三个过程，称为三沸：一沸为鱼目，微微有声时；二沸边缘如涌泉连珠；三沸势若奔涛、腾波鼓浪。煎茶尤其讲究火候，在一沸时加入少许盐巴调味；等水烧至二沸时，舀出一瓢开水放在一旁备用，用竹夹在"鍑"中搅动，形成水涡，使水的沸度均匀，然后用一种叫作"则"的量茶小勺，量取一"则"茶末，投入水涡中心，再用长柄勺搅动汤心以激发茶性；等水烧至三沸时，将二沸舀出备用的水倒入"鍑"中止沸，这时，茶汤表面会形成白色沫饽，这一步又称"育华"。所谓沫饽，指的是一层在茶汤面上的浮沫，薄的叫沫，厚的叫饽，又称汤花，是茶汤的精华。古人认为，茶以沫饽多为胜。

煎茶第三步：酌茶。等到汤花漂浮，茶香发挥到恰到好处，这时，便开始酌茶，就是用瓢向茶盏分茶（图2-6）。酌茶的基本技巧是使各碗的沫饽均匀，沫饽是茶汤的精华，否则茶汤滋味就不一样了。

图 2-5　仿唐代煎茶茶器"鍑"　　　　　图 2-6　仿唐代煎茶茶器茶盏和瓢

煎茶法是陆羽从煮茶的基础上演变而来的，是唐朝中后期最主流的吃茶方式，同样是将茶吃进肚子里，人们却更加注重茶的原汁原味。唐代吃茶不仅注重程式，同样关注本质，这是时代的进步，更是人们对茶文化认知的升华，在一道道烦琐工序之后，方才获得一种轻啜细品的享用之乐，得到了物质与精神的双重满足，煎茶法自陆羽创立以后，整个唐朝风行不衰。唐代，也被视为中华茶文化的兴盛期。

微课 8：唐代人是怎么吃茶的？

唐代，在我国历朝历代中可谓是非常浓墨重彩的一笔，经济雄厚、国富民强，农业科技发达使茶叶的生产技术飞跃发展，不仅茶叶产量大，饮茶也更为普及。

专题四
艺术吃法：中华茶文化的繁盛期

宋代文人爱吃茶，也爱写茶。《全宋诗》中有茶诗 5 315 首，作者 915 人。《全宋词》中有茶词 283 首，作者 129 人。陆游是写茶诗最多的一位，共 403 首（其中茶词 6 首）。还有黄庭坚 142 首（其中茶词 15 首），苏轼 96 首（其中茶词 11 首），杨万里 65 首，苏辙 47 首……除了士大夫阶层人士的精诚投入，宋代皇室也纷纷力挺。宋太祖赵匡胤便有饮茶癖好，在他以后继位的宋代皇帝皆有嗜茶之好，直到宋徽宗赵佶更是将吃茶推向了时代巅峰，宋徽宗身为一朝皇帝，在尝尽天下最好的茶、用尽天下最精美的器具之后，亲自写了一部论茶的著作《大观茶论》，这是唯一一本由古代皇帝亲自参与撰写的与茶相关的书籍，对于我们后世了解宋代茶事文化具有重要意义。

一、宋代顶级茶叶：北苑贡茶

宋代的茶叶主要有两种形态：片茶（团茶）和散茶，片茶则是当时大多富贵人家、达官显宦的"团宠"。由于官家对高档茶叶情有独钟，极大地刺激了宋代贡茶的发展。宋代茶叶生产的重心，已由长江中下游的湖州、宜兴一带，向更南方的福建一带转移，皇室的贡茶基地也转移至福建建安（今福建省建瓯市），这就是"建茶"的产地。因为建茶是专供皇室享用的贡茶，因此其茶园环境、茶树培育、茶叶采制都更为精良，最终建安以其精湛的水准成为团茶（饼茶）的生产中心。由于其主要产地凤凰山一带又称为北苑，故又称之为"北苑贡茶"。北苑贡茶名目繁多，精品迭出，堪称茶之极品。

（1）宋太平兴国二年，北苑采用龙凤模制成龙凤团茶；

（2）咸平初，丁谓造"大龙团"，其品质较龙凤团茶更为精良；

（3）庆历中，蔡襄创制"小龙团"，精巧优美驾于"大龙团"之上；

（4）神宗年间，旨令造密龙云，品质又在小龙团之上；

（5）哲宗元祐末，用北苑旗枪制成瑞云翔龙，形状比密云龙小，品质更佳，每年只生产几片或十几片；

（6）宣和年间，创制龙园腾雪，有小龙蜿蜒其上，工艺精良达到登峰造极的地步，品质更居诸茶之首。

经过历代皇帝的不懈努力，北苑贡茶已然成为茶中"贵族"，数量极少、价格极高。欧阳修《归田录》记载："茶之品莫贵于龙凤，谓之小团，凡二十八片，重一斤，其价值金二两。然金可有而茶不易得也。"龙凤团茶不仅极其昂贵，而且是一茶难求，即使朝廷官员也不容易得到，如蒙皇上赐茶，那便是十分恩宠了，可见它的弥足珍贵。赐茶的象征意义已经远超过贡茶本身的经济和实用价值，它是一种崇高礼遇，一种尊贵象征。正因为这种精神意境，宋代在朝仪中加进了茶礼，贵族在婚嫁中引入了茶仪，在彩礼中也加入了茶（图2-7），后世民间婚俗中的"下茶礼"便由此而来。

图 2-7 仿宋代茶饼

二、资深玩家游戏：点茶斗试

宋代是我国茶文化的盛世，茶事活动在皇室以及上士大夫阶层的大力推动下，民间饮茶普及度极高（图2-8）。关键宋人不仅吃茶，还将茶"玩"到了极致，这便是斗茶，在当时可是风靡一时。

（一）什么是"斗茶"？

"斗茶"是宋代茶文化的一大特色，又称"茗战"，顾名思义就是比赛。斗茶大约始于五代，最

图 2-8 仿宋代民间点茶

早流行于福建建安一带，北宋中期以后，斗茶逐渐向北方传播，并很快风靡全国。上自达官显贵，中及文人墨客，下至平民百姓，无不对之着迷。直到南宋时期，人们对斗茶仍然颇有兴致，元代斗茶逐渐衰退，明代则基本绝迹了。

和章岷从事斗茶歌

宋·范仲淹

北苑将期献天子，林下雄豪先斗美。

鼎磨云外首山铜，瓶携江上中泠水。

黄金碾畔绿尘飞，紫玉瓯中翠涛起。

斗茶味兮轻醍醐，斗茶香兮薄兰芷。

其间品第胡能欺，十目视而十手指。

胜若登仙不可攀，输同降将无穷耻。

斗茶"斗"的是什么？需先了解宋人是怎样泡茶的。在宋代，流行点茶（图2-9）。点茶就是宋人泡茶的一种方法。

先将茶饼（或干茶叶）用研棒捣碎（图2-10）；再将茶末用茶碾子（图2-11）碾成碎末状；然后使用茶磨（图2-12）将茶碎末磨成粉末状；最后使用茶筛子（图2-13）将茶粉罗筛取细，得到更细腻的粉末。这便是宋人的备茶步骤，将筛好的茶粉放入茶叶罐中密封储存以备用。

图2-9 仿宋代点茶器

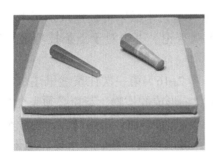

图2-10 宋·研棒

图2-11 宋·茶碾子

图2-12 宋·茶磨

图2-13 仿宋代茶筛子

点茶时，取适量茶粉放入茶盏内，用手执壶一点一点地分多次往里面加入90 ℃左右热水，然后使用茶筅，手腕用力以"川"字形在茶盏里来回击打茶汤（图2-14），直到茶汤表面形成一层厚厚的白色泡沫，又叫作乳饽（图2-15），茶便点好了。将点好的茶汤一决胜负，便是斗茶，而分出胜负的关键因素，就是这层白色的乳饽。

图2-14 仿宋代点茶

图2-15 仿宋代点茶茶汤

决定胜负的标准有三个指标。第一，看乳饽的颜色。以纯白、青白为上，灰白、黄白次之。第二，看泡沫的持久度。就是茶盏内沿与乳饽相接处有没有水露出水痕，乳饽边缘与茶盏紧紧相连接的状态叫作"咬盏"，咬盏时间越长越好。第三，品茶汤的滋味。乳饽入口，随之而来的"甘、香、顺、滑"冲击着整个口腔，茶的滋味百般、香气万千，都在这细腻绵滑的乳饽中发挥到极致。茶与人、器与水、技与艺，一碗茶汤，尽显功底。

（二）七汤点茶法

点茶是一项技术活儿，它强调的是手法，宋代皇帝宋徽宗可是位点茶高手，他点出的茶汤"白乳浮盏面，如疏星淡月"，他在《大观茶论》书中对于点茶技巧进行了详细描述。

第一汤："量茶受汤，调和融胶。"用汤瓶（图2-16）第一次往茶盏里注水，是为了将茶粉调和成膏状，类似于像芝麻糊一样的黏稠状，形成胶质物，茶粉必须完全溶解。

第二汤："自茶面注之，周回一线。急注急上，茶面不动，击拂既力，色泽渐开，珠玑磊落。"第二次注水要沿着茶盏内壁环绕一圈，可以多加一些，注水要注意干净利落，然后用茶筅从靠近茶盏底部的地方开始，用力快速上下击打茶汤，宋徽宗将这个动作称为"击拂"。

第三汤："多置，如前击拂，渐贵轻匀，周环旋复，表里洞彻，粟文蟹眼，泛结杂起，茶之色十已得其六七。"向茶盏中心位置注水，注水要多，然后向第二汤那样靠近茶盏底部位置击拂，注意击拂力度要减轻，速度要均匀，匀速地将大泡泡击碎成小泡泡，使茶面汤花更加细腻，并渐渐涌起，这时茶汤的颜色已有六七成了。

第四汤："尚啬，筅欲转稍宽而勿速，其清真华彩，既已焕发，云雾渐生。"注水要少，运筅击拂的位置从茶盏底部上移，茶筅转动的幅度要大而慢，这样，白色乳饽渐渐从茶面升起。

第五汤："乃可少纵，筅欲轻匀而透达，如发立未尽，则击以作之；发立已过，则拂以敛之。结浚霭，结凝雪。茶色尽矣。"少量注水，注水速度稍快，击拂要均匀而透彻，击拂手法比较随性，可以根据茶汤表面乳饽的情况而定，如果茶面上乳饽还没有泛起来，就用力击拂加快速度使汤花泛起；如果乳饽高低不匀，就用茶筅轻轻浮动表面使乳饽凝集起来，这时茶色已经完全显露出来。

第六汤："以观立作，乳点勃结则以筅著，居缓绕拂动而已。"只需将水点在乳饽过于凝聚的地方，注意加水的方式是点注，就是极少量。运筅轻拂茶汤表面，目的在于使整个茶面乳饽均匀，更加细腻。

第七汤："以分轻清重浊，相稀稠得中，可欲则止。乳雾汹涌，溢盏而起，周回旋而不动，谓之咬盏。"第七次注水，主要是保持茶汤在茶盏的五分之三位置，然后观察茶汤浓度，可点可不点。运筅击拂茶汤中上部分，直到乳饽凝而不动，这便是咬盏，击拂可到此为止。

图2-16 宋·汤瓶

七汤点茶法，是宋代比较正统的宫廷点茶技艺，经过七次注水、七次运筅击打茶汤，运用指绕腕旋的手法，轻重、快慢得当，才能击打出非常细腻而且足够丰厚的泡沫，这样咬盏时间才会更长，才有可能在斗茶中获胜。在宋代，斗茶是大众娱乐项目，无论是朱门深宅还是勾栏瓦肆，斗茶无处不在。

微课9：宋人斗茶"斗"的是什么？

宋代是中华茶文化的繁盛时期。一是饮茶普及度高，二是人们不光饮茶，还将茶"玩"到了极致，如其中的一个娱乐项目：斗茶！

三、茶艺至高艺术：宋代"分茶"

临安春雨初霁

宋·陆游

世味年来薄似纱，谁令骑马客京华？

小楼一夜听春雨，深巷明朝卖杏花。

矮纸斜行闲作草，晴窗细乳戏分茶。

素衣莫起风尘叹，犹及清明可到家。

"分茶"，是宋代流行的一种茶艺，在点茶的基础上于茶汤表面（白色乳饽）用清水写字作画（图2-17），汤纹水脉会呈现出各种各样的图案，因此也被称作"水丹青"，这种茶艺注重视觉效果，极富观赏性。"分茶"这一雅趣大约于唐代兴起，宋代达到巅峰，宋人将高雅艺术融入日常生活中，这才是分茶的最精湛之处。

图2-17 仿宋代分茶

"近世有下汤运匕，别施妙诀，使汤纹水脉成物象者。禽兽虫鱼花草之属，纤巧如画。但须臾即就散灭，此茶之变也。时人谓'茶百戏'。"

——北宋·陶谷《清异录》

宋元诗词曲中，直接涉及"分茶"一词的作品共 40 篇，《全宋诗》26 篇，《全宋词》7 篇，《全元曲》7 篇。元代时期，分茶更是与各类文艺技艺并列，关汉卿《一枝花·不伏老》中唱到"分茶攧竹，打马藏阄；通五音六律滑熟，甚闲愁到我心头！"到了明代，"分茶"则渐渐退出了中国历史舞台。

宋代普遍被看作是中华茶文化的盛世，不仅仅是饮茶普及度高，在制茶工艺和精神文化等方面较前朝更是达到了空前的高度。北苑贡茶的制作工艺层层精进，堪称登峰造极；在点茶的过程中，步步精细，追求极致；在此基础上融入大众娱乐与艺术审美，这便将全民吃茶运动推向了高潮。相较唐代茶叶"由饼到末"，宋代茶叶做了更精细化加工"由末到粉"，茶叶最终还是混合茶汤一起吃进肚子里，所以宋代仍然是吃茶。

专题五
由吃到喝：中华茶文化的变革期

"敕天下产茶去处，岁贡皆有定额。而建宁茶品为上，其所进者必碾而揉之。压以银板，大小龙团。上以重劳民力，罢造龙团，惟采芽茶以进。"

——《明太祖实录》

一、开千古茗饮之宗的"瀹饮法"

明洪武二十四年（1391 年）九月，明太祖朱元璋下诏废除团茶，改贡叶茶（散茶）。两宋时期的点茶斗试之风随之褪去，饼茶被散形茶所替代。唐煎宋点的碾末吃茶，变成了以沸水直接冲泡茶叶的瀹饮法，品饮艺术发生了划时代的变革。明人对此的评价颇高："然简便异常，天趣悉备，可谓尽茶之真味也""旋摘旋焙，香色俱全，尤蕴真味"。

这种瀹饮法的类似饮用方式其实早在唐宋时期就已经存在于民间。无论是充满古典气质的唐代煎茶，还是极富审美艺术的宋代点茶，大多是王公贵族、文人、士大夫之间的娱乐消遣，而对于底层百姓，茶的主要功能还是解渴，所以直接用沸水冲泡散茶，既方便又实用，瀹饮法就是在此基础上逐渐发展起来的。从此以后，一改"吃"茶的传统，在饮茶时茶水分离，从而正式开启了"喝"茶的时代。

早在南宋及元代，民间"重散略饼"的倾向就已经十分明显，朱元璋"废团改散"的政策恰好顺应了饼茶时代的日趋衰落，随着散茶加工及其品饮风尚日盛的历史潮流，将这种风尚首先在宫廷之中风靡起来，进而使之遍及朝野。

散茶被诏定为贡茶，无疑对当时散茶的生产发展起到了巨大的推动作用。由于泡茶流程的简化，人们将重心加注到茶叶本质上，茶的灵魂在于色、香、味，这对茶树培育、茶叶加工、泡茶用水、冲泡技艺、品茗技巧等都提出更高要求。同时，由于茶叶的生产、加工及品饮方式的简化，散茶品饮这种"简便异常"的生活艺术更容易、更广泛地深入到社会生活的各个层面，流行于广大民间。

> **微课 10：朱元璋对明代饮茶改革的贡献**
> 明代饮茶的方式与前朝大不相同，而这种品饮革新，明朝的开国皇帝朱元璋起到了决定性作用。

二、明代茶叶发展

朱元璋为了加强王朝的经济力量，实行奖励垦荒、移民屯田、兴修水利等多项策略，从客观上是有利于当时生产力发展的。明初 20 多年，据不完全统计，各地新垦的土地就有 180 多万顷。农业的发展，促进了手工业和商业的发展，茶业也随之得到很大发展。

明成祖永乐三年至英宗正统元年（公元 1405—1436 年），郑和率领庞大船队 7 次远航，先后到过亚非 30 多个国家和地区，明代茶叶贸易也进一步向海外发展。

三、茶学作品涌现

明初社会动荡多于安定，许多有识之士怀揣大志而无法施展，于是寄情于山水之间，精研琴棋书画，而茶正好融情于其中。许多明初茶人都是饱学之士，创写了不少茶学著作，共计有 50 多部，如《茶董》《茶谱》《煮泉小品》《茶寮记》《茶录》《茶疏》《茶解》《茶笺》等，都是传世佳作。其中，朱权及其《茶谱》的贡献值堪称最大。朱权在《茶谱》中记载："或会于泉石之间，或处于松竹之下，或对皓月清风，或坐明窗静牖。乃与客清谈款话，探玄虚而参造化，清心神而出尘表。"如此一个"清"字，如此一个"淡"字，是茶人的清淡心境与自然环境的情景交融，也是对"心外无物，心外无事"的最好诠释。

四、从宁王朱权到"吴中四杰"

（一）朱权的卓越贡献

朱权（公元 1378—1448 年），为明太祖朱元璋第十七子。年十四封为宁王，后因为被兄燕王朱棣有所猜疑，在朱棣夺得政权后，将朱权改封南昌。从此朱权隐居南方，托志释老，以茶明志，鼓琴读书，不问世事。用他在《茶谱》中的话来说，就是"予尝举白眼而望青天，汲清泉而烹活火。自谓与天语以扩心志之大，符水火以副内炼之功。得非游心于茶灶，又将有裨于修养之道矣，其惟清哉！"表明他饮茶并非只是浅尝于茶本身，而是将其作为一种表达志向和修身养性的方式。

朱权对废除团茶后新的品饮方式进行了探索，改革了传统的品饮方法和茶具，提倡从简行事，作为清饮风尚的先驱者，为后世开创一系列简便新颖、野趣淳真的泡饮法打下了坚实基础。

（二）明代"文士茶"

与前代茶人相比，明代后期"文士茶"也颇具特色。"文士茶"是一门生活艺术，是一种生活美学，是茶文化新的演绎，其中以"吴中四杰"最为典型。所谓"吴中四杰"，指的是文徵明、唐寅（字伯虎）、祝允明和徐祯卿四人。他们都是怀才不遇的大文人，琴棋书画无所不精，又都嗜茶，由此开创明代"文士茶"的新局面。他们以茶吟诗、以茶入画、感悟人生、舒放性灵、崇尚自然、表现自我、返璞归真，代表"文人茶道"的精神寄托与审美取向。

其中文徵明、唐寅都留下了不少品茶佳作流传后世，这些都是中华千年茶文化中的宝贵财富。"文士茶"强调品茶时自然环境的选择和审美氛围的营造，这在他们的绘画作品中得到了充分体现，像文徵明的《惠山茶会图》（图 2-18）、《陆羽烹茶图》《品茶图》等，以及唐寅的《烹茶画卷》《品茶图》《琴士图卷》《事茗图》等，都是众多杰出茶画中的代表之作。图中高士或于山间清泉之侧抚琴烹茶，泉声、风声、古琴声，与壶中茶汤的交互辉映。茶，一旦置身于自然之中，就不仅仅只是一种物质的产品，而成为人们契合自然、回归自然的重要媒介。

文徵明的茶画代表作《惠山茶会图》（图 2-18），现藏于北京故宫博物院，是明代最有代表性的茶画之一。茶画中以细腻的写实笔法，记录了正德十三年（公元 1518 年）的清明时节，他与好友汤振、蔡羽、王守、王宠、潘和甫、朱朗六位文化名流在"天下第二泉"惠山泉瀹茶品茗、吟诗作赋、雅兴清谈的一段"文人茶事"。在画幅左边的视觉中心，于高大茂密的松林前，画一间攒尖顶细致简洁的草亭，亭中有八角形的井栏，就是被茶圣陆羽赞颂是"天下第二泉"的惠山泉。里面有人盘坐于亭下，有人静坐观水，有人展卷阅读。在不同的角度下，文士画家们富有生意，有的散步林间，有的赏景交谈，有的观童仆烹茶，营造了"文士茶"在自然环境里的诗情画意，幽趣雅致。

图 2-18　惠山茶会图
1518 年，21.8 cm × 67.5 cm，纸本设色，现藏于北京故宫博物院

五、打造精致品茶空间

到了明晚期，文士们对品饮之境的追求又有了新的突破，开始讲究"至精至美"之境。他们设计了专供茶事活动的固定场所——茶寮。茶寮的发明设计，是明代茶人对茶道的一大贡献。茶寮不仅用来储存茶叶，朋友交流，以茶会客，更成了一种带有艺术气质

的高雅之地。茶和酒一样，是文人雅士的文化交流媒介。

"园居敞小寮于啸轩埤垣之西，中设茶灶，凡瓢汲、罂注、濯拂之具咸庀。"

——明·陆树声《茶寮记》

在茶寮里，设有茶灶，凡舀水、灌注、涤茶都可在茶寮里进行，作者正是在自己的茶寮中借茶广交僧友，与禅客相互交流茶艺，领略"人清净味中三昧"，茶寮成了谈玄论禅，品茗修道，安逸享受人生之所。

"茶宜精舍、云林、竹灶、幽人雅士，寒宵兀坐，松月下、花鸟间、青石旁，绿鲜苍苔，素手汲泉，红妆扫雪，船头吹火，竹林飘烟。"

——明·徐渭《徐文长秘籍》

茶、人、自然，相敬相融。茶人在竹深处、松月下、花鸟间以茶吟诗作画，以最接近自然的方式舒放性灵，是人与茶、人与自然、茶与自然的最默契交融，饮茶的至高之境莫过于返璞归真。

"小斋之外，别置茶寮。高燥明爽，勿令闭塞。壁边列置两炉，炉以小雪洞覆之，止开一面，用省灰尘脱散。寮前置一几，以顿茶注、茶盂，为临时供具。别置一几，以顿他器……"

——明·许次纾《茶疏》

在书斋之外，另外布置了一处茶寮，务必使窗明几净，环境敞亮，不要有杂物。在墙边置两个茶炉，并用小雪洞覆盖住，只打开一面，免得茶炉被染上灰尘。在茶寮前放一个茶几，以摆放茶书、茶具，另外再设一些临时性茶具随时供其他客人品茶时用。再在旁边放置一个茶几，放一些备用茶器。这些详尽描写了茶寮内的陈设及如何科学合理布置一间茶室，对现代品茶空间的营造有着重要启发。

随着明代茶叶生产和饮用方式的巨大变化，饮茶对人们生活观念的影响越来越大。尤其在明后期"文士茶"兴起，茶人们更加追求茶汤之美、茶味之真、茶境之至，力求进入目视茶色、口尝茶味、鼻闻茶香、耳听茶涛、手摸茶器、忘情于天地自然间的完美境界。

微课 11：一幅茶事绘画，一朝生活美学——宋徽宗《文会图》

文会，意指文人贤士吟咏诗文、切磋学问的聚会，图中九文士围席而坐，虽是置身于自然，却又精心去雕饰。文人雅士饮茶聚会，是盛世的情趣和时尚，是一幅不可多得的茶事名画著作。

专题六
万种风情：茶馆里的人间烟火气

茶馆是一个古老而又时尚的行业，穿越千年的历史长河，历久而弥新，在这漫长的时间轴中，每一个时间点都记刻着一个时代的历史画卷。茶馆坐拥沉甸甸的文化内涵，在中华茶文化的发展过程中占有独具特色的一席之地。

一、茶馆的千年历程

（一）魏晋时期：流动茶水摊

在《广陵耆老传》中记载了这样一个故事：晋元帝时，有一老妇人提着一壶茶水沿街叫卖，人们争相购买。但奇怪的是这位老妇人从早卖到晚，茶壶里的茶汤丝毫未减，而且她还将卖茶水挣的钱全部分给了街上的穷苦百姓，人们对此感激不尽。这件事情后来被官吏知道了，于是将这位老妇人抓起来关进大牢。到了晚上，老妇人拿着她的茶具，从监狱中飞走了。这个故事虽然带有神话色彩，但由此可见，东晋时期已经有了流动茶水摊，这便是中国茶馆的雏形。

（二）唐代：茶馆的出现与佛教有关

"开元中，泰山灵岩寺有降魔禅师，大兴禅教。学禅，务于不寐，又不夕食，皆许其饮茶，人自怀挟，到处煮饮。从此，转相效仿，遂成风俗。自邹、齐、沧、棣，渐于京邑城市，多开店铺，煎茶卖之，不问道俗，投钱取饮。"

——唐·封演《封氏闻见记》

这是中国茶馆的最早历史记载。中国茶馆最初出现于茶业、茶文化空前兴盛的唐代。"禅"即"修心"或"静虑"。闭目静思，极易睡着，而且坐禅时不吃晚饭，只能喝茶，所以北方禅教的"大兴"，促进了北方饮茶的普及，又推动了南方茶叶的生产，从而推动了整个唐代茶业的高速发展，茶馆应运而生。当时民间专业经营茶水的店铺尚不很多，多数是旅店、饭馆在兼卖茶水，又或者是茶水店铺兼营旅店等。

（三）宋代：茶馆的第一个盛世

唐代卖茶水的店铺大多只是为路人和过往商家歇脚解渴之处，到了宋代，在皇室贵族及大批文士的推动下，举国上下人皆好茶。尤其是北宋都城汴京（今河南开封）、南宋都城临安（今浙江杭州）两地，茶肆、茶坊林立，可谓五花八门，此时的茶馆已经演化出了众多功能。到京师参加科举考试的考生，在去吏部投送名帖时，时间尚早，省门未开，就去茶肆稍憩。张择端《清明上河图》所描绘的汴河两岸、城门内外鳞次栉比的店铺中，也有人们在茶肆、茶坊饮茶歇息的情景，或席间闲谈，或凭栏远眺。茶肆、茶坊还逐步扩展其经营活动，为各行各业提供场地和服务，有些大茶坊，则成为市民娱乐的场所。从《梦粱录》《武林旧事》《都城纪胜》等历史文献中，能看出当时茶馆的各种特色。其一，装饰考究、文化氛围浓厚。"插四时花，挂名人画，装点店面"，可以看出茶馆的装饰更具艺术性和观赏性。其二，说唱玩耍，娱乐活动丰富。"多有富家子弟、诸司下直等人会聚，习学乐器，上教曲赚之类"。其三，行业聚会，结合商贸活动。不同行业各有聚会活动的茶坊，茶坊还是寻觅雇佣专业人力之地。其四，奇茶异汤，兼营范围扩大，依四时节气添卖七宝擂茶或雪泡梅花酒等，有的兼卖酒食，有的与旅店结合，有的兼营澡堂等。

（四）从元至明的跌宕起伏

元初，全国陷入金戈铁马之中，中原传统文化体系受到一次大冲击，茶业远不如宋代繁华，有些城市逐渐衰退，元末明初茶馆近乎销声匿迹。至明代后期，茶馆再度兴盛起来。田汝成《西湖游览志馀》中记载："杭州先年有酒馆而无茶坊，然富家燕会，犹有专供茶事之人，谓之茶博士……嘉靖二十六年（公元1547年）三月，有李氏者，忽开茶坊，饮客云集，获利甚厚，远近仿之。旬日之间，开茶坊者五十余所，然特以茶为名耳，沉湎酣歌，无殊酒馆也。"由此看来，杭州茶馆一度曾"断了香火"，明代再度发展起来，据明《杭州府志》记载："今则全市大小茶坊八百余所。"

（五）清代：茶馆的第二波高潮

一个时代茶馆的兴盛反映了那个时代整个茶产业的繁荣，清代是我国茶馆的鼎盛时期。在清代，茶馆作为一种平民式的饮茶场所，如雨后春笋般，发展很迅速，一时间全国各个地方茶馆林立。据史料记载，在北京，名气较大的茶馆有30多座，到了清末，上海达到66家，而产茶圣地杭州的茶馆更是多如牛毛，在清代康熙乾隆时期，仅杭州城内，就有大小茶馆八百余家，西湖周围就更不胜枚举。清人吴敬梓在《儒林外史》中描述道："（马二先生）步出钱塘门，在茶亭吃了几碗茶……又走到（面店）隔壁一个茶室，吃了一碗茶……又出来坐在那个茶亭内，上面一个横匾，金书'南屏'两字。"

由于品茶的程序越来越简单，茶不再是上流社会、豪门贵族专享的奢侈品，普通人家也能消费起这种餐后饮品，茶走进普通民众的日常生活，这也使茶为更多平民百姓所喜爱，茶馆盛行也充分说明了这一点。在清代茶已经成为和柴米油盐一样日常生活中的必备品，睡觉、起床、吃饭前后以及应酬送礼，都离不开茶叶，街市乡村到处可见茶楼、茶馆。

清代的茶馆，无论是在种类、功能上都更齐全。例如，有只经营茶水的"清茶馆"，有在郊外大树下搭个凉棚建起的"野茶馆"，有听书听曲儿的"书茶馆"，有熟食出售同时提供来料加工的"餐茶馆"，有卖茶又卖酒的"茶酒馆"，还有独具特色的多功能饮茶场所"大茶馆"。

清茶馆只卖茶水，不卖酒食，不带曲艺，而且陈设也非常简单，方桌木凳，一个茶壶，几个茶碗，来这儿的多数是做生意的人，因此清茶馆也成了生意人的聚集场所。

野茶馆兴起的时间较早，而"野"字，代表着人们对于大自然的向往。由于清代，北京城内缺少公园，所以，人们想要踏青只能选择到郊外，野茶馆应运而生。

书茶馆就比较热闹了，最开始是听评书的地方，后来还兴起了相声、曲艺等表演，茶客边喝茶边看演出，在这里，茶水和门票是分开收费的，上午清茶，下午演出。

大茶馆算是清代最具代表性的一类茶馆了，它集各类茶馆功能于一身，而且规模都非常大，从占地、装潢、家具、茶具、茶水种类到娱乐项目，茶客也是三教九流，总的来说大茶馆的包容性强，格局也最大。

晚清以后的百年间，茶馆经营艰难，日趋衰落，难得坚持下来的也大多是简陋小店。直到20世纪90年代初，由于社会经济的快速发展，人民生活水平日益提高，茶馆又走入中国百姓的生活中。

每一个时期的茶馆都印证着这一时代的特色，"老茶馆"是农业社会的产物，藏着人们的生活态度与市井烟火气，这里记录了祖祖辈辈的老茶客们愉快的闲暇时光。当今的各式"茶空间"则是工业与信息时代的产物，它们用潮流的方式表达态度、传递理念，让经典与现代碰撞，用国粹引领国潮，同时注重茶、水、器与环境的选配，饮茶是一门生活艺术，它不仅可以是慢节奏的对话生活，也可以是快节奏的时尚潮流。总的来说，无论是"老茶馆"还是"茶空间"，都具有深厚的文化底蕴与历史积淀，顺应了现代人最企盼的闲愁，不断求新求变，提升品位，茶馆的发展迎来了又一个春天。

微课 12：清代茶事

清代，是中华茶文化发展史上重要的转折期，茶叶、茶馆、茶叶贸易，都在这一时期彰显出时代性标志。

二、茶馆的地域特色

茶馆是一定时代和地域的产物，它承载着不同时期、不同地域的不同风情。

杭州茶馆：在水一方，如淡妆浓抹总相宜的丽质佳人（图 2-19、图 2-20）。南宋时有名气的茶肆、茶坊集中在当时的"天街"，即今天的中山中路、河坊街等闹市区。

图 2-19　杭州茶馆内景　　　　　　图 2-20　杭州茶馆

苏扬茶社：清幽从容，似简约可人的小家碧玉。清代有首《忆江南》词："苏州好，茶社最清幽，阳羡时壶烹绿雪，松江眉饼炙鸡油，花草满街头。"苏州人爱茶，一壶在手，细啜慢品，可作消遣，可消闲愁（图 2-21）。扬州旧时不仅茶馆多，澡堂也等于茶馆，早上是茶馆，晚上是浴室，所以有"早上皮包水，晚上水包皮"之说。扬州茶社还有精美茶食点心。弹词评话演出是苏扬茶社的又一特色（图 2-22）。

图 2-21 苏州茶馆

图 2-22 苏州评弹茶馆

巴蜀茶铺：悠然洒脱，似一位"摆龙门阵"的老者（图 2-23）。川渝人喝茶意在茶，多以饮清茶为主，茶食不多，不像扬州、广州那样且饮且食。喝茶的同时，会有地方戏曲欣赏，小型的戏班子就驻扎在茶馆，连演数日，茶馆还有掏耳朵、捏背按摩的服务。川渝茶馆的堂倌身怀掺茶绝技，就是长嘴胡茶艺（图 2-24）。长嘴胡又叫长流胡，用黄铜制成，水壶嘴长 60 多厘米，主要用它来冲茶泡茶。这种长嘴铜壶是四川茶馆所特有，具有浓郁的巴蜀特色，因为喝茶的客人多，人特别拥挤，有时候堂倌难以凑到桌子边去用短嘴壶为客人加水，于是就出现了这种长嘴铜壶，可以从一米以外的地方掺进去。茶壶灌满水有 14 ~ 16 kg，尤其考验臂力，掺水时水要吊成一根线，即使远距离，也不会洒到茶碗外面。堂倌们一手铜壶在握，一手卡住一摞盖碗和杯托，多的一手能端十五六只。人近茶桌，左手一扬，"哗"的一声，一串杯托脱手飞出，又"咯咯咯……"在桌上几旋几转，每个杯托上已放好茶碗，动作之神速和利索，如同魔术一般。川渝人喝茶间更喜欢漫不经心地喝，优哉游哉地"摆龙门阵"（图 2-25）。

图 2-23 成都老茶馆

图 2-24 长嘴胡表演

图 2-25 茶馆闲聊

广东茶楼：且饮且食，如一位殷实的美食家。广东城乡历来的饮食习惯是"茶中有饭，饭中有茶"，一日三餐称"三茶两饭"。广东茶楼自清代"一盅两件"的"二厘馆"以来，一直沿袭了且饮且食的传统。点心精美多样，是广东茶楼一绝。有荤蒸、甜点、小蒸笼、大蒸笼、煎炸和粥品六大类别（图2-26）。

图 2-26 广东早茶点心

京师茶馆：京韵京味，像是一位好侃大山、纵论天下大事的文化人。清代盛行大茶馆，如老舍先生笔下的"裕泰"。清末民初，大茶馆衰落，随之而起的是中小型的清茶馆、书茶馆、棋茶馆、戏茶馆，还有野外的风景茶铺，所谓"京味儿"，最突出的是大众化和社交化两个特点。大众化是指北京各阶层的人士均有饮茶和上茶馆的喜好；社交化就是把喝茶品茗作为融入周边社会的方式。值得特别提出的是京师的戏茶园。早先北京的剧场叫茶园，戏曲演出都在茶园，梅兰芳等名角也曾在茶园演出过。

上海茶馆：兼收并蓄，似一位摩登小姐。老上海茶馆，依据社会各界不同层次的多重需要，各有自己的特色和茶客群体。早期开设的宛在轩（即今湖心亭）、春风得意楼等，独具江浙一带茶馆的传统；还有传统改良型茶馆、粤式茶馆、扬州式茶馆，以及日式茶馆等。如今上海茶馆也是风格各异，多种多样，无论中外，兼收并蓄。

茶馆，营造休闲空间，构筑文化心境，形成中华民族独特的文化传统。中国茶馆是一部社会史、一部风俗史、一部文化史，让人品读不尽。

专题七
薪火相传：中国茶道活化石——潮州工夫茶

"功夫"和"工夫"这两个词读起来很相似，声母韵母是一样的，但是声调略有不同，工夫的"夫"要读作轻声，功夫的"夫"读作一声，人们不仅在读音上很容易混淆，词义上也大多分不清。

读作轻声的"工夫"是指做某件事花费的时间和精力，例如，"我现在没工夫理你""那幅画，他一会工夫就完成了"。读一声的"功夫"是指一种本事或造诣，例如，我们经常说的"中国功夫""少林功夫""有功夫在身，不怕没用武之地"。

所以，是"工夫茶"还是"功夫茶"？

当然是工夫茶。花时间和精力用心喝的茶，叫工夫茶。工夫茶里有功夫。

一、工夫茶的历史渊源

潮州工夫茶，起于明代，盛于清代，成为潮汕地区饮茶习俗的文化现象，是潮州饮食文化的重要组成部分。

它是在唐宋时期就已存在的"散茶"品饮法的基础上发展起来的，属散条形茶瀹泡法的范畴，是瀹饮法的极致。

自唐代韩愈被贬到潮州后，邹鲁之风开启。现可见最早的有关饮茶文献资料是北宋时苏轼的《与子野》书："寄惠建名数种，皆佳绝。彼土自难得，更蒙辍惠，惭悚。"子野，即潮州前八贤之吴复古（吴远游），与苏轼至交。文学家苏轼在茶学上的造诣颇高，对茶艺颇有研究。吴复古寄上的数品福建茶，获得苏轼赞誉"皆佳绝"，且知"彼土自难得"，可见吴复古有相当高的品茗水平，也说明宋代潮汕地区至少在上层人士中已有饮茶的习俗。后又经历战争动乱时之人口迁徙，特别是宋末朝廷南迁，文天祥兵败于潮州，更是把诸多中原文化带入潮州，如潮阳笛套音乐等。潮汕地区众多姓氏宗族，追根溯源，其始祖均始于此次朝廷南迁。历次的人口迁入，把中原的饮茶习俗也随之带入潮州，融本地民风习俗而成"潮味茶俗"并逐渐成形为后来的"工夫"茶俗。

传统潮州工夫茶所用茶叶，一般是半发酵的乌龙茶一类，所以工夫茶的成型期应在茶叶的半发酵制作方式形成之后。庄任在《乌龙茶的发展历史与品饮艺术》一文中，根据清康熙五十六年（公元1717年）王草堂的《茶说》、释超全的《武夷茶歌》和阮旻的《安溪茶歌》，推断乌龙茶创始于17世纪中后期，即明代中后期，适于乌龙茶的工夫茶品饮方式也随之兴起，首先行于武夷，再及于闽南、潮州。工夫茶艺传到潮州后，与当地的精致习性结合，从原先较大的茶杯改成更小的茶杯，并与崇商的习性结合，变成商业过程的一个重要部分和纽带，从而使工夫茶艺的中心和程式在潮州固定下来。

二十世纪上半叶，喝工夫茶在潮汕地区逐渐流行，继而在日常生活中固定下来，成了一种生活方式，代代相传。改革开放后，潮州人的足迹随着经济发展的春风开始遍布大江南北，工夫茶也随之流传，继而盛行于全国，所以，潮州工夫茶也被称作中华茶文化的活化石。

二、工夫茶的茶道器具

工夫茶最讲究的是茶具。它之所以和其他喝茶方法有别，也在于茶具。潮州工夫茶讲究茶具器皿配备之精良和烹制之功夫。茶壶、茶杯、茶盘、壶承、水瓶、泥炉、砂铫、榄核碳等是必备的茶具。而严格的烹制又需按泡器、纳茶、侯汤、冲点、刮沫、淋罐、洒茶等程序进行，方能得到工夫茶之"三味"。正是这些特别的器皿和烹法，使工夫茶独具韵味，扬名天下。真可谓一茶入口，甘芳润喉，通神彻窍、其乐无穷。据说陆羽所造茶器，凡二十四事。潮州工夫茶所用的茶具最少也需要十种，主要包括如下。

（一）茶壶

茶壶（图2-27）在潮州土语中叫作"冲罐"，传统的"冲罐"是用潮州当地的红泥土用手工拉胚烧制而成；还有一种称为"苏罐"，因为它出自江苏宜兴，是宜兴紫砂壶中最小的一种。

选择茶壶，好坏标准有四字诀，曰："小、浅、齐、老。"茶壶有二人罐、三人罐、四人罐等的分别，以孟臣、铁画轩、秋圃、尊圃、小山、袁熙生等制造的最受珍视。壶的式样很多，有小如橘子、大似蜜柑者，也有瓜形、柿形、菱形、鼓形、梅花形、六角形、栗子形……，一般多用鼓形的，取其端正浑厚故也。壶的色泽也有很多种，朱砂、古铁、栗色、紫泥、石黄、天青等，还有一种壶身银砂闪烁，朱粒累累，俗谓之抽皮砂者，最为珍贵。但不管款式、色泽如何，最重要的是"宜小不宜大，宜浅不宜深"，因为大就不"工夫"了。所以用大茶壶、中茶壶、茶鼓、茶筛、茶档等冲的茶，哪怕是用一百元一两的茶叶，也不能算是工夫茶。至于深浅，则关系气味，浅能酿味，能留香，不蓄水，这样茶叶才不易变涩。除大、小、深、浅外，茶壶最讲究的是"三山齐"，这是品评壶的好坏最重要的标准。办法是：把茶壶去盖后覆置在桌子上（最好是很平的玻璃上），如果壶滴嘴、壶口、壶提柄三件都平，就是"三山齐"了。这是关系到壶的水平和质量问题，所以最为讲究。"老"主要是看壶里所积成的"茶渣"多少。当然，"老"字的讲究还有很多，例如，什么朝代出品，古老历史如何，什么名匠所制成，经过什么名家所品评过等。但那已经不是用一般茶壶的问题，而是属于玩古董的问题了。

冲工夫茶除了用"冲罐"之外，有时客人多时，也可以用"盖瓯"（图2-28）。

图 2-27　茶壶

图 2-28　盖瓯

在潮州菜馆中每吃一道菜后就必定上来一巡工夫茶，那就是用"盖瓯"冲的，这是为了适用于人数较多的场合，一次可以有十杯至十二杯。但毕竟盖瓯口阔，不能留香，气味比使用冲罐就差得多了。但只要冲茶的人"功夫"好，用盖瓯也可以冲出好工夫茶的。

工夫茶壶很小，只有拳头那么大，薄胎瓷，半透明，隐约能见壶内茶叶。杯子则只有半个乒乓球大小。茶叶选用色香味俱全的乌龙茶，以半发酵的为最佳。放茶叶一般是放半壶，冲过后茶叶会展开，刚好呈一壶满的状态。水最好是经过沉淀的，沏茶时将滚烫的热水灌进壶里，马上冲出来，头道茶要倒掉，这主要是出于卫生的考虑。斟茶时，三个茶杯放在一起，不能斟满了这杯再斟那杯，而要轮流不停地来回斟，以免出现前浓后淡的情况。饮时先喝一小口，慢慢品，一边品着茶一边谈天说地，这叫工夫。工夫茶茶汁浓，碱性大，刚饮几杯时，会微感苦涩，但饮到后来，会愈饮愈觉苦香甜润，使人神清气爽，特别是大宴后下油最好。

（二）茶杯

茶杯（图2-29）的选择也有个四字诀：小、浅、薄、白。小则一啜而尽；浅则水不留底；色白如玉用以衬托茶的颜色；质薄如纸以使其能以起香。

潮州茶客常以白地蓝花、底平日阔，杯底书"若深珍藏"的若深杯为珍贵，但已不易得。江西景德镇和潮州枫溪出品的白瓷小杯，也是很好的，俗称为"白果杯"。

至于有的人还讲究什么"春宜牛眼杯，夏宜粟子杯，秋宜荷叶杯，冬宜吊钟杯"，这又未必讲究太多了。不过，用喇叭杯、牛乳杯作为工夫茶的茶杯，都不是很合适，有失"斯文"之道。

（三）茶池

茶池（图2-30）形状如鼓，由一个作为"鼓面"的盘子和一个类似"鼓身"的圆罐组成。盘子上有小眼四个，为漏水所用；而圆罐用于容纳由盘子漏下的废茶水。

图2-29 茶杯

图2-30 茶池

（四）壶承

壶承（图2-31）比茶盘小，是用来放置冲罐的，也有各种样式，但总之要注意到"夏浅冬深"，冬深是因为便于浇罐时多装些沸水，使茶不易冷。茶垫里还要垫上一层"垫毡"，其作用是保护茶壶，"垫毡"是用丝瓜络按茶垫的形状大小剪成的，为了不会生异味，所以要用丝瓜络而不用布毡。

（五）水瓶与水钵

两者作用一样，都是用以储水烹茶的。

水瓶（图 2-32），修颈垂肩，平底，有提柄，素瓷青花者最好，也有一种束颈有嘴，饰以螭龙，名叫螭龙樽的也不错。

图 2-31　壶承　　　　　　图 2-32　水瓶

水钵，也是用来储水以备烹茶的，大小相当于一个普通花盆，款式也很多。明代制的"红金彩"，用五金釉描金鱼二尾在钵底，舀水时水动，好像金鱼也泳跃欲出，这是很少见的珍品，一般的多见素瓷青花，置于茶床上，盖上朱红的木盖，舀水时用的是椰子壳做的椰瓢，当茶未煮，主人启盖舀水时，"工夫茶"之功夫已经不饮而使人信服矣。

（六）龙缸

大龙缸类似庭中栽种莲花的莲缸，或较小些。用以储存大量的泉水，密盖，下托以木几，放在书斋一角，古色古香。龙缸也多是素瓷青花，有明宣德年造的，但很难见到。康熙乾隆年间的产品，也已极为珍贵。用近代制品，只要色彩大小调和，也就很好了。

（七）红泥小炭炉

工夫茶的茶具，包括炉子，即红泥小炭炉（图 2-33），一般高一尺二寸，茶锅为细白泥所制，锅炉高二寸，底有碗口般大，单把长近三寸，冲罐如红柿般大，乃潮州泥制陶壶，茶杯小如核桃，乃瓷制品，其壁极薄。

（八）砂铫

砂铫（图 2-34），潮安枫溪做的最著名，俗称"茶锅"，是用砂泥制成的，很轻巧，水一开，小盖子会自动掀动，发出一阵阵的声响。这时的水冲茶刚刚合适。至于用钢锅、铝锅来煮水冲茶的，虽然也无不可，可是金属的东西，用以煮水冲茶毕竟要差一些，不算工夫茶了。

"绿蚁新焙酒，红泥小火炉。晚来天欲雪，能饮一杯无。"可见古人是用红泥小炭炉温酒的，自然那是在北方。至于"寒夜客来茶当酒"，这时是否用红泥小炭炉煮茶，煮的茶是否是潮州工夫茶，像喝酒一样喝茶，诗人们并没有说明。不过我想大约应当是如此，不然寒夜之时，一大碗一大碗地喝茶，岂不令人坐立不安，那个客人早就拔腿跑掉了，谁还能坐下来细谈。所以，我想这个"寒夜客来茶当酒"的茶，应当是工夫茶才是。

图 2-33　红泥小炭炉　　　　　图 2-34　砂铫

　　红泥小炭炉，潮安、潮阳、揭阳都有制作，式样好看极了。同样有各种形式，特点是长形，高六七寸，置炭的炉心深而小，这样使火势均匀，省炭，小炉有盖和门，不用时把它一盖一关，既节约，又方便。小炉门边往往还有一副很文雅的对联，益发增添茶兴。小炭炉是放在精制的木架上面的，木架像塔形，下大上小，上面一格放炉子，刚好一伸扇子便是炉门。中间一格放扇子、钢筷等物。下面一格放木炭或榄核炭，或引火之物。"工欲善其事，必先利其器"，有了这样的设置，煮茶自然是很方便的。

（九）羽扇与钢筷

　　羽扇（图 2-35）是用以扇火的，扇火时既须用劲，又不可扇过炉门左右，这样才能保持一定火候，也是表示对客人的尊敬。因此，特制的羽扇不但有利于"功夫"的施展，而且一枝用洁白鹅翎编成的扇，大不过掌，竹柄丝穗的精雅，衬托着红、绿、白……各种颜色的茶具，加上金紫色的浓茶，自然别有风趣。钢筷（图 2-36）则不但为了钳炭、挑火，而且可以使主人双手保持清洁。

　　以上，虽然还不够陆羽所规定的二十四式茶具的规格，但也已经洋洋大观了。如果还要再说些，那么二十四件也不为多，例如，装茶叶的锡罐，就以潮汕造的为最上品；还有茶巾，专门以净涤茶具；茶几，用以摆设茶具；茶担，可以储藏茶器，春秋佳日，登山浮水，临流漱石，林墅深幽，席地小坐，烹茗啜饮，自然又是人生一乐。

 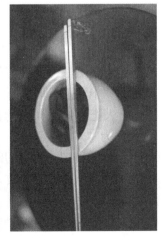

图 2-35　羽扇　　　　　　　图 2-36　钢筷

三、工夫茶的缕缕茶香

工夫茶以浓度高著称，初喝似嫌其苦，习惯后则嫌其他茶不够滋味了。工夫茶采用的是乌龙茶叶，如铁观音、水仙和凤凰茶。乌龙茶介乎红、绿茶之间，为半发酵茶，只有这类茶才能冲出工夫茶所要求的色香味。

（一）岭头单丛

岭头单丛、白叶单丛均产自潮州市饶平县岭头村，具有茶汤鲜黄明亮、呈金黄色、蜜色油润、蜜香极好、茶水甘甜滋润、回甘持久等特点，素有白叶仙子之美誉，曾是外交部及钓鱼台国宾馆招待外宾专用茶，是潮汕工夫茶最具特色的代表。

（二）凤凰单丛

100多年前，凤凰单丛茶在巴拿马万国博览会上获得银奖；2015年，凤凰单丛再度在米兰世博会上斩获"百年世博中国名茶金骆驼奖"，至美的茶文化，再次闪耀世博舞台。凤凰单丛产自潮州凤凰山区，茶汤色泽微褐，茶叶条索紧、叶质厚实，很耐冲泡，一般可冲20次左右。其可分为桂花、茉莉、蜂蜜等风味，是继岭头单丛茶之后又一潮汕工夫茶代表之一。凤凰单丛茶最有名，具有桂花、茉莉、蜂蜜的风味，曾在福州举行的全国名茶评选会上荣获桂冠。茶叶生长于高山峻岭之上，沐浴烟雾、涵养泉水、吸日月精华，没有污染，其品性高洁，其味芳香，富含茶素等各种营养，尤其按照潮州工夫茶一整套冲沏技术，好处很多。

凤凰茶的品种、香型颇多，品质亦因季节而异，其中以"凤凰单丛"为最佳品。"凤凰单丛"指那些经过多年品试、被鉴定为有各种不同自然花香的优质茶树，在制作过程中分别进行单株采摘、单株初制、单株烘干的特级名茶。它的制作特别讲究，一定要在春季晴朗而凉爽的日子里于午后1—4时这段时间采摘，且采摘后一定要分株堆放在阴凉处，然后才初制加工。如果在雨天、晨雾或午荫的天气采摘，就制作不出单丛茶的香韵来。在凤凰单丛中，尤以凤凰山乌岽顶单丛茶的品质最优，向来有"形美、色翠、香郁、味甘"四绝之称。冲泡时在几步之外便能闻其香味，饮之回味无穷。

四、工夫茶的冲泡功夫

工夫茶之功夫，全在茶之烹法，虽有好的茶叶、茶具，而不善冲，也全功尽弃。潮汕工夫茶的烹法，有所谓"十法"，即活火、虾须水、拣茶、装茶、烫盅、热罐、高冲、盖沫、淋顶与低筛。也有人把烹制工夫茶的具体程序概括为"高冲低洒，盖沫重眉，关公巡城，韩信点兵"，或称为"八步法"。

治器：冲茶前的准备工作，从起火到烧开水，冲烫茶具。

纳茶：将茶叶分粗细后，分别把茶叶装入茶壶，粗者置于底、中者置于中、细者置于上，茶叶不可装得太满，仅七八成即可。

候茶：讲究煮水，以"蟹眼水"为度，如苏东坡所说，"蟹眼已过鱼眼生"，初沸的水冲茶最好。

冲点：讲究"高冲"、开水从茶壶边冲入，切忌直冲壶心，以防"冲破茶胆"，茶叶冲散，茶沫溢出，可能把茶冲坏。

刮沫：冲茶时溢出的白色茶沫，先用茶壶盖刮去，然后把茶壶盖好。

淋罐：茶壶盖好后，即用开水冲淋壶盖，既可冲去溢出的茶沫，又可在壶外加热。

烫杯：在筛茶前，先烫杯，一可消毒，二可使茶杯升温，茶不易凉，也能使茶生香。

筛茶：讲究"低筛"，这是潮州工夫茶的特有筛茶方法，把茶壶嘴贴近已整齐摆放好的茶杯，然后如"关公巡城"般连续不断地把茶均匀筛洒在各个杯中，不能一次注满一杯，以示"一视同仁"，但一壶茶却必须循环筛洒以至于尽，即所谓"韩信点兵"多多益善。

五、工夫茶的茶事礼仪

传统的潮汕工夫茶一般只有三个杯子，不管多少客人都只用三个杯子。喝茶时，要按宾客的角度，把三个茶杯摆成"品"字形。如果席间没有长辈，第一杯茶一定先给左手第一位客人，无论其身份尊卑，也无关性别。每喝完一杯茶要用滚烫的茶水洗一次杯子，然后把带有热度的杯子给下一个用。这种习俗据说是人们为了表示团结、友爱和互相谦让的美好品德。

工夫茶之隆情，使其茶艺超凡而"入俗"。工夫茶的雅趣，让品茶者难得清闲，乐于赋闲。工夫茶的厚韵，蕴含人们苦尽甘来的生活观念，而工夫茶的义理，则明白无误地透示着传统思想文化中"天人合一"的哲学追求。

📖 文化拓展

> ### 一、传说中的陆羽《毁茶论》
>
> "楚人陆鸿渐为茶论，说茶之功效，并煎茶炙茶之法，造茶具二十四事，以都统笼贮之。远近倾慕，好事者家藏一副。有常伯熊者，又因鸿渐之论广润色之。于是，茶道大行，王公朝士无不饮者。御史大夫李季卿宣慰江南，至临淮县馆。或言伯熊善茶者，李公请为之。伯熊著黄衫乌纱帽，手执茶器，口通茶名，区分指点，左右刮目。茶熟，李公为啜两杯而止。既到江外，又言鸿渐能茶者，李公复请为之。鸿渐身衣野服，随茶具而入。既坐，教摊如伯熊故事，李公心鄙之。茶毕，命奴子取钱三十文酬煎茶博士。"
>
> ——唐·封演《封氏闻见记》卷六《饮茶》
>
> 这个故事记录了"茶圣"陆羽与茶事高手常伯熊之间的一段趣事，后陆羽因为此事写下《毁茶论》，陆羽是因为受到李公的鄙夷一气之下在"毁"茶吗？历史上对此评价众多，褒贬不一。在漫长的历史长河中《毁茶论》原文已经无从考证，我们只能结合陆羽的《茶经》以及《陆文学自传》等书籍，从陆羽其人以及对茶道事业的毕生追求出发去分析与推测，《毁茶论》的真相究竟是什么？你的推测是什么呢？

二、宋代分茶与现代咖啡拉花

在许多人看来，分茶（图2-37）与咖啡拉花（图2-38）如出一辙，但其实两者有本质上的不同。咖啡拉花是利用奶泡在冲煮完成的咖啡表面制作花样的图案线条，牛奶与咖啡，两种不同泡沫碰撞混合，在咖啡表层描绘出美妙的图案。

宋代人在点茶过程中形成了一种很讲究的茶艺叫作"分茶"，是一种将"点茶"点出了新花样的高超技艺，高明的分茶技艺利用茶末与开水的反应，仅用清水在点好的茶汤表面写字作画，"禽兽鱼虫花草之属，纤巧如画"，这比咖啡拉花早了1 000多年。

图2-37 现代茶百戏

图2-38 咖啡拉花

文化践行

一、综合实践

1. 世界上第一本茶学专著是（ ）。

A.《大观茶论》　　　B.《茶经》　　　　C.《茶录》　　　　D.《茶疏》

2. 中华茶文化正式形成是在（ ）代。

A. 南北朝　　　　　B. 汉　　　　　　C. 唐　　　　　　D. 宋

3. 宋朝人的主要饮茶方法为（ ）。

A. 煎茶法　　　　　B. 煮茶法　　　　C. 点茶法　　　　D. 泡茶法

4. 被人们称为"茶圣"的人是（ ）。

A. 常伯熊　　　　　B. 吴理真　　　　C. 卢仝　　　　　D. 陆羽

5. 茶马交易是从（ ）朝代开始的。

A. 唐　　　　　　　B. 宋　　　　　　C. 明　　　　　　D. 清

6. 宋徽宗赵佶写的关于茶的书名为（ ）。

A.《大观茶论》　　　B.《品茗要录》　　C.《茶经》　　　　D.《茶谱》

7. 日本茶道传承于（ ）。

A. 唐代煎茶　　　　B. 唐代煮茶　　　C. 宋代点茶　　　D. 明代泡茶

8. 当代社会，（ ）城市被人们称为"茶都"。

A. 厦门　　　　　　B. 深圳　　　　　C. 北京　　　　　D. 杭州

9.在中华茶文化历史发展进程中，茶叶成为祭品是在（　　　）时期。

    A.西周　　　　　　　B.春秋　　　　　　　C.战国　　　　　　　D.汉代

10.中国茶叶利用发展历程是（　　　）。

    A.食用—药用—饮用　　　　　　　　B.药用—食用—饮用

    C.饮用—食用—药用　　　　　　　　D.药用—饮用—食用

二、各抒己见

1.中国是最早发现并利用茶的国家，中国的茶树种植、茶叶加工、饮茶习俗等都对世界茶业有着深远影响。随着当代新型调饮茶的兴起，饮茶从慢节奏变为快消品，越来越受到当代年轻人以及国内外饮茶人士的追捧，对于中国传统茶饮与现代新型调饮茶的文化碰撞，你有什么看法？

2.请分别简述唐、宋、明三个朝代在中华茶文化史上的卓越贡献。

三、生活实践

"矮纸斜行闲作草，晴窗细乳戏分茶。"无论是宋代分茶还是现代茶百戏，古今人们都将茶事活动融入生活雅趣中，是一种中式的时尚与情趣。点一盏茶，去腻清心，静心养性，再用清水或茶粉在沫饽上题字作画，禽兽、鱼虫、花鸟须臾散矣，真是美妙又不失乐趣。让我们提壶携盏，去体验一盏穿越古今、风靡千年的"泡沫"美学盛宴吧！

上篇　茶故事

第三单元　茶的文学礼赞

一碗喉吻润，二碗破孤闷。

三碗搜枯肠，唯有文字五千卷。

四碗发轻汗，平生不平事，尽向毛孔散。

五碗肌骨清，六碗通仙灵。

七碗吃不得也，唯觉两腋习习清风生。

——唐·卢仝《走笔谢孟谏议寄新茶》节选

单元导入

一茶一世界，一叶一菩提。一杯茶，无关风月，不争名利，自古以来俘获了多少文人雅士的芳心，他们用唯美的语言文字、惟妙的绘画艺术等，在中国璀璨多彩的文化长河中留下了茶的深刻印迹。它寄托了中国文人的精神信仰，更是爱茶之人身心的美好向往。

学习目标

知识目标：

1. 掌握《荈赋》《一字至七字茶诗》《茶中杂咏·煮茶》等茶诗的诗意；

2. 理解茶诗的写作传统，了解古代茶诗的发展历史；

3. 了解古人与茶相关的娱乐活动，领略古人的生活意趣；

4. 掌握茶与释家、道家之间的关联。

能力目标：

1. 能创作形式多样的茶诗等文学作品；

2. 可以将释家、道家的养生静心观念运用到制茶、饮茶中。

素质目标：

1. 通过对古人茶诗创作、斗茶宴活动等的了解，领略文学作品的魅力，感受古人生活意趣；

2. 通过了解茶与释家、道家的关联，感受茶文化兼收并蓄的特点。

美的视窗

喝茶当于瓦屋纸窗之下，清泉绿茶，用素雅的陶瓷茶具，同二三人共饮，得半日之闲，可抵十年的尘梦。

——周作人《喝茶》

喝茶，在浪漫的中国人眼里，早已不是一项机械的日常活动，在人们的手中，茶绽放出了更优雅的韵味。在人们手中，制茶、饮茶俱富趣味；在诗人笔下，茶香千年不朽，余韵悠长。茶香千年，待君细品！

美的解读

专题一

赌书泼茶：茶与生活意趣

茶自被人发现并成为饮品后，便与人的生活息息相关。随着人们对饮茶要求的提高，饮茶也不再是一件单纯满足口腹之欲的日常活动，而是渐渐成为富有生活意趣的一项活动。

南宋著名女词人李清照在《金石录》一书的后序中写到当年与丈夫赵明诚赌书泼茶的过往：

余性偶强记，每饭罢，坐归来堂烹茶，指堆积书史，言某事在某书、某卷、第几页、第几行，以中否角胜负，为饮茶先后。中即举杯大笑，至茶倾覆怀中，反不得饮而起。

闲来饭罢，李清照与赵明诚以赌书为乐，此"赌书"并非赌博，而是互相比试，看谁能记得某事在某书的某卷某页——这是文化人的游戏，颇有风雅。这种游戏的筹码是谁能取得优先喝茶的权利，然而得胜之后，却往往举杯大笑，以致端不稳茶杯，一杯清茶便倾泻在了怀中。李清照写此后序时，丈夫赵明诚已亡六载。李清照一人独自在尘世飘零，目睹山河破碎，而自己改嫁又遇人不淑，此时回忆起从前，过往种种甜蜜，愈发刻骨铭心。清代词人纳兰性德在《浣溪沙》中写到这一典故："赌书消得泼茶香，当时只道是寻常。"饮茶便不再是吃饭喝水一样满足口腹之欲的活动，而是承载着诗人无限怅惘的载体。

在古代文学作品中，茶是常见意象。诗人对茶的书写不仅包括采茶、制茶、饮茶，还包括斗茶、赠茶等富有生活意趣的活动。

一、几许闲绪

论起人们日常接触最多的饮品，茶酒往往相伴。但古人写茶，与写酒不同。写酒，既有"葡萄美酒夜光杯"的豪奢，也有"古来圣贤皆寂寞，惟有饮者留其名"的豪迈，更有"三杯两盏淡酒，怎敌他晚来风急"的忧愁，可谓一杯酒中品出不同心境。但茶和酒不同，诗人饮茶，往往心绪更为平和，或一人静坐，细品香茗，或二三友人相伴，间或诗词唱和。无论何种形式，环境上必得一个"静"字才称得上妙。黄庭坚有词《好事近·橄榄》：

潇洒荐冰盘，满座暗惊香集。久后一般风味，问几人知得。画堂饮散已归来，清润转更惜。留取酒醒时候，助茗瓯春色。

这首词虽然是一首写物诗，描写对象是橄榄，但从字里行间也可看到诗人对茶和酒的态度。上阕写聚会场景，热闹非凡，"留取酒醒时候"一句可以看出，聚会饮用的是酒，然而等到饮散归来，喧闹褪去，要品鉴橄榄的滋味，还得酒醒过后，煮上一壶清茶才可相配。不独黄庭坚有此感受，唐代诗僧皎然在《九日与陆处士羽饮茶》一诗中早已明言："俗人多泛酒，谁解助茶香。"酒，是繁华浓烈之物，饮者往往有千杯不醉的豪气；而茶，质朴清雅，若将它拟人化，定是一位端方雅正的君子。

古人有十大雅事：书法、焚香、品茗、听雨、赏雪、候月、酌酒、莳花、抚琴、寻幽，品茗正是其中一大雅事。煮茶品茗于古人来说，更像是一件蕴含无穷乐趣的事情，可陶冶情操、颐养性情。古人品茗之雅，首先体现在茶器的雅致上。唐代中后期女诗人鲍君徽有《惜花吟》一诗，其中有一句提到了煮茶的器具："莺歌蝶舞韶光长，红炉煮茗松花香。"这里煮茶用的是红炉，由此也可看出，诗人们对待饮酒、饮茶的态度都是极为讲究的。《水浒传》中的英雄讲究大碗喝酒，自有一番洒脱豪迈之气，但若大碗喝茶，则少了几分风雅。若待渴时，几大碗茶水下肚，只能勉强解渴，哪里还能品到茶的滋味？因此古人煮茶品茗，格外讲究，以唐代煎茶法为例，对水的要求也有"三沸"之说，水温过低嫩茶味很淡，水温过高老味苦涩，可谓精细之至。

品茗之雅，还体现在饮者心境的闲雅。饮茶须得心境平和，方能品出茶滋味。若是等到口干舌燥再饮茶，只怕会急不可耐地吞下那一杯茶水，自然也就品不出什么滋味。古诗中写饮茶，大多场景是诗人闲居。

夏日闲居
（唐）张籍

多病逢迎少，闲居又一年。药看辰日合，茶过卯时煎。

草长晴来地，虫飞晚后天。此时幽梦远，不觉到山边。

诗人在山中闲居，或许是身体有疾，因此煎药与煎茶往往相继进行。山中草长虫飞，一派自由景象，诗人心情闲适，一梦悠远，全诗透露出自得悠然的情绪。

题山居
（唐）曹邺

扫叶煎茶摘叶书，心闲无梦夜窗虚。

只应光武恩波晚，岂是严君恋钓鱼。

郊居即事
（唐）贾岛

住此园林久，其如未是家。叶书传野意，檐溜煮胡茶。

雨后逢行鹭，更深听远蛙。自然还往里，多是爱烟霞。

诗人往往闲居于山中或郊外，远离尘俗喧扰，学着严光隐居富春山。这对接受儒家教育的儒士来说，无疑是放弃了他们原本想要追求一生的目标，然而既然已经做出了这样的决定，他们就必然已经经过了一番深思熟虑，抑或内心的纠结挣扎。决定做完，人已在山中闲居，到了此刻，功名利禄便算是暂时搁置一边了。诗人不再斤斤计较得失，目之所及，是"草长晴来地，虫飞晚后天"，过的生活则是"扫叶煎茶摘叶书，心闲无梦夜窗虚""叶书传野意，檐溜煮胡茶。雨后逢行鹭，更深听远蛙"。诗人心绪平和，寄情于山水草木以及茶叶之上。闲来煮茶，既是消磨时间，同样也是在将自己的过往煮进水中，然后一饮而尽，也即将自己的执念消解干净。茶与山水，是诗人的避风港，一方静谧的栖息地。

二、茶宴活动

茶宴，是一种以茶为宴席的宴会形式，人们"以茶引言，用茶助话"，逐渐发展成为一种流行的聚会方式。茶宴可以是朋友亲人之间的聚会，人数较少，更便于情感交流。唐代诗人李嘉祐有诗《秋晓招隐寺东峰茶宴，送内弟阎伯均归江州》，这首诗应当是写于诗人送别内弟，也即妻子的弟弟时所作：

> 万畦新稻傍山村，数里深松到寺门。
> 幸有香茶留稚子，不堪秋草送王孙。
> 烟尘怨别唯愁隔，井邑萧条谁忍论。
> 莫怪临歧独垂泪，魏舒偏念外家恩。

正是秋天，稻香四溢，秋草萋萋，诗人在招隐寺设茶宴，送别内弟。"烟尘怨别唯愁隔，井邑萧条谁忍论"，诗人满腔离别之苦，可见与内弟之间的情谊深厚。亲人离去，何以作别？"幸有香茶留稚子"，以一盏茶相赠，茶香盈齿，即便轻舟已过万重山，等到离人再端起茶盏时，自然而然地便会想起那一盏别离时亲人亲手煮好的茶。茶香悠悠，而情谊亦幽幽缠绕，牵连不断。

更盛大的茶宴则参加人数更多，氛围也更热闹。白居易诗《夜闻贾常州、崔湖州茶山境会亭欢宴》就描写了一次盛大的欢乐茶宴：

> 遥闻境会茶山夜，珠翠歌钟俱绕身。
> 盘下中分两州界，灯前各作一家春。
> 青娥递舞应争妙，紫笋齐尝各斗新。
> 自叹花时北窗下，蒲黄酒对病眠人。

"珠翠歌钟俱绕身""青娥递舞应争妙，紫笋齐尝各斗新"，俱可看出这场宴会的盛大繁华，然而诗人在这热闹的场景下，却更加落寞。"自叹花时北窗下，蒲黄酒对病眠人"，热闹总会散去，而宴会之后，自己一人又是何等寂寞？这正是以盛景反衬心境的孤独。同样是描写盛大的茶宴，唐代女诗人鲍君徽的《东亭茶宴》体现出了不一样的心境：

> 闲朝向晓出帘栊，茗宴东亭四望通。
> 远眺城池山色里，俯聆弦管水声中。
> 幽篁引沼新抽翠，芳槿低檐欲吐红。
> 坐久此中无限兴，更怜团扇起清风。

诗人在亭中遥望山色，或聆听音乐，四面景色宜人，她的心境也是悠然闲适的，"坐久此中无限兴"，与白居易乐景生悲情的心绪截然相反。

唐代诗人吕温写《三月三日茶宴序》，文中提到：

三月三日，上巳祓饮之日也。诸子议以茶酌而代焉。乃拔花砌，憩庭阴，清风逐人，日色留兴。卧指青霭，坐攀香枝，闲莺近席而未飞，红蕊拂衣而不散，乃命酌香沫，浮青杯，殷凝琥珀之色。不令人醉，微觉清思，虽五云仙浆，无复加也。座右才子南阳邹子、高阳许侯，与二、三子顷为尘外之赏，而不言诗矣。

文章开头，交代了时间、缘由，接着对现场景色作了生动的描绘，花香撩人，清风拂面，有人"卧指青霭"，有人"坐攀香枝"，姿态散漫自由。沏上一壶琥珀之色的香茶，分注乳色素杯，闻之令人神清气爽，品之令人芳香满怀。杯中之茶，其珍贵程度就连五云仙浆（唐代名酒）也无法比拟。身边的至交好友均为红尘外的高雅之士，面对此情此景，诗人也已忘言。读罢此段，可见茶宴之热闹繁华。

自唐以后，茶宴这种友人间的聚会形式，一直延绵不断（图3-1）。五代时和凝与同僚"以茶相饮"，相互比试茶品，把这种饮茶之乐称为"汤社"。到了宋代，茶宴更盛，宫廷之中茶宴举行得尤为盛大。皇帝亲自参加茶宴，这种茶宴被看作是皇帝对近臣的一种恩赐，所以场面隆重，气氛肃穆，礼仪也更加严格。北宋蔡京《延福宫曲宴记》对此就有记载："宣和二年十二月癸巳，召宰执亲王学士曲宴于延福宫，命近侍取茶具，亲手注汤击拂。……饮毕，皆顿首谢。"

时隔千百年，通过阅读诗歌，我们仍能透过字里行间，看到古人参加茶宴时的场景，体会到古人或快乐、或落寞的心境，这也正是文字的魅力所在。茶给文学作品注入了新的源泉，文学作品也让茶的内涵更加丰富。

图3-1 南宋林庭圭、周季常《五百罗汉图》中的茶宴场景

三、作品形式多样化

古人对饮茶的喜爱不仅反映在对饮茶器具和程序的要求上，在文学作品中还反映为茶文学形式和内容的多样化。简而言之，茶文学即描写对象为茶叶、茶具或与茶有关的活动的文学作品。茶文学肇始于先秦时期，《诗经》中多次提到"荼"，也就是人们对早期茶叶的称谓。其后，屈原的《橘颂》等楚辞作品中也引入了"荼"这一文学意象。到晋代杜育写作《荈赋》，这称得上是目前所见的最早专门歌颂茶事的文学作品：

灵山惟岳，奇产所钟。瞻彼卷阿，实曰夕阳。厥生荈草，弥谷被岗。承丰壤之滋润，受甘露之霄降。月惟初秋，农功少休；结偶同旅，是采是求。水则岷方之注，挹彼清流；器择陶简，出自东瓯；酌之以匏，取式公刘。惟兹初成，沫沈华浮。焕如积雪，晔若春敷。若乃淳染真辰，色绩青霜，白黄若虚。调神和内，倦解慵除。

这首赋从茶叶"灵山惟岳""弥谷被岗"的生长环境，"承丰壤之滋润，受甘露之霄降"的生长过程，"水则岷方之注，挹彼清流"的水质要求，"器择陶简"的器具要求，以及最后"焕如积雪，晔若春敷"的茶水特点和"调神和内，倦解慵除"的药用功效。语言典雅清新、简洁流畅，采用俳赋（古代中国文学特有的一种文言文文体）的形式，富有韵律感，读来朗朗上口，短短一百多字，便将一片茶叶的一生描写得清清楚楚，可谓茶文学作品中的优秀代表作。

唐宋时期是茶文学作品的繁荣时期，由于国力强盛，社会环境相对安定，茶叶生产和贸易也渐渐兴起和发展，北方的人民也开始饮茶。在这样的环境下，饮茶成为人们日常不可缺少的一项活动，更是受到了诗人们的追捧和青睐。唐代诗人皮日休有诗《茶中杂咏·煮茶》，描写了煮茶的场景：

香泉一合乳，煎作连珠沸。时看蟹目溅，乍见鱼鳞起。
声疑松带雨，饽恐生烟翠。尚把沥中山，必无千日醉。

诗人从视觉、听觉角度展开描写。视觉上，将茶汤沸腾的形态比作"蟹目""鱼鳞"，令人可以想见茶汤咕嘟冒泡的场景，极富画面感。听觉上，将水沸声比作"松带雨"，雨落松林，雨声淅沥，并不嘈杂，反而有种错落有致的美。古人连煮茶的过程也描写得如此有趣，可见古人擅长从事物小处寻到真意趣，沈复《浮生六记》中记载幼时"观蚊成鹤"，于常人不注意之处发现乐趣，也正是此理。

茶文学的形式也在不断创新，许多新奇有趣的诗歌形式也被诗人用于茶诗创作中。唐代诗人元稹创作宝塔诗《一字至七字茶诗》：

茶。
香叶、嫩芽。
慕诗客、爱僧家。
碾雕白玉、罗织红纱。
铫煎黄蕊色、碗转曲尘花。
夜后邀陪明月、晨前命对朝霞。
洗尽古今人不倦、将至醉后岂堪夸。

"宝塔诗"，诗如其名，诗歌内容从一字句或两字句的塔尖开始，向下延伸，逐层增加字数至七字句的塔底终止，如此排列下来，形如宝塔，因此得名"宝塔诗"。宝塔诗的首句往往点明诗歌对象，全诗紧扣主题，对仗工整，形成诗歌独有结构美，读来使人玩味不已，其趣无穷。元稹以此形式写作茶诗，可见对于茶，是持有相当喜爱的感情的。通读全诗，我们也可以体会到他对茶的情感态度。

此诗开头就点出诗歌主题是茶，接着写了茶的本性，即香味和形态。第三句"慕诗客、爱僧家"，乍看只觉怪异，难道茶可以仰慕诗客，爱慕僧家吗？实则不然，这是诗人使用的写作手法，这其实是一句倒装句，说的是茶深受"诗客"和"僧家"的爱慕。至于为何如此设计，既可以说是为了押韵的不得已之举，也可以说是诗人的奇思妙想。将此句倒装，主语成了茶，反倒显得茶更有生命力了，也再次突出了诗歌主体。接下来写的是烹茶，"碾雕白玉、罗织红纱。铫煎黄蕊色、碗转曲尘花"四句连用三种色彩，"白""红""黄"，令读者眼前呈现出色彩鲜明的烹茶景象。人们用白玉雕成的碾把茶叶碾碎，再用红纱制成的茶罗把茶筛分，然后在铫中把茶叶煎成"黄蕊色"，最后才盛到碗中。第六句谈到饮茶，不但夜晚要喝，早上也要饮，足以说明古人对茶的喜爱。诗歌结尾，诗人指出茶的妙处，饮茶不仅可以使人精神饱满，酒后饮茶更有助于醒酒。全诗从茶的形态到茶的功效，从人们的煎茶方法到饮茶习惯，都囊括其中，且形式有趣，堪称佳作。

明清以后，由于不断变迁的政治环境，茶文学作品开始衰落，但仍有不少创作。这一时期，不仅士人群体创作茶诗，上至皇帝也热衷写作茶诗。一向被戏谑附庸风雅的乾隆皇帝创作有不少茶诗，如《荷露烹茶》《坐龙井上烹茶偶成》《观采茶作歌》等，都称得上这一时期茶诗中的佳作。

今天，仍然有许多人在创作茶文学作品，且对作品形式进行了许多创新。当代诗人黄胤然创作了许多颇为有趣的茶诗：

> 茶煮禅空香自在，
> 琴鸣道妙韵天成。

上联有四种微妙读法：

> 茶煮，禅空香自在；
> 茶煮禅，空香自在；
> 茶煮禅空，香自在；
> 茶煮禅空香，自在。

下联亦如是，无论使用哪种断句方法，都颇有禅味。此外，黄胤然还继承古代回文诗（能够回还往复，正读倒读皆成章句的诗篇）的创作传统，创作了形式有趣的十字回文茶诗《等》（图3-2）：

> 茶人等雪落天华素满家。

图3-2　黄胤然创意的十字回文茶诗《等》

十字回文诗又称为转尾（鳞迭）连环回文诗，是古人创造的一种七言绝句诗体，由10个字连环往复，综合运用，其结构如鳞片之叠压覆盖，层层推进。读诗时，先鳞迭环读至尾，再从尾字开始连环读至开头，形成重复倒旋的回文格，最后读成一首28个字的七绝。如本茶诗《等》读成：

> 茶人等雪落天华，
> 雪落天华素满家。
> 家满素华天落雪，
> 华天落雪等人茶。

通过文学创作，诗人们将自己对茶的情感和生活的热情诉诸笔端，而我们今天阅读前人的文学作品时，仍可透过文字体会到他们对生活的热爱，以及善于从细微之处发现生活乐趣的精神。茶香悠悠，在这抹飘了千百年的茶香中，我们品的其实是生活的各般滋味。

专题二
世外仙茗：茶与佛、道之学

提到茶与释家之间的联系，人们总会下意识想到"茶禅一味"这个词。事实上，这个词的确很好地概括了茶与释家之间的关系，在历史长河中，茶与释家联系紧密，二者相互影响，形成了独特的茶道思想。除释家外，道家与茶道之间同样有着千丝万缕的联系，这些都可在文学作品中窥见一二。

一、茶与释家

从历史原因来说，佛教发展历史悠久，与茶道发展相伴。在佛教的发展过程中，禅宗这一流派对茶道的发展影响最大。禅宗主张坐禅修行，通过打坐修身养性，净化心灵，但长时间的打坐使人容易感到疲倦，而茶正好具有解困的功效，因此饮茶之风便在寺院中盛行。唐代《封氏见闻记》记载："茶早采者为茶，晚采者为茗"。《本草》云："止渴，令人不眠。"南人好饮之，北人初不多饮。开元中，泰山灵岩寺有降魔师大兴禅教，学禅务于不寐，又不夕食，皆许其饮茶。人自怀挟，到处煮饮。从此转相仿效，遂成风俗。可见，禅宗的发展也推动了饮茶风俗在地域之间的流行。

茶文学的创作也与释家相关甚密，茶诗创作者有不少便是僧人。唐代诗僧皎然被誉为"茶诗之祖"，他有诗《饮茶歌诮崔石使君》一首，书写了自己的饮茶感悟，其诗原文如下：

> 越人遗我剡溪茗，采得金牙爨金鼎。
> 素瓷雪色缥沫香，何似诸仙琼蕊浆。
> 一饮涤昏寐，情来朗爽满天地。
> 再饮清我神，忽如飞雨洒轻尘。
> 三饮便得道，何须苦心破烦恼。
> 此物清高世莫知，世人饮酒多自欺。
> 愁看毕卓瓮间夜，笑向陶潜篱下时。
> 崔侯啜之意不已，狂歌一曲惊人耳。
> 孰知茶道全尔真，唯有丹丘得如此。

由题可知，这是一首饮茶时兴起之作，诗人与友人崔石使君一同饮茶，并作了此诗以"讥诮"对方，这种讥诮当然并没有恶意，倒反映出二人之间情谊的深厚。正文开始，诗人先介绍了茶的由来："越人遗我剡溪茗"，茶是剡溪之地，也即古越之地的茶，是一位当地的越人送给我的。"素瓷雪色缥沫香，何似诸仙琼蕊浆"一句，写茶在杯中的状态，白色的瓷器中盛着青色的浮沫，素雅清洁，可与神仙饮用的琼蕊浆相比。

接下来，诗人提出了一个重要观点，今人将此总结为"三饮说"。"一饮涤昏寐，情来朗爽满天地。再饮清我神，忽如飞雨洒轻尘。三饮便得道，何须苦心破烦恼。""三饮说"循序渐进，分别描绘了诗人饮茶的感受，"一饮涤昏寐"，第一口茶下肚，可以扫除疲倦，令人神清气爽。第二口茶下肚，便可清洁神思，好似雨洒轻尘，荡涤掉心中的杂念。第三口茶下肚，可得道全真，进入了最高境界，至于心中的烦恼忧愁，自然无所遁形。诗人将茶的功效夸张化，并将其与释家讲求的无欲无求的境界融二为一，更具哲理。我们今天说"茶禅一味"，也正是讲求在饮茶中体会到禅学中的无我境界。

茶树宜生长在阳崖阴林之中，自古就有寺庙种植茶树的记载。释家在茶的种植、采制上亦颇有造诣。唐代诗人吕岩在《大云寺茶诗》一诗中写道：玉蕊一枪称绝品，僧家造法极功夫。开篇即毫不吝啬地称赞大云寺的茶堪称绝品，并说僧家，也即释家制茶的功夫炉火纯青。这是由于古代佛寺大多修建在深山中，交通不便，又或因银钱不够，僧人便只能自给自足，在山中栽种茶树，并自己采制茶叶。山中土壤肥沃，云雾较多，适合茶叶生长，再加上僧人制茶技艺精湛，因此所做出的茶叶往往品质较好，受到世人的追捧。唐代有许多名茶都出自寺院，产于普陀寺的"普陀佛茶"、武夷山天观寺所产的大红袍、洞庭东山水月院僧人种植的碧螺春茶，至今都仍被奉为名茶。

在唐宋诗人的笔下，我们可以在茶诗中看到许多僧人的身影：

乱飘僧舍茶烟湿，密洒歌楼酒力微。——《雪中偶题》（唐）郑谷

半夜招僧至，孤吟对月烹。——《故人寄茶》（唐）曹邺

蜀茶倩个云僧碾，自拾枯松三四枝。——《煎茶》（唐）成彦雄

九日山僧院，东篱菊也黄。俗人多泛酒，谁解助茶香。——《九日与陆处士羽饮茶》（唐）皎然

诗歌中的茶僧相伴现象，正反映出佛家对茶道发展的影响之大，以致人们提起茶，便自然想到僧院、僧人。

微课 13：饮茶歌诮崔石使君

说起茶和茶文化，我们无法绕开一首诗，因为"茶道"这个词最早是在这首诗中被提出来的。

微课 14：七碗茶歌

《唐才子传》这样叙述卢仝："高古介僻，所见不凡近，狷介类孟郊；雄豪之气近韩愈"，他自号玉川子，所以后世的古诗文里，常有以玉川代指好茶。

二、茶与道家

《庄子·养生主》载有"庖丁解牛"一事，其中庄子以刀喻人，道出道家的养生之法：刀不经肯綮（筋骨盘结处）之中，故无过度消损；不入大軱（大骨）之处，故保常新。依乎自然之理、顺乎天地之道，不强为、不妄做——亦犹言，人体不违四时之序，心神不背阴阳之衡，方可得长生之道。故《黄帝内经·上古天真论篇》道：

上古之人，其知道者，法于阴阳，和于术数，食饮有节，起居有常，不妄作劳，故能形与神俱，而尽终其天年，度百岁乃去。今时之人不然也，以酒为浆，以妄为常，醉以入房，以欲竭其精，以耗散其真。不知持满，不时御神，务快其心，逆于生乐，起居无节，故半百而衰也。

且再看饮茶之道如何与道家养生之道相契合：

古言：

春生夏长，秋收冬藏。

冬去春来，阴气渐衰，阳气渐盛。万物生发，人或感困倦乏力。此时宜饮花茶，以花之甘凉发散体内凝聚的冬日寒邪；炎炎夏日，阳气鼎盛，适以绿茶生津止渴、去火平热；秋高气爽，阳气渐衰，阴气渐盛。人或口舌生燥、心肺生火。此时宜饮青茶，以清除积热、润肺生津；秋去冬来，阳气鼎盛。人当闭藏，勿扰阳动。此时宜饮红茶，以甘温之性御寒邪之气。

此正合"道法自然"之理。

《道德经·第三章》有言：

> 不尚贤，使民不争。
> 不贵难得之货，使民不为盗。
> 不见可欲，使民心不乱。
> 是以圣人之治，
> 虚其心，实其腹，弱其志，强其骨，
> 常使民无知无欲，
> 使夫智者不敢为也。
> 为无为，则无不治。

如果说，艺术创作者常借作品将自身抽离于那烦碌的现实生活，以获得暂时的美的愉悦；那么，饮茶人则以茶为寄托，将现实中的自己投放到品茶的精神享受中。此时，他们不计利害、淡忘功名，暂时地摆脱了生活中的一切束缚，实现了真正的、完美的、纯粹的自我。这种短暂的抽离，却并非消极地避世；恰恰相反，它作为一种缓冲，让饮茶人重新更好地投入现实生活中去。

专题三
文人茶趣：茶与士大夫精神

元丰元年（公元 1078 年），苏轼上任徐州知州。时正值暑旱，他劳于旅途、口干舌燥，犹冀一杯清茶消渴，遂赋一首《浣溪沙》，道是：

> 簌簌衣巾落枣花，村南村北响缫车。牛衣古柳卖黄瓜。
> 酒困路长惟欲睡，日高人渴漫思茶。敲门试问野人家。

诚然，茶是消渴佳品，更是文人、士大夫精神品格、风度气韵的传达。如果说，追求精神放松是饮茶者的功利性；那么，除此之外再也无他。这便是它无功利的功利性所在。可见，茶以淡雅清素之内蕴，与道家远离尘嚣、无为而为的精神内核相应；也正因此特点，茶可行道、可雅志，能驱邪气、养正气。这种精神在苏轼的身上得以很好地体现。

一、东坡与茶

言及苏轼，世人常以文豪誉之。殊不知，他还是一位资深茶人，他自己种茶、制茶、煎茶、品茶……给我们后人留下了九十六首与茶相关的诗词，让我们千年以后仍能感受到他与茶为伴之乐。请看——

> 仙山灵草湿行云，洗遍香肌粉未匀。
> 明月来投玉川子，清风吹破武林春。
> 要知玉雪心肠好，不是膏油首面新。
> 戏作小诗君勿笑，从来佳茗似佳人。

好友曹辅寄与苏轼一饼团茶，苏轼以独特的审美视角，将其赞为"佳人"，把佳茗的鲜嫩清新与佳人的天生丽质、蕙质兰心联系起来，比喻贴切、生动，给人丰富的想象和美妙的感受。这是苏轼品茶美学意境的最高体现，也成为后人品评佳茗的最好注解。

苏轼曾慨叹："人间有味是清欢。"在经过仕途的起起落落后，苏东坡终于悟得——人间有味是清欢。苏轼为什么能够做到这样淡泊？也许这场刚过去的飞来横祸正是道家和佛家引导他幡然悟道的方便法门。

苏轼敏慧过人，性情却喜显露锋芒，故常惹人嫉恨。政治上起起落落，变法派再度执掌政权，他又一次被贬。这一次他被贬到了广东惠州。

人常道惠州瘴气弥漫，寿难久长，但苏轼却道："命自在天、何关瘴气？"在那里，他生活拮据，无钱沽酒、啖肉，却乐在其中：

> 白头萧散满霜风，小阁藤床寄病容。
> 报道先生春睡美，道人轻打五更钟。

据说这首诗传到京城，宰相章惇看了非常生气，说苏轼在惠州还竟畅美如此："春睡美"，再贬！于是，六十多岁的苏轼又被贬到了从来没有人被贬去过的儋州（据说因为"瞻"和"儋"字形相近）。

62岁时，苏轼被贬谪到海南儋州。当时的海南是彻彻底底的蛮荒之地，"食无肉，病无药，居无室，出无友"，流放海南，仅轻于满门抄斩。但于苏东坡而言，这个蛮荒之地便成了诗和远方。

公元1100年，苏轼被贬儋州，值春夜美景，东坡先生欲在茶中消磨光阴，写下《汲江煎茶》：

> 活水还须活火烹，自临钓石取深清。
> 大瓢贮月归春瓮，小杓分江入夜瓶。
> 雪乳已翻煎处脚，松风忽作泻时声。
> 枯肠未易禁三碗，坐听荒城长短更。

苏轼思茶，须活水与活火。遂于夜半时分，抱大瓮，伴冷月孤影，踉踉跄跄行至江边汲取江水。即便已是风烛残年、形体不便，但于饮茶终不将就：固知茶性之生起于水，为得水质、水温恰到好处，不惜行至人烟稀少的钓石旁，只为这一瓮纯净而又深情的江水！取水时，大瓢贮月归、小勺分江入。口读此诗而心生此景，敬畏感油然而生。

后为煎茶。"雪乳已翻煎处脚,松风忽作泻时声",茶汤露出云头雨脚之状,便已煎毕。簇簇炭火、滚滚茶汤,苏轼心意怅然、感慨万千竟至难以入眠:"枯肠未易禁三碗,坐听荒城长短更",易安居士有词云:"三杯两盏淡酒,怎敌他晚来风急!"实非酒淡,然其愁浓。东坡先生亦是如此,醒神者非茶也,盖愁也!他就这样安坐于此,闻听荒城中的阵阵更声。若非壮志未酬,岂能惆怅至此?

此诗前三联道出取水、煎茶到饮茶的全过程,茶后便是"坐听荒城长短更"——静坐于这春光中,听海南岛边荒城里那报更的长短不齐的鼓声,遂生旷达之意。

解此诗文不难发现,茶之幽清、雅致的特性与佛、道二家有着诸多相似之处,它们的内在神韵总是暗合。因此,茶也常常成为佛家人、道家人乃至文人、士大夫最爱佳品。此正合"无为而为"之理。

东坡与茶,缘非止此。

二、苏子茶话

冯梦龙《警世通言》曾载一则趣事,谓"王安石三难苏学士"。记载了苏轼和王安石之间的三个故事。一为苏轼擅改菊花诗。苏轼拜访王安石未果,见到文几上的诗"西风昨夜过园林,吹落黄花满地金",认为菊花并不落瓣,于是信手依韵续曰"秋花不比春花落,说与诗人仔细吟"。苏轼后来被贬为黄州团练副使,见到黄州菊花落瓣,终于意识到自己的错误。二为王安石以自己有"痰火之症"需瞿塘中峡水为由,让苏轼代为携取。苏轼因"鞍马困倦",错过中峡水,取下峡水代替,被王安石识破。三为苏轼在与王安石对句和识典上落于下风。

其中,王安石嘱苏轼取水的故事中,王安石对苏轼道"年幼时我寒窗苦读,偶染痰火之症。虽然服药,难以除根。必得阳羡茶方可治。如今茶已备,但这茶须用瞿塘的中峡水煎煮。瞿塘在蜀,子瞻若得往来之便,将瞿塘中峡水,携一瓮寄与老夫,不知可否。"苏轼自然领命而退。

时光匆匆便过了一年,苏轼计划送夫人回乡时路过瞿塘峡时顺道取水。瞿塘三峡,哪三峡?西陵峡,巫峡,瞿塘(别名夔峡)。西陵峡为上峡,巫峡为中峡,瞿塘峡为下峡。他在夔州讨个江船,顺流而下,乘着水势,一泻千里,好不顺溜。他在船中,看那峭壁千寻,沸波一线,想起李白"两岸猿声啼不住,轻舟已过万重山"的诗句,想要作一篇《三峡赋》,又因为连日奔波,疲顿已极,不知不觉靠在桌上睡着了,忘记了吩咐水手取水。一觉醒来,已过了巫峡,到了归峡地段。他赶紧吩咐调转船头,去中峡取水,水手回禀说"三峡相连,上峡水流到中峡,中峡水流到下峡,昼夜不停,水都是一样的不分好歹,为什么一定要取中峡水呢!"他听了觉得水手的话颇合情理,就吩咐手下买了一个干净的瓷坛,自己站在船头,监督水手把下峡水满满地装了一坛。

回了京城,苏轼就叫手下人抬了水坛,乘马直奔王安石府,并称带回了一坛中峡水。

王安石就命令手下人把坛子抬进来,揭开纸封,叫茶童在茶炉上煨火,用银铫盛好坛子里的水,放在茶炉上煮。然后拿一只白空碗,放一撮阳羡茶,等到茶炉上的水滚开,赶紧倒入盛茶的碗中,只见碗中半天不见茶色,等了很长时间,才慢慢呈现出茶色来。

　　王安石问道："这水是从哪里取来的？"苏轼说是从巫峡取来的。王安石紧逼了一句"那么，也就是中峡水了？"苏轼心里明知不是，嘴上仍然回答道"正是"。王安石笑道"又来欺哄老夫了，这是下峡的水，为什么要说是中峡的呢？"

　　苏轼大吃一惊，知道欺瞒不过去，就把水手所讲的"三峡相连，水不分好歹"的话讲了一遍。苏轼不知为什么王安石能够分辨出来，就问道："老太师您是怎么分辨出来这是下峡水的呢？"

　　王安石笑了笑，说道："读书人千万不可轻举妄动，要深思慎取。这瞿塘水性，出于《水经补注》，上峡水性太急，下峡又太缓，只有中峡水性缓急适中。用三峡水泡阳羡茶，上峡味浓，下峡味淡，中峡就处于浓淡之间。现在白空碗中的茶半天才看得见茶色，所以知是下峡水了。"

　　苏轼听完王安石的话，惭愧不已，赶忙跪伏在地上，乞求王安石宽宥。

　　这个故事讲的是王安石与苏轼的轶事，却可看到辨水煮茶意趣。茶在今天已很少用来治病了，但民间依然有"败火"一说。爱茶之人，即便是夏天最酷热时，也会静静地饮一杯热茶，因为热茶能让毛孔里的燥气、暑意散发开来，热在嘴里，却清凉在心。

📖 文化拓展

一、《叶嘉传》
苏轼

　　叶嘉，闽人也，其先处上谷，曾祖茂先，养高不仕，好游名山，至武夷，悦之，遂家焉。尝曰："吾植功种德，不为时采，然遗香后世，吾子孙必盛于中土，当饮其惠矣。"茂先葬郝源，子孙遂为郝源民。

　　至嘉，少植节操，或劝之业武，曰："吾当为天下英武之精。一枪一旗，岂吾事哉！"因而游，见陆先生，先生奇之，为著其行录传于世。方汉帝嗜阅经史，时建安人为谒者侍上。上读其行录而善之，曰："吾独不得与此人同时哉！"曰："臣邑人叶嘉，风味恬淡，清白可爱，颇负其名，有济世之才。虽羽知犹未详也。"上惊，敕建安太守召嘉，给传遣诣京师。

　　郡守始令采访嘉所在，命赍书示之。嘉未就，遣使臣督促。郡守曰："叶先生方闭门制作，研味经史，志图挺立，必不屑进，未可促之。"亲至山中，为之劝驾，始行登车。遇相者揖之曰："先生容质异常，矫然有龙凤之姿，后当大贵。"嘉以皂囊上封事。天子见之曰："吾久饫卿名，但未知其实耳。我其试哉。"因顾谓侍臣曰："视嘉容貌如铁，资质刚劲，难以遽用，必捶提顿挫之乃可。"遂以言恐嘉曰："砧斧在前，鼎镬在后，将以烹子，子视之如何？"嘉勃然吐气曰："臣山薮猥士，幸惟陛下采择至此，可以利生，虽粉身碎骨，臣不辞也。"上笑，命以名曹处之，又加枢要之务焉。因诫小黄门监之。

　　有顷报曰："嘉之所为，犹若粗疏然。"上曰："吾知其才，第以独学未经师耳。"嘉为之，屑屑就师，项刻就事，已精熟矣。上乃敕御使欧阳高、金紫光禄大夫郑当时，甘泉侯陈平三人，与之同事。欧阳嫉嘉初进有宠，曰："吾属且为之下矣。"计欲倾之。会天子御延英，促召四人，欧但热中而已；当时以足击嘉；而平亦以口侵凌之。嘉虽见侮，为之起立，颜色不变。欧阳悔曰："陛下以叶嘉见托吾辈，亦不可忽之也。"因同见帝，欧阳称嘉美，而阴以轻浮訾之。嘉亦诉于上。上为责欧阳，怜嘉，视其颜色，久之，曰："叶嘉真清白之士也，其气飘然若浮云矣。"遂引而宴之。

少选间，上鼓舌欣然曰："始吾见嘉，未甚好也；久味之，殊令人爱，朕之精魂，不觉洒然而醒。书曰：'启乃心、沃朕心'，嘉元谓也。"于是封嘉为钜合侯，位尚书。曰："尚书，朕喉舌之任也。"由是宠爱日加。

朝廷宾客，遇会宴享，未始不推于嘉。上日引对，至于再三。后因侍宴苑中，上饮逾度，嘉辄苦谏。上不悦曰："卿司朕喉舌，而以苦辞逆我，余岂堪哉！"遂唾之。命左右仆于地。嘉正色曰："陛下必欲甘辞利口，然后爱耶？臣言虽苦，久则有效，陛下亦尝试之，岂不知乎？"上顾左右曰："始吾言嘉刚劲难用，今果见矣。"因含容之，然亦以是疏嘉。

嘉既不得志，退去闽中。既而曰："吾未如之何也，已矣。"上以不见嘉月余，劳于万几，神茶思困，颇思嘉。因命召至，喜甚，以手抚嘉曰："吾渴见卿久也。"遂恩遇如故。上方欲以兵革为事。而大司农奏计国用不足。上深患之，以问嘉。嘉为进三策。其一曰：榷天下之利、山海之资，一切籍于县官。行之一年，财用丰赡。上大悦。兵兴有功而还。上利其财，故榷法不罢。管山海之利，自嘉始也。居一年，嘉告老。上曰："钜合侯其忠可谓尽矣。"遂得爵其子。又令郡守择其宗支之良者，每岁贡焉。

嘉子二人。长曰抟，有父风，袭爵。次曰挺，抱黄白之术。比于抟，其志尤淡泊也。尝散其资，拯乡间之困，人皆德之。故乡人以春秋伐鼓，大会山中，求之以为常。

苏轼《叶嘉传》是一篇运用拟人手法的散文，也是研究中国古代茶史的重要文章。当代茶圣吴觉农在其主编的《茶经述评》对此评论说，苏轼"实际上是以拟人化的词句来赞颂闽茶"。茶之品性，当于深山野林才得真味。此谓东坡茶论。

二、《斗茶记》

唐庚

政和二年三月壬戌，二三君子相与斗茶于寄傲斋。予为取龙塘水烹之，而第其品。以某为上，某次之，某闽人，其所赍宜尤高，而又次之。然大较皆精绝。盖尝以为天下之物，有宜得而不得，不宜得而得之者。富贵有力之人，或有所不能致；而贫贱穷厄流离迁徙之中，或偶然获焉。所谓尺有所短，寸有所长，良不虚也。唐相李卫公，好饮惠山泉，置驿传送，不远数千里，而近世欧阳少师作《龙茶录序》，称嘉祐七年，亲享明堂，致斋之夕，始以小团分赐二府，人给一饼，不敢碾试，至今藏之。时熙宁元年也。吾闻茶不问团绔，要之贵新；水不问江井，要之贵活。千里致水，真伪固不可知，就令识真，已非活水。自嘉祐七年壬寅，至熙宁元年戊申，首尾七年，更阅三朝，而赐茶犹在，此岂复有茶也哉！今吾提瓶支龙塘，无数十步，此水宜茶，昔人以为不减清远峡。而海道趋建安，不数日可至，故每岁新茶，不过三月至矣。罪戾之余，上宽不诛，得与诸公从容谈笑于此，汲泉煮茗，取一时之适，虽在田野，孰与烹数千里之泉，浇七年之赐茗也哉，此非吾君之力欤。夫耕凿食息，终日蒙福而不知为之者，直愚民耳，岂吾辈谓耶，是宜有所记述，以无忘在上者之泽云。

《斗茶记》首先交代了斗茶的时间、地点和人物，通过举例唐代李德裕千里取水和宋代欧阳修贡茶七年尚未吃完的典故来告诉人们："吾闻茶不问团绔，要之贵新；水不问江井，要之贵活。"唐庚以为，不管什么样的茶叶，茶一定是要新茶，不管什么样的水质，水一定要活水。文中对李德裕之水和欧阳修之茶提出了质疑：李德裕饮惠山泉水，长途跋涉，等水到了他手上，姑且不论其真假，水质也一定变得很差了。而欧阳修的七年储藏的茶，查找三朝史书，没有说明茶是越久越香。唐庚最后说到自己贬谪惠州，但却每天提着瓶子到龙塘取水，并且每年新茶上市不出三个月就能得到建安，以戴罪之身，在乡村与朋友一起煮茶品茗，获得身心的满足愉悦。此文明写斗茶，实则反映了唐庚虽然处在劣境中，但能以茶为乐的随性而适、随遇而安的乐观精神。

文化践行

一、综合实践

（一）单选题

1. 黄庭坚《好事近》："潇洒荐冰盘，满座暗惊香集。久后一般风味，问几人知得。"描写的是（ ）。

    A. 葡萄   B. 枇杷   C. 橄榄   D. 石榴

2. 斗茶活动缘起于（ ）。

    A. 贡茶   B. 品茶   C. 制茶   D. 敬茶

3. 《和章岷从事斗茶歌》的作者是（ ）。

    A 苏轼   B. 欧阳修   C. 柳永   D. 范仲淹

4. 目前所见的最早专门歌颂茶事的文学作品是（ ）。

    A.《荈赋》   B.《茶经》

    C.《茶中杂咏·煮茶》   D.《一字至七字茶诗》

（二）多选题

1. 古人的十大雅事分别是书法、（ ）、品茗、听雨、（ ）、候月、酌酒、（ ）、抚琴、寻幽。

    A. 焚香   B. 赏雪   C. 下棋   D. 莳花

2. 乾隆皇帝创作的茶诗有（ ）。

    A.《荷露烹茶》   B.《坐龙井上烹茶偶成》

    C.《观采茶作歌》   D.《茶中杂咏·煮茶》

3. 古人与茶相关的娱乐活动有（ ）。

    A. 斗茶   B. 赏花   C. 观月   D. 茶宴

二、各抒己见

1. 简述本单元中提到的茶文学作品有哪几种形式。

2. 简要说明释家与茶道之间的关系所在。

三、创作实践

茶文学的形式丰富多样，有不少形式非常有趣活泼。请你根据所学内容，结合生活感悟，试着创作一首形式或内容新颖的茶诗。

上篇　茶故事

第四单元　探索多彩茶俗

山居偏隅竹为邻，
客来莫嫌茶当酒。

——（宋）朱熹

单元导入

"'茶'字拆开，就是'人在草木间'"。2017年1月，在北京，习近平总书记向越共中央总书记阮富仲介绍中国传统茶艺，并在品茶时叙谈茶文化和中越两国人民友好。作为中国传统待客之道和标志性文化符号，在多个外交场合，习近平总书记都"以茶会友"。

茶，源起于中国，茶香隽永，寓意着东方文明的内秀与温润、清雅。中国，自古乃礼仪之邦，古往今来，中华民族始终传承和践行着"以茶敬客""以茶敬亲""以茶睦邻"等最基本的茶俗。这些传统的中式茶俗，不仅是中国人日常交际的纽带，也展现出中华民族传承和追求和平、和睦、和谐的交往理念。

▎学习目标

知识目标：

1. 了解茶俗基本定义；

2. 理解茶俗与人生三礼的关系及其所展现的文化内涵；

3. 掌握我国各地的特色民族茶俗及文化寓意。

能力目标：

1. 能够结合中华茶文化、民俗文化发展史，分析不同饮茶风俗中"茶"与"俗"的关联性；

2. 学会理解各民族不同茶俗的展现形式及文化象征。

素质目标：

1. 通过学习茶俗及茶的礼仪，感受礼仪文化，强化文化修养；

2. 通过学习各民族茶俗，强化中华民族的文化自信和民族凝聚力。

✈ 美的视窗

竹下忘言对紫茶，
全胜羽客醉流霞。

尘心洗尽兴难尽，

一树蝉声片影斜。

——（唐）·钱起《与赵莒茶宴》

"宾主设礼，非茶不交"——以茶会友待客，是中华民族社交的首选。

中唐时期茶宴始有记载，大历年间才子钱起，曾于竹林清幽处与友人赵莒共办茶宴，以茶代酒，聚首畅谈。诗人与赵莒在蝉鸣声中相谈甚欢，一番品茗之后，两人皆已浑然忘我，清净自得。了无尘世杂念之际茶兴却更浓，畅饮相谈直至夕阳西下方才尽兴。为记录此中种种感受，钱起写下了这一首《与赵莒茶宴》的诗文。

☕ 美的解读

专题一
人生大事：茶俗的人生三礼

在日常的饮茶活动中，中国人对于伦理道德、对于未来和人生的美好愿景，往往会融入茶里，通过一杯温润的茶汤展现出来。用茶来款待亲友、敬奉长辈，与他人共赏佳茗，这些行为习惯，都源自我国传统的茶俗。那么，究竟应该如何给茶俗下定义呢？

关于茶俗的定义，大多数是停留在对饮茶风俗的具体行为习惯和细节描述上，并未进行清晰明确的概括，所以常常有人误认为茶俗仅只指饮茶之风俗，但实际上，茶俗所包含的层面并不仅限于此。根据《中国茶叶大辞典》（陈宗懋主编，中国轻工业出版社，2000 年出版）中对茶俗的描述，明确指出了："茶俗是在长期社会生活中，逐渐形成的以茶为主题或以茶为媒体的风俗、习惯、礼仪，是一定社会政治、经济、文化形态下的产物，随着社会形态的演变而消长变化。在不同时代、不同地方、不同民族、不同阶层、不同行业，茶俗的特点和内容不同。"由此可见，茶俗是囊括了多个层面的综合性概念。

古时候，人从出生到去世，都有一套完整的礼仪体系，我们把这个阶段的礼仪统称为"人生之礼"，人们在这些礼仪仪程中融入茶俗文化，借茶来表达心意与信仰。

一、人生与茶的初相遇：诞生礼中的茶俗

诞生礼仪，指的是妇女从孕育分娩，到婴儿周岁这一孩童成长过程中所进行的一系列的仪式，包括了出生礼、三朝礼、满月礼、百日礼和周岁礼等。小孩子从出生到满周岁，每一个小的人生阶段都充满着爱的仪式感。新生命的诞生，对每个家庭来说都是一件值得庆贺的喜事，这说明家族香火有继，人丁兴旺。在我国各地民间，都延续着以茶来祝福新生儿的茶俗。

例如，按照广东惠东县客家族地区的传统习俗，喜欢食用咸茶（图 4-1）的客家人除了以咸茶敬客外，还会在自家媳妇生下小孩的第三天早晨，煮一桶咸茶宴请附近的亲朋

好友，这种茶也被称为"三朝茶"，等到小孩子满月，还要再煮"满月茶"来再请邻里街坊们品饮庆贺。

除了煮茶请大家饮用庆祝的习俗外，对有新生儿出生的家庭来说，第三天还有一个非常重要的洗浴仪式，被称为"洗三朝"或者"三朝洗儿"，也就是三朝礼，这是古代汉民族诞生礼中最重要的一个仪式。婴儿刚出生时，身体较弱，民间又认为茶是圣洁、洁净的象征物，可以帮助小婴儿祛除晦气、污秽，去邪避痛，免受病痛侵袭。因此，在举行三朝礼时，民间有使用茶水来"洗三"（图4-2）的茶俗，认为茶水洗头日后能减少头皮屑的产生，如江苏如东县就规定"洗三"时必须用绿茶的茶水。

小孩满月礼中也有许多有意思的茶俗，满月时要给小婴儿剃胎毛，德清县城有的人家要先给来为孩子剃胎发的师傅敬上清茶一杯，待茶水凉后，师傅要为小孩子"茶浴开面"——在孩子脸上抹上茶水，再进行剃头，寓意长命百岁，纯真活泼；而浙江湖州地区要为满月剃头的孩子用茶水开浴洗头，取早开富贵的寓意。

图4-1　广东客家的咸擂茶　　　　　图4-2　小孩满月用茶水洗浴

有的地方，茶俗还与所生孩童性别相关。在江西修水等地，生男孩的家庭，由丈夫前往岳父母家报喜，岳母要把头年亲自采摘的四季宁红茶包入红布包，赠予女婿，祝愿新生儿岁岁年年如茶一般健康茁壮，这种礼物被当地人称为"祝弥"。

另外，无论在新生儿出生还是满月，或是举行百岁礼仪式的时候，都有以茶水宴请亲友的茶俗，不过所饮之茶根据各地风俗不一，种类和方式上也稍有区别。

二、人逢喜事要喝茶：婚嫁礼仪中的茶俗

自古以来，"久旱逢甘霖，他乡遇故知，洞房花烛夜，金榜题名时"被视为中国人传统观念中的四件大喜事，其中"四喜"之一的婚礼，与一个家族的繁衍和家风的传承有着非常重要的关联。千百年来，茶礼茶俗与民间的恋爱、定亲、嫁娶等婚姻仪式都有着密切的联系，可以说茶叶是婚嫁仪式中忠贞不渝、爱情甜蜜、婚姻美满的象征。

"临湖门外是侬家，郎若闲时来吃茶。"这首元代张雨的《竹枝词》，展现了古时便有青年男女用茶作为情感传递、交流媒介的习俗。茶水中不仅有苦味，也有回甘，这种苦涩与甜蜜的交织其实也如男女情爱一样，让人流连，回味无穷。所以，茶作为男女间交流情感纽带的象征寓意就不言而喻了。

不仅仅是爱情，在古时候从订婚到完成全部的婚礼仪式都离不开茶（图4-3），在我国的江浙地区，甚至把整个婚礼仪式称为"三茶六礼"。俗语中有云："三书六礼，明媒正娶"，讲的是古时候男女成婚需要经过谈婚、订婚到结婚三个阶段，这"三书"与"六礼"便是包含于这三个谈婚论嫁的阶段之中的礼节仪式。"三书"是指在整个过程中所用的文书，可以说是古时保障婚姻的有效文字记录，分别是定亲之"聘书"，罗列彩礼清单的"礼书"，以及迎娶新娘过门时给新娘的"迎书"。"六礼"，则是指我国传统婚礼礼法仪程中的纳采、问名、纳吉、纳征、请期和亲迎六项。我国江浙地区所采用的"三茶六礼"结婚礼法，其中的"六礼"也指的是上述"六礼"，而"三茶"是指订婚时喝的"下茶"，结婚时的"定茶"，同房时所喝的"合茶"。

民间以茶说媒定亲，茶甚至可以说是男女定亲的半个"月老"。古代女子成年及笄后一般待字闺中，未婚女子偶尔到别人家里做客，一般不能随随便便喝主人敬的茶。俗话有云："吃了谁家的茶，就是谁家的人。"吃了这家主人奉上的茶水，就意味着答应做这家的媳妇了，吃茶也渐渐成了两家人定亲的依据。这种习俗传至今日，如在浙江绍兴等地，未婚姑娘订婚前不会喝男子递来的茶水。湖南浏阳等地，也有下茶订婚的风俗，女方家里若是看中了上门的男子，会奉上茶水。男子如果也有意思，饮尽茶后就在茶杯里留下双数茶钱；若是男子无意，喝完茶汤后要将杯子倒扣，随便付点茶钱就可以离开。

居住在我国福建福安一带的畲族人民，在结婚时喜欢进行一些喜庆有趣的仪式，使婚礼充满热闹的气氛。其中一项仪式与茶有关，就是敬"宝塔茶"（图4-4），当地新娘过门前，亲家嫂子要给来迎亲的亲家伯敬上这道茶。这种"宝塔茶"要将五大碗茶叠上三层，第一层、第三层分别放置一碗茶，中间一层放三碗。饮用此茶的方式也充满趣味性，亲家伯要同时端起整座"宝塔"，将中间和最底下的一共四碗茶分别递给四位轿夫，自己再当面一口饮尽"塔顶"第一层那碗热茶，仪式的过程中要求茶水一滴不撒，才能赢得满堂彩。

图4-3　福安畲族的"宝塔茶"茶俗

图4-4　民间男女定亲以茶为媒

婚礼当天晚上，灯火通明，高朋满座，在湖南衡州一带，热衷于结婚闹洞房，当地人有一种闹洞房的茶俗——饮"合茶"。这种饮茶习俗很有意思，首先新郎、新娘要相对而坐，互相把左腿放在对方的右腿上，新郎的左手和新娘的右手还要搭在对方肩上，此时新郎的右手拇指和食指再与新娘左手的拇指和食指组合成一个正方形，合力握住一杯茶，亲友们再轮流凑上前去品茶。

结婚仪式要有茶的参与，退婚、离婚的时候也有不同的茶俗。在贵州一些地区，如果女孩子不满意父母包办的婚姻，常用"退茶"的方式退婚。而在云南西部凤庆县诗礼乡，还有"离婚茶"，夫妻双方的关系无法继续时，会饮一杯茶，寓意"好说好散"。

三、一盏茶，祭祖悼亲：祭礼与丧葬礼中的茶俗

丧祭礼仪，是中国儒家礼仪文化的重要组成部分。《左传·成公十三年》中也说过"国之大事，在祀与戎"，古人把祭祀和战争并列为国家同等重要的大事。从古老的原始氏族部落时期开始，我国人民就已经有了对神灵和先祖的崇拜，而"无茶不在丧"的观念深深根植于中华民族祭祀传统之中。在民间，茶是神圣的、洁净的象征，用此物表达对神灵、佛祖的崇敬和对祖先的追忆，再适合不过了。这些无不说明了丧祭礼仪与茶也有着非常密切的关系。

专题二
千姿百态：茶俗的民族风情

中国是一个多民族组合而成的国家，随着历史的不断发展，五十六个民族在饮茶这项活动日常中，不断地融入了各族人民的情感与文化，同时受到地域环境、气候、生活习惯等差异的影响，呈现出了极具各民族特色的独特的民族茶俗文化（图4-5）。

图4-5 少数民族同胞采茶场景

一、洞见底蕴：民族茶俗之特征

饮茶风气在我国各民族聚居地区广泛普及，饮茶方式也别具一格，在民族茶文化的发展历程中，这些风格各色的饮茶习惯，形成了众彩纷呈的民族茶俗。我国的民族茶俗，主要有如下特点。

（一）民族性

中华茶文化与各民族文化相融合，形成了独具特色的民族性茶俗。我国民族茶俗的民族性，包含了源自各民族的纯真质朴的性格、豁达乐观的处事态度和热情好客的品质等。

从各民族制茶、烹茶，到饮茶的器具、方式，无不体现出这种淳朴的民族特性。民族同胞们热情奔放，能歌善舞，许多民族在与亲朋好友品茶的同时，还会载歌载舞，往往是整个村寨的人聚在一起，好不热闹，从饮茶这一日常事项中展现出民族同胞们知足常乐的处世心态。此外，待人接物热情、大方、真诚也是我国民族的共同特性，体现在茶俗中，如维吾尔族的女主人，会将第一碗热茶端给客人，并请对方上席入座。

（二）多样性

中国地大物博，幅员辽阔，民族众多，地形特征、气候特征也复杂多样。这种生态系统的多样性使得我国各个茶产地产茶品种多样，各民族的饮茶习俗、饮茶的种类和方式也呈现多样性的特征。这些民族茶俗各具特色，静雅与热情奔放并存，绚烂多彩。

（三）自然原生性

我国的西南民族地区，是世界上最早发现野生茶树的地区，也是最早种植、使用茶的民族。不仅如此，各民族同胞们在采种、加工、储存、运输过程中都崇尚自然之法，且保留了一套风格独特且原生古老的饮茶方式与追求饮茶强身的初心。

二、分门别类：民族茶俗之门类

我国各民族饮茶有着悠久的历史文化，形式多样，根据不同的分类角度，大致可以有如下几种类型。

（一）依据茶的功能性分类

1. 以茶为药的茶俗

在我国传统饮食文化中，一直有"茶食同源、医食同源"的传统，早在四五千年的原始社会时期，茶叶便常常与其他植物一同被采摘烹食，既能果腹，又可治病。我国西南地区的少数民族茶俗中，仍然遗存着以茶当药、强身养生的吃茶传统。例如，土家族的擂茶，将茶叶与生姜、生米捣成糊，加水煮沸，能够下火清肺。

2. 以茶为食的茶俗

用茶来做菜的民族在我国不占少数，西南地区的少数民族喝茶时还喜欢添加佐料，例如，广泛流行于云贵川地区的"打油茶"（图4-6），就是将各种杂食加入茶汤，以做菜的方式烹煮而成，保留了古老的、原始的煮茶习俗。

3. 以茶为饮的茶俗

从宋代开始，用煮沸的开水冲泡茶叶的品饮方式开始出现（图4-7），在历史的发展过程中，又出现了许多有民族特色的茶饮方式。

图 4-6　广西地区少数民族油茶佐料　　　　　　图 4-7　以茶为饮

（二）依据茶的烹制方式分类

茶饮烹制的形式古今有所不同，现在流行的方式大概有两种：

（1）调饮。这种烹煮茶的方式需要在茶汤中添加调味和配食，煮开后再进行饮用。调味的种类也是五花八门，除了酸甜苦辣咸，还有的少数民族会添加酒味、香味等。所配食品包括乳制品、酥油或者果酱、蜂蜜及果干等。今天，我国西北地区北疆民族喜爱的咸味奶茶，还有欧美国家喜欢在红茶里加奶的煮茶方式都属于调饮。

（2）清饮。这种保留茶叶原香，不添加任何调味的烹制方法，是中国大多数民族地区流行的方式。卢仝《七碗茶歌》里的饮茶乐趣，大概也只有在清饮茶汤时才能体会得淋漓尽致了。

（三）依据各民族烹茶器具分类

我国的各民族烹煮茶汤时使用的器具不同民族有所差异，主要分为烤罐茶、竹筒茶和锅具，其中烤罐茶在少数民族烹煮茶器中最为常见。

三、启智润心：民族茶俗之探索旨趣

民族茶俗在中华民族的茶文化中占有重要的地位，我国南方的少数民族聚居的地方，也是我国茶叶的主要产区，对南方民族来说，茶是他们生活的必需品，而来自北方的民族，虽然产茶远不如南方地区，但茶同样是他们生活中必不可少的饮品。探索和分析不同民族的茶俗文化，能够更深入地了解我国各地不同民族的风俗习惯及其文化寓意，有利于挖掘我国民族茶文化的精髓，丰富中华民族茶文化内涵，传承优秀的民族茶俗和推动少数民族地区茶产业与茶文化的进一步发展。

四、万紫千红：民族茶俗之百态千姿

（一）西南地区民族茶俗

西南地区的少数民族大多分布在山区，是我国少数民族最聚集的地方，因为交通不便，所以这些民族大多保留着传统而古老的茶俗文化。

1. 人生三味：白族三道茶

聚集于云南地区的白族人民热情好客，能歌善舞，嗜好饮茶，特别是早午两次饮茶，白族人民极为重视。在大理美丽的自然风光下孕育生长的白族人民，创造了独具魅力的饮茶风俗。其中最具代表性，也最具有影响力的是白族接待宾客时的"三道茶"（图4-8），也称"三般茶"。徐霞客游历至大理时，也曾经记录过这种茶俗："注茶为玩，初清茶，中盐茶，次蜜茶。"

图4-8　白族"三道茶"原料

三道茶有两种，一种是平日里招待常客的烤茶。这种烤茶以小罐子为煮茶器具，先将砂罐烤烫预热，再倒入茶叶烤到发泡发黄，再加入沸水，此时罐内"咕噜"作响，犹如雷鸣，所以这种烤罐茶又被白族人们称为"雷响茶"。以烤茶招待客人，要敬三杯，第一杯品茶香，第二杯品茶味，第三杯才是解渴之用，这就是"三道茶"。

另一种三道茶有所不同，第一道以绿茶为主料烤制，是一味苦茶，提神醒脑；第二道以红糖、乳扇为主要材料，是一味甜茶，甘甜醇香；第三道则要加上生姜、花椒、肉桂粉、松果粉和蜂蜜这些辛辣调味入茶汤，让客人舌尖又麻又辣，表达对客人的亲密与热情。这种三道茶工序和用料都比第一种繁杂，所以一般是在隆重的场合才会制作。至于为何三道茶要呈现三种不同的味道，其实也寓意着白族人民的人生哲理：一苦二甜三回味（图4-9）。"少壮不努力，老大徒伤悲"，人生在世，想要有所作为，年轻时就要吃得起苦中苦，后半辈子的人生才会甘甜如蜜。

图4-9　人生三味："一苦、二甜、三回味"

除了白族三道茶，各民族中也有同名不同寓意的情况，例如，湖南古丈县每逢贵客临门，也要敬上"三道茶"，分别是一饮"下海茶"、二饮"毛尖茶"、三饮"银针茶"。浙江一带婚礼茶俗中，也有三道茶礼。

2. 古法古香：侗乡打油茶

侗族同胞聚集在湖南、广西、贵州、云南相邻省域，侗族人家不仅爱喝茶，许多人家屋前屋后都栽种茶树。与云南大理白族一样，常年居住在山里的侗族人饮茶习惯也非常古老而又独特，他们喜欢喝油茶，将烹制过程称为"打"，合称"打油茶"（图4-10）。据文献记载，高山地区湿气重，气候寒冷，多喝油茶能够驱寒防病，又能解渴充饥，所以侗族人会把油茶当作日常主食之一。

清明节气前后，侗族人就要开始准备油茶的原料。他们早早上山采茶，回家后要把采来的鲜叶用锅煮到发黄，为的是沥干茶叶中的水分。随后，再加入一点米汤揉搓茶叶，再用火烤干，挂在灶上熏烤备用。

除了日常饮用，每逢喜庆节日，或是贵宾登门时，热情淳朴的侗族人民就会用这种打法讲究、用料精细的油茶欢迎来客。"打油茶"中的"打"其实就是"做"的意思，"打"这种油茶也有一套专门的工具（图4-11）：一把木槌、一口有嘴带手柄的铁锅、一把竹编的茶滤和一个汤勺。打油茶时，先要用茶油爆炒少许米粒和茶叶，再用木槌反复多次轻轻敲打，将茶叶打透，这一步骤有助于凸显出油茶的风味，非常关键。随后加入适量井水，以文火熬煮成汤。茶汤煮好后，还要加入炒米、猪肝、虾米、糍粑、汤圆、葱花、花生米、生姜、花椒、大豆等佐料，添加不同的佐料也会为油茶带来不同的风味。

图4-10 侗乡同胞打油茶现场

图4-11 "打油茶"的工具

在侗乡吃油茶（图4-12）还有一套独特的程式，特别是过年时，通常要让客人吃够四道油茶，称为一空、二圆、三方、四甜。第一道油茶水，是咸味，只需添加少量葱花、炒米佐味；二圆，是在前面的基础上加汤圆、酸鱼、酸肉、糯米粉等；三方则是在"一空"的基础上加入切成方形的糍粑或者猪血；四甜，大多是红糖水、汤圆糖水等甜品。俗话说："油茶一吃吃到底，不吃到底不讲礼。"侗乡人以最高茶礼款待客人，客人若是不领情，那么主人家会认为是自己家的油茶味道不好。

不同聚居地的侗族人们虽然都打油茶，但各地的制作方法略有不同。此外，广西的苗、瑶、壮三族人民也爱好打油茶。

（二）西北地区民族茶俗

我国西北地区气候地理环境与南方地区有着较大的差别，饮茶风俗文化也与南方不同，来自西北的民族性格豪爽，饮茶重在喝饱、喝透，粗犷酣畅。

1. 南北各色：新疆的奶茶与清茶

作为我国占地面积最广袤的少数民族自治区——新疆，生活着许许多多民族同胞，而茶叶在新疆人们的生活里也占据着一席之地。奶茶是当地各民族都喜爱的茶饮，但北疆与南疆在饮茶习惯上存在一定的差异。

位于天山北麓的维吾尔族喜饮奶茶（图4-13），制作方法并不复杂：茶汤煮沸后，按照与茶汤 1/5 ～ 1/4 比例加入鲜牛奶或者带奶皮的牛奶，再放适量盐巴，即可完成。喝奶茶时，维吾尔族人民还喜欢搭配烤馕，在北疆民间互赠礼品时，通常也能看到烤馕和茶叶的身影。在北疆伊犁地区的妇女，还会吃掉喝完奶茶沉底的茶叶。

居住在南疆的维吾尔族，喜欢在吃肉类食品和油炸食品后，饮用清茶（图4-14）或香茶帮助消化。还有的南疆民族常在冬天饮用面茶，这种面茶是以羊油或植物油将面炒熟，再倒入煮开的茶汤，加上适量盐调味的茶饮，冬天饮用可以驱寒。

图4-12　侗乡油茶　　　　图4-13　北疆少数民族喜饮奶茶　　　图4-14　南疆茶馆中的清茶

维吾尔族人民热情好客，擅长歌舞，游客自远方来，也经常会以茶相敬。新疆的女主人敬茶，客人最好不要拒绝，哪怕浅尝一口也表示对热情的新疆人民的回敬。在新疆人家里做客，用餐或饮茶完毕后，都要由家里的长者做"都瓦"，这是一种类似于餐后祷告的仪式。"都瓦"时把两只手伸开并在一起，手心朝脸默祷几秒钟或者更长一些，然后轻轻从上到下摸一下脸，这一动作在维吾尔族民间习俗里表示吉祥如意，"都瓦"就完毕了。"都瓦"祷告的仪式时间有短有长，过程中不能东张西望或起立，更不能笑。待主人收拾完茶具与餐具后，客人才能离席，否则就会被视为失礼。

2.酥油飘香：藏民钟爱的酥油茶

喝茶，是藏区民族同胞们不可缺少的日常活动之一。由于高原地带四季气候干燥寒冷，藏区人们饮食结构相对单一，所以酥油茶（图4-15）对他们来说不仅能驱寒暖身，还能解腻养胃，可以说是藏族人们的最佳饮料。

酥油茶的原料有茶叶、酥油和盐巴等，主料是酥油和砖茶。酥油，在藏语里叫作"芒"，一般是金黄或乳白色，是藏区人民用传统的手工艺从牛乳中提炼得来的，提炼好的酥油一般捏扁成圆团，压装在皮囊里存放，这个提取酥油的过程被叫作"打酥油"（图4-16）。

图4-15　藏民热气腾腾的酥油茶　　　　图4-16　酥油茶的原料之一：酥油

在西藏地区，随处都能闻到酥油的味道，有些寺庙里还会点上酥油灯。性格豪爽的藏民，待人诚恳，有客人到访，女主人立刻会盛一碗浓郁的酥油茶表示欢迎，此时客人也不急于饮用，应该先跟家主寒暄问候，待女主人察觉茶汤温度适口后，就会过来双手敬给客人饮用。一般来客要饮上三碗，才被视作吉利。藏族人民相信茶叶是吉祥圣物，所以家中若有远行的亲人，出门前也必定要一碗接一碗地饮用酥油茶，方能保佑旅途路上平平安安。

3. 精冲细品：回族人讲究的盖碗茶

回族地区流传着这样一句谚语："不管有钱没钱，先刮三响盖碗。"在回族茶文化中最能体现其文化内涵的，就是回族人的盖碗茶。回族人的盖碗茶又称为"三炮台碗子茶"（图4-17），因盖碗茶具上有碗盖，中有茶碗，下有碗托，形似炮台而得名。

图4-17　三炮台碗子茶

回族人在饮用盖碗茶（图4-18）时有一套讲究的礼节：一是冲泡、刮茶、啜茶时不得发出响声，要"轻"；二是沏茶时，茶水不溢出盖碗，也不能溅出茶汤，要"稳"；三是沏茶的盖碗、茶叶和佐料、泡茶的水都要"洁"得纤尘不染；四是要"静"，也就是饮茶时周遭环境要优雅静谧，饮茶和泡茶的人都要平心静气不能浮躁。

回族人冲泡盖碗茶的配料根据不同的季节有所变化，名目繁多。夏天以茉莉花茶为主，冬天则常用陕青茶。例如，"三香茶"的配料，除了茶叶，还要加上冰糖、桂圆干。

（三）其他地区的特色民族茶俗

1. 土茶凋零：东北地区茶俗

东北地区的古老民族，与藏区、新疆的少数民族类似，多以肉类作为主要饮食，饮茶能帮助他们消化肉食带来的饱胀感。但东北地域气候严寒，极少产茶，且茶叶品质不佳，茶味寡淡，所以随着南北交通日益便利和生活水平的提高，东北地区的居民大多开始购买南方细茶饮用，当地所产的土茶逐渐绝迹。

2. "一日三茶"：内蒙古地区茶俗

蒙古族是我国较早接受并传承茶文化的少数民族之一，饮茶历史与茶叶贸易史十分久远。但内蒙古地区自古不产茶，所以他们饮用的茶叶均来自南方的茶区。

蒙古族人民常喝的茶有黑茶和奶茶（图4-19），奶茶在蒙语里被称为"思提查依"，也就是加了牛奶的茶的意思。俗话都说人有"一日三餐"，但对内蒙古人民来说往往是"一日三茶"的说法。每日清晨，居住在大草原上的内蒙古女主人，早上起来的第一件事就是先煮一锅咸奶茶，供全家整天享用（图4-20）。早茶后，将其余的咸奶茶放在微火上暖着，以便随需随取。一家人只在晚上放牧回家才用餐一次，但早晨和中午都只吃茶、乳和乳制品。

图4-18　回族八宝盖碗茶　　图4-19　内蒙古奶茶　　图4-20　呼兰浩特市一家早餐店的煮奶茶

上篇　茶故事

文化拓展

一、茶为媒 订婚嫁

根据《礼记·昏义》记载的我国古代传统婚礼仪式："昏礼者，将合二姓之好，上以事宗庙，而下以继后世也。故君子重之。是以昏礼纳采、问名、纳吉、纳征、请期，皆主人筵几于庙，而拜迎于门外，入揖让而升，听命于庙，所以敬慎重正昏礼也。"其中的"纳征"仪式是男方家向女方家下聘礼的仪式。聘礼多少，与男女双方的身份地位有关；聘礼品种，随着各个时代而变。例如，汉代的聘礼比较简单，一般是玄色和纁色、宽二尺二的丝帛五匹。到宋代，茶叶被列为聘礼中不可缺少的重要礼物，此后民间即称送聘礼为"下茶""行茶礼"或"茶礼"；女子受聘，谓之"吃茶"或"受茶"。吴自牧《东京梦梁录·嫁娶》谈到宋代婚嫁中的用茶："道日方行送聘之礼，且论聘礼，富家当备三金送之，……加以花茶、果物、团圆饼、羊酒等物，又送官会银铤，谓之'下财礼'。"记载中说，即使是贫穷人家，聘礼中茶饼也是少不了的，甚至连女家的回礼也多使用"茶饼果物""鹅酒茶饼"了。

二、白族三道茶的传说

关于白族三道茶的来历，有一个久远的传说。很久以前，在大理苍山脚下，住着一位技艺高超的老木匠。某天，他对徒弟说："你要是能把大树锯倒，锯成板子，再一口气扛回家，就可以出师了。"徒弟心想：这有何难？于是徒弟找到一棵大树便开始锯了起来，但还未将树木锯成板子，就已经口渴难耐了，他只好随手抓了一把树叶，放进口中解渴。无奈叶子苦涩难耐，徒弟不禁皱眉叹道："好苦。"直到太阳下山，徒弟才勉强将板子锯好，但是人却已经累得筋疲力尽了。这时，师傅递给徒弟一小块红糖笑着说："来，这叫先苦后甜。"徒弟吃后，顿时来了精神，一口气把板子扛回家了。此后，师父就让徒弟出师了。分别时，师父舀了一碗茶，放上些蜂蜜和花椒叶，让徒弟喝下去后，问道："此茶是苦是甜？"徒弟答："甜、苦、麻、辣，什么味都有。"师父听了说道："这茶中情由，跟学手艺、做人的道理差不多，要先苦后甜，还得好好回味。"此后，白族三道茶成为晚辈学艺、求学，告诫新婚晚辈成家立业要耐得住苦，才有日后甜的一套礼俗。白族这种茶俗在明朝时期，就已经成为他们交友待客的独特茶礼、茶俗。

2019年11月，《国家级非物质文化遗产代表性项目保护单位名单》公布，大理市非物质文化遗产保护管理所获得"茶俗（白族三道茶）"项目保护单位资格。

（文字节选自《民族茶艺学》，周红杰、李亚莉主编，有删改）

文化践行

一、综合实践

1. 中华茶文化体系"三足鼎立"的局面包括了茶道、茶艺与（　　）。

A. 茶俗　　　　B. 茶礼　　　　C. 茶业　　　　D. 茶科学

2. 下列不属于侗乡打油茶中四道油茶的是（　　）。

A. 一空　　　　B. 二平　　　　C. 三方　　　　D. 四甜

3. 明代地理学家徐霞客游历至云南大理时，曾记录过一种茶俗"注茶为玩，初清茶，中盐茶，次蜜茶"，这是属于（　　）的饮茶习俗。

A. 云南白族　　B. 贵州侗族　　C. 广西壮族　　D. 内蒙古族

4. 新疆维吾尔族人民用餐或饮茶后的祷告仪式被称为（　　）。

A. 端盅　　　　B. 都瓦　　　　C. 卡干托乎拉西　D. 穷恰依

5. 白族烤罐茶因注入沸水时，煮茶罐子"呜呜"作响，声似雷鸣，故又被称作（　　）。

A. 打雷茶　　　B. 雷雨茶　　　C. 雷响茶　　　D. 鸣雷茶

6. 寓意"人生三味"的白族三道茶，其中第（　　）味茶是甜蜜的。

A. 三　　　　　B. 一　　　　　C. 一和三　　　D. 二

7. 北疆人们喜爱的咸味奶茶，按照烹煮方式应属于（　　）。

A. 调饮法　　　B. 清饮法　　　C. 佐料法　　　D. 直饮法

8. 小孩满月礼中，满月时要给小婴儿剃胎毛，师傅要在孩子脸上抹上茶水，再进行剃头，称为（　　）。

A. "剃满月头"　B. "弥月礼"　　C. "三朝洗儿"　D. "茶浴开面"

9. 在江浙地区婚礼仪式上的"三茶六礼"中，（　　）是入洞房时所饮用之茶。

A. 合茶　　　　B. 定茶　　　　C. 晚茶　　　　D. 下茶

10. "不管有钱没钱，先刮三晌盖碗"是（　　）地区流行的饮茶谚语。

A. 藏族　　　　B. 维吾尔族　　C. 回族　　　　D. 壮族

二、各抒己见

1. 在不同类型的茶俗中，"茶"与"俗"有着怎样的关联性？请举例谈一谈。

2. 如今新式茶饮层出不穷，市场潜力巨大，但品牌鱼龙混杂，更迭频繁，这对于茶俗的传承与发展可能会有何影响？

3. 搜集各国不同的茶饮风俗，试分析在国际茶文化交流中，中国茶俗研究有何重要意义？

三、生活实践

在《中国风俗辞典》中有一段关于"行茶令"的记载："饮茶时以一人令官,饮者皆听其号令,令官出难题,要求人解答或执行,做不到者以茶为赏罚。"宋朝文娱活动丰富,又热衷于斗茶,当时的文人雅士们在品茶之余,吟诗作赋,列举历代与茶有关的典故、诗词,以增添喝茶情趣,这就是最早的行茶令活动。这种饮茶风俗流传至今,已突破了文人墨客的小圈子,在大江南北风靡起来,玩法也更花样繁多,例如,江南名茶产区就有饮茶间猜茶谜取乐的玩法,一人出谜面,多人竞猜,气氛热烈。不妨你也来尝试一下,收集一些与茶有关的诗词、典故和谜语,跟亲朋好友来一场有趣的行茶令吧。

中篇 茶生命

从一粒种子，到一片树叶；从采摘鲜叶，到高温制茶；从观色闻香，到杯中品茗。

茶，经历了生长、制作、冲泡三次生命历程。

茶的第一次生命，源于自然；茶的第二次生命，源于制茶人；茶的第三次生命，源于与水的融合。

茶的三次生命，历经考验与炙炼，最终璀璨绽放，在素淡的杯中演绎出缤纷烂漫。

第五单元　茶的第一次生命

嫩芽香且灵，吾谓草中英。
夜臼和烟捣，寒炉对雪烹。
惟忧碧粉散，常见绿花生。
最是堪珍重，能令睡思清。

——唐·郑遨《茶诗》

单元导入

从一粒种子，到发芽破土，到开枝散叶。阳光、雨露、云雾、土壤……得天独厚的自然环境，成就了这一片神奇的东方树叶。自古名山出好茶，纵观中国茶山，每一座山都孕育着属于这片山水风土的独特茶韵，绘制出一份千变万化的中国茶地图。

所谓道法自然，茶树依自然而生，集天地之灵气、日月之精华。应天时，顺地利、享人和。在一颗颗新芽之中，茶的第一次生命在大自然中尽情绽放，既饱含着生态文明的和谐智慧，也蕴含着天人合一的自然之道。

▍学习目标

知识目标：

1. 认识茶树的基本特征；
2. 了解茶树的生育条件及栽培方式；
3. 掌握茶树钟爱南方的原因；
4. 理解茶树的树龄对茶叶品质的影响。

能力目标：

1. 学会分析高山云雾出好茶的科学原理；
2. 能够从中国地图中找到茶区的分布情况。

素质目标：

1. 树立保护自然资源和生态环境的意识；
2. 多元角度辩证分析古树茶的价值问题。

✈ 美的视窗

在我国云南省西双版纳勐海县境内，有一座布朗山，布朗族人世代在这里生活。布朗人世代相传，自己民族的始祖名叫叭岩冷，叭岩冷在临终前对子孙们留下遗言："我留牛马给你们，怕它们遇到灾难就死掉；我留金银财宝给你们，怕它们不够你们用；我留茶叶给你们，必将会生生不息。"于是，叭岩冷在众山之上撒播茶种，茶种纷纷入土生根发芽，茂盛繁衍，这才给后世留下了不竭的财富。照料茶树是布朗人的一种使命，更是一种生命的延续。茶树带给人们的不仅仅是精神上的慰藉，更是生生不息的财富。

☕ 美的解读

专题一

四季轮回：茶树的生命历程

"自从陆羽生人间，人间相学事春茶。"自茶圣陆羽之后，饮茶之风盛行，多少文人雅士为茶写诗赞颂，多少红尘世人为茶痴迷不已，不禁让人想问：茶为何物，直教人一生相许？

一、观一树秉性：茶树的自然属性

茶圣陆羽《茶经》有云："茶者，南方之嘉木也……其字，或从草，或从木，或草木并。"草在上，人居中，木在下，即人在草木间，喝茶，就是品味自然草木，走在山林之间，感受清风徐徐，达到天人合一的自然境界。可见古人在创造"茶"字的时候，将茶的自然属性与人文属性完美结合，是古人对茶的热爱与智慧的完美体现。茶，源于草木，每一片茶叶都历经风霜雨露、日月精华。

（一）分门别类：茶树的植物学分类

茶叶，指的是植物学分类系统中的山茶科、山茶属、茶种下的茶树，其鲜叶嫩梢经过加工而成的成品。植物学分类的主要目的在于区分植物种类和探明植物间的亲缘关系。植物学分类创始人瑞典植物学家林奈（Carl von Linn'e）在 1753 年出版的《植物种志》中，最先完成茶树的分类，学名为 *Thea sinensis*.L，因此，茶作为一个物种发表的历史始于 1753 年。其中"*sinensis*"是拉丁文中国的意思，中国有名的网站新浪，用的 sina 就出于此。

1950 年，我国植物学家钱崇澍根据《国际植物命名法规》，并结合茶树特性的研究，确定茶树的拉丁学名为 *Camellia sinensis*（L.）O. Kuntze。茶树在植物学分类上的地位如下：

界　植物界（Regnum Vegetable）

门　种子植物门（Spermatophyta）

纲　原始花被亚纲（Archichamydeae）

目　山茶目（Theales）

科　山茶科（Theaceae）

属　山茶属（*Camellia*）

种　茶种（*Camellia sinensis*）

茶树如何在山茶属（*Camellia*）中再分类，经过长达数世纪的争议，目前亦无定论。1998年我国植物学家张宏达编辑的《中国植物志 山茶科（一）》中指出，山茶属共有44个种和3个变种。此分类方式，系际界线较清楚，种间联系较紧密，既符合茶树的进化程序和亲缘关系，又能包含各种变异体，是迄今茶组植物分类中最系统、最全面和最有影响的分类法。也就是茶树不是一个单一物种，而是不同近缘物种的合集（茶组植物）。

（二）千姿百态：茶树的形态特征

茶树是一种多年生常绿木本植物，何为多年生？如水稻、小麦寿命只有一年，这种植物被称为一年生植物，而茶树可以活两年以上，称为多年生植物。茶树的叶一年四季都呈绿色，被称为常绿植物。茶树是由根、茎、叶、花、果实、种子等器官有机组合的一个整体，根、茎、叶为营养器官，主要担负营养和水分的吸收、运输、合成和储藏，以及气体的交换等；花、果实、种子属生殖器官，主要担负繁衍后代的任务。各个器官相互依存、相互协调，共同完成茶树的新陈代谢和生长发育过程。

1. 从树型识别茶树

我国古代劳动人民对茶树形态特征的认识，用了比拟的方法。在陆羽笔下茶树是嘉木，他在《茶经》中这样描述道："茶者，南方之嘉木也。一尺、二尺乃至数十尺。其巴山峡川，有两人合抱者，伐而掇之。"这是记录茶树形态最早的文献。含义为茶树是生长在南方的一种美好的木本植物，树高有一尺、两尺，甚至高达几十尺。按照今天的计量单位推算，三尺为一米，茶树树高从几十厘米到十几米不等，生长在巴山峡川一带，茶树的主干要两人合抱才能围住，而人们需要把枝条砍下来才能采得茶叶，由此可见这树型跨度可是非常大的。

不同的树型生出不同的茶叶，不同的茶叶又拥有不同的口感和味道，造就了茶树各自的"性格"。在当今的植物学分类中，以自然生长情况下植株的高度和分枝习性不同，茶树植株在非人为控制如修剪、采摘等条件下自然性状是一种较为稳定的生态型，茶树分为三种树型，分别是乔木型、小乔木型和灌木型。

乔木型茶树（图5-1）植株高大，树干明显，分技处较高，属于较原始的茶树树型，多为野生茶树，主要分布在我国云南一带。树高多为3 m以上，有的可以自然生长到10 m以上。世界上最大的野生古茶树，就位于我国云南省千家寨哀牢山一处海拔2 450 m的原始森林中，树龄高达2 700多年，树高达到25.6 m，也就是相当于9层楼的高度。古茶树资源是茶树原产地和种茶用茶悠久历史的活见证，也是各民族先辈们留给后人的宝贵财富。保护古茶树资源具有重要意义。乔木型茶树的鲜叶通常较大，叶片比较厚实，生长周期慢，枝叶稀疏，芽叶中的多酚类、咖啡碱等活性成分含量相对较高，更适合加工制作发酵度较高的茶叶，所以云南以生产普洱茶、红茶为主。

小乔木型茶树属于乔木与灌木间的中间类型（图5-2），属于进化类型，分布于亚热带或热带茶区，抗逆性相比于乔木类型要强。树高多为2～3 m，树干较明显，但分枝距离地面较近，主要分布在我国广东、福建一带。小乔木的生长周期较乔木而言，相对较快，枝叶也更浓密一些，芽叶中的茶多酚、咖啡碱和氨基酸含量比例相对适中，适合加工乌龙茶类。

灌木型茶树属于进化类型，树高 1 m 左右，植株低矮，从基部分枝，分枝部位低，分枝密，没有明显主干，枝叶浓密，叶片小，具有结实率高、生长周期快、抗耐性强的特点，地理分布广，茶类适制性亦较广。因此在我国广大茶区均有分布，是生产型茶园的主要栽培树种（图 5-3）。

图 5-1　云南乔木型茶　　图 5-2　福建武夷山　　图 5-3　重庆璧山区灌木型茶园
树——老曼峨古茶树　　天游峰小乔木型茶树

因此，茶树既可以是大家所熟悉的在生产和观光型茶园中，为了方便采摘和茶园管理，通过人工修剪培育的灌木茶树，也可以是混迹深山老林的参天大树。

2. 从花果特征识别茶树

茶，被称为东方的神奇树叶，可不光是因为可以制作出不同滋味的茶叶，它还有神奇之处。这种植物，每年十月，枝头盛开着白色的小花，同时也结满了累累果实，成熟的果实与鲜花同时出现在梢头，花果"子孙同堂"，是一件非常稀罕的事情，这也是茶树的重要特征之一。茶花为两性花，多为白色，少数呈淡黄色或粉红色，花瓣通常为 5 ～ 7 瓣（图 5-4），茶花开放时间为 10 月份到来年的 1 月份之间，秋季花会比较多，茶果为蒴果，成熟时果壳裂开，种子落地，果皮未成熟时为绿色，成熟后变为棕绿色或绿褐色（图 5-5）。

图 5-4　茶花　　　　　　　　　　图 5-5　茶果

中篇　茶生命

3. 从鲜叶识别茶树

茶树这种经济作物，我们最熟悉的、利用最多的是叶片。叶片是茶树进行光合作用的主要器官，也是对茶树利用的主体对象。如何更加快捷、准确地发现茶树呢？我们可以从以下三个特征来分辨茶叶和普通树叶。

首先，茶树叶片叶缘有锯齿状，锯齿的大小、疏密受环境影响较大，锯齿数一般为16～32对（图5-6），叶上缘又深又密，下缘又浅又疏，直到近叶基处，完全消失。

其次，茶树叶片呈网状结构，具有明显的主脉，并从两侧发出许多侧脉，主脉和侧脉成45°～80°角，侧脉向上伸展至叶边缘约2/3处时，向上弯曲呈弧形，与上一对侧脉相连合，形成网状闭合疏导系统（图5-6）。

最后，茶树新梢上顶芽和嫩芽背面一般着生白色茸毛，也称毫毛（图5-7），且茸毛多是鲜叶细嫩及品质优良的标志之一。但茸毛的多少与品种、季节及生态环境有关。随着叶片长大成熟，茸毛自然脱落，最后消失。我们以名茶碧螺春为例，等级较高的碧螺春银白隐翠，茶叶周身白毫密布。等级较低的碧螺春外形颜色深绿，略带白毫。所以，有些茶叶我们是可以通过茸毛的多少来判断鲜叶的老嫩程度，进而判断茶叶等级的。

图5-6　茶鲜叶　　　　　　　　　　　　图5-7　茶新梢

通过对茶树树型、花果、茶鲜叶等特征部位的识别，在茫茫大山中，相信大家便可轻松找到这令人着迷的茶叶。

▶**小贴士：茶树叶片如何分辨大小（图5-8）？**

茶树叶片大小根据定型叶的叶面积大小进行划分，叶面积的计算公式为：叶面积（cm²）＝叶长（cm）×叶宽（cm）×0.7（系数）。

叶面积≥60 cm²属特大叶，叶面积为40～60 cm²属大叶，叶面积为20～40 cm²属中叶，叶面积≤20 cm²属小叶，相应地，茶树品种分别为特大叶种、大叶种、中叶种及小叶种。

图5-8　云南大叶种茶叶片（自然风干）

二、等一树花开：茶树的成长轨迹

从一颗种子，到一棵生长茂盛的茶树，开枝散叶，成就一片片叶子的故事。茶树的一生，同人的一生一样，从稚嫩到成熟、从幼年走向衰老，每一步都有着它自己的规律。种子播种后，经发芽、出土，成为一株茶苗。茶苗不断地从外界环境中吸收营养元素和能量，逐渐生长成一株根深叶茂的茶树；以至开花、结果、繁殖出新的后代，在人为的和自然的条件下，逐渐趋于衰老，最终死亡。这个生育的全过程，就是茶树的一生，茶科学上称为"茶树生育总发育周期"（图5-9）。按照茶树的生育特点和生产实际应用，我们常将茶树划分为四个生物学年龄：幼苗期、幼年期、成年期、衰老期。

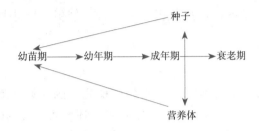

图 5-9 茶树生育总发育周期

（一）幼苗期

幼苗期是指从茶籽萌发到茶苗出土，直至第一次生长休止（形成驻芽）时为止（图5-10），经过 4 ～ 8 个月的时间。这一阶段，茶树由单纯地依靠子叶供给营养的异养阶段逐渐过渡到由叶片进行光合作用的自养阶段。幼苗期的茶树容易受到恶劣环境条件的影响，特别是高温和干旱对茶苗最容易造成伤害，抵御干旱等逆境的能力小，如同人的幼年期，需要茶农细细地管理和呵护，在栽培管理上要保持土壤含水量适宜。

（二）幼年期

幼年期是指从第一次生长休止到茶树正式投产，历时 3 ～ 4 年，时间的长短与栽培管理水平、自然条件有着密切关系。幼年期是茶树生长十分旺盛的时期，一般在 3 年左右，茶树便开始开花结实，但结实率不高（图5-11）。如同人的青年时期，青年期是人的性格塑造期，而幼年期也是茶树塑造期，抗逆性增强，生命力旺盛，茶树各个器官的细胞分生能力强，分生作用速度快，因此这个时期我们要做好定型修剪，促进侧枝生长，培养出浓密生长的分枝茶树。

图 5-10 茶树幼苗期

图 5-11 幼年期茶树

（三）成年期

成年期是指茶树正式投产到第一次进行更新改造时为止的时期。这一时期可长达30年，对应人的成年期，此时是人的奋斗与收获阶段，亦是茶树的圆满阶段。成年期茶树生长极为旺盛，开花结果达到高峰，同时茶树对肥、水及光、温等条件的要求也更为迫切，这是茶树最有经济价值的时期（图5-12）。产品和品质都处于高峰阶段。因此，栽培管理的任务是要尽量延续茶树高产优质年限，最大限度地提高经济效益。为此，要特别注意土肥管理，加强茶树营养，合理修剪，防止病虫危害，保持茶树旺盛生命。

（四）衰老期

衰老期指茶树从第一次自然更新开始到植株死亡的时期。就像人可以通过长期运动、保养来延缓衰老一样，也可以利用栽培技术、环境条件等的改善，延缓茶树的衰老期，使之"返老还童"，让茶树复壮返青，提高生活力，延长经济年龄。茶树经过更新后，重新恢复了树势，形成了新的树冠，从而得到复壮（图5-13）。后经若干年的采摘和修剪后，又再度衰老、不断更新……如此往复循环，最后，茶树完全丧失更新能力而全株死亡。

图5-12　成年期茶树

图5-13　衰老期茶树

三、忆一树时光：茶树的树龄之谜

经常听到茶友在品茶时会问："你这个茶，树龄多少？"不知从何时起，茶树的年龄越来越成为茶客们关注的一项重要指标。为什么大部分茶客都会有"树龄"情结呢？在茶树的年龄里，到底藏着什么？

（一）古茶树之名

古茶树（图5-14）指山茶科山茶属茶组植物中树龄在百年以上的野生型茶树、栽培型茶树。从形态特征看，既有乔木大叶茶，也有灌木中小叶茶。与行业标准《古树名木鉴定规范》（LY/T 2737—2016）中提到的古树指树龄在百年以上的树木，观点一致。我国凡是历史悠久的茶区都有古茶树分布，中国的西南部古茶树数量最多，其中云南省

114个产茶县中，100多个县有古茶树，贵州、四川、重庆、广西等省（市、自治区）有大量古茶树分布，江浙一带的老茶区也有古茶树的踪影。古茶树具有遗传多样性，是研究茶树起源与传播、茶树植物学分类以及进行新品种选育和产品创新的重要材料。

图5-14 云南老班章村茶王树

（二）久别重逢仍相识：古茶树的树龄鉴别方法与认识

1.测量古茶树树龄的方法

测量古茶树树龄的方法主要有两种，一种是科学测量，另一种是历史推测。

科学测量又可分为三种方法。

第一种是把树砍倒做切片或在树干上打洞，根据年轮测定树龄。基于年轮计数的树龄判定方法得到人们的普遍认同。树木在一个生长周期内形成的一圈木质环轮是它的年轮，年轮的形成受到自身遗传特性和环境条件的影响，致使年轮宽窄不同，这些年轮变异的情况会影响茶树树龄鉴定的准确性。考虑到当地气候、营养、朝向、树种等因素，一般超过200年的树便很难数清楚年轮了。而且砍伐茶树来测树龄，没有任何实际意义。

第二种是生物锥法，通过微创方式取到茶树的树心标本来进行测量。活体茶树用生长锥在树干上钻洞，取出半径长的圆柱体木条，染色后点数年轮，但此方法对树体有较大伤害，一般不宜采用此方法。

第三种是考古学上普遍采用的同位素测量方法，一般用于测量年份很久的出土文物，根据C14停止新陈代谢的最后时间推断年份，也需要在树木上打眼，这种方法较准确，但成本高。

历史推测：通过查阅当地文献资料记载，询问当地老人，结合测量树高、根干直径长度等，根据树姿形态、外观老化程度、树种的生物学特征来做出推断。

古茶树的树龄判断是一个非常复杂的事情，和植物学、地理地貌、自然气候、历史都密切相关。虞富莲研究员认为："目前树龄测定尚无易行且不损树之法，普遍以村寨历史、流传等作推断。"

2.关于树龄美丽的误会

误会一：树龄越大，茶树越高。

这个误区一直存在，大多数人觉得长得高大的茶树树龄一定很大，必定是古树；而长得矮小的茶树树龄一定很小。这个观念其实是错误的，为什么这么说呢？茶树的树型涉及茶树的种质、生长环境以及栽培管理模式等因素。

（1）茶树依据树型有乔木型（主干明显，植株高大）、小乔木型（基部主干明显，植株较高大）及灌木型（无主干，植株矮小）三个类型，在前文中已经提到。

（2）茶树生长的高度还与生长环境有关。营养丰富的土壤，栽种出来的茶树自然长得高大，枝繁叶茂；若生长在土壤贫瘠的地方，茶树维持自身存活都很难，要想长得高大就更难了。

（3）栽培管理模式不同的茶树（图 5-15），也会影响其生长高度。现代的茶园为了方便采摘管理，会人为地把茶树修剪矮化，但如果长时间不修剪任其自由生长，这些被人为矮化的茶树也是会长高的。

图 5-15 云南易武茶区栽培型古茶树

误会二：树龄越大，茶叶品质越好。

茶树的生长，受到自然环境、土壤肥力、修剪程度等因素的影响，而茶叶的品质主要受品种、茶树生命力、生长环境、加工工艺等的影响，其中最重要的就是原料和工艺。显然，茶树树龄越大，茶叶的品质就越好的说法是不正确的。

资深茶人为什么会对茶树的树龄如此追崇？究其原因，最重要的就是古树茶的品质比一般的生态茶好，在口感上更加有优势。

上百年是时间，也是历史，是任何人为和科学不能造出来的。首先，生长百年的树，根系较发达，能获取土壤深层的矿物质成分，吸收丰富充足的养分，以内质丰富的最佳状态将茶叶的独特性体现出来。其次，随着茶树树龄的增加，生长速度将放缓，所以茶树树龄越大，茶叶产量反而越少。在同等的营养供给条件下，产量少意味着每一片鲜叶获得的营养物质会更高。因此，树龄大的茶叶，内含物质更丰富，茶汤滋味会更加饱满细腻，生津、回甘以及清凉感都会更加强烈持久。最后，古茶树生长环境往往地处偏远，土壤肥沃，生态环境良好，周边地区植物的多样性、原始性保存较好。古茶树在这种环境中与自然和谐共生，吸收的养分纯粹而无污染，滋味纯正。

有研究表明（表 5-1），从茶汤口感来看，采制于古茶园的老树茶要优于台地茶，主要表现在滋味协调、味厚回甘好；而就不同产地来讲，各地的老树茶品质风格又有异，诸如南糯茶山的甘味较浓厚、易武的鲜活度高、景迈的醇厚度好等。

但前提是要茶树生长在同一条件下才有可比性，即同一个区域、同一个山头、同一个寨子，树龄大的茶树采摘下来的鲜叶做出来的茶比小树上采下来的鲜叶做出来的茶口感好，滋味更爽口，香气更绵长。而不在同一条件下，单纯地说古树的口感比小树好，这种表达并不准确，是没有可比性的。

树龄，只是代表了茶树的一种生长状态，并不能代表茶树的口感。

表 5-1 晒青茶样感官审评综合结果

茶样名 sample	汤色 liquid color	香气 aroma	滋味 flavour	叶底 infused leaves
景迈老树茶 Jingmai old plant tea	绿黄，稠亮	甜爽纯正，持久	浓厚、甜醇滑口、生津	黄绿明亮
景迈台地茶 Jingmai table land tea	浅黄微红，尚稠亮	清香，尚甜爽	浓尚厚，欠协调	黄绿明亮
南糯老树茶 Nannuo old plant tea	黄绿亮	纯正，持久	浓强尚醇厚，生津	黄尚亮
南糯台地茶 Nannuo table land tea	浅黄透红，有黏稠感	清香	浓强尚厚（带苦）	黄欠亮
易武老树茶 Yiwu old plant tea	浅黄，稠亮	清香，持久	醇厚，鲜活回甘	绿黄
易武台地茶 Yiwu table land tea	黄亮，微透红	清香	醇和	黄欠亮

资料来源：梁名志等，《老树茶与台地茶品质比较研究》

研究表明（表 5-2），从理化成分来看，老树茶与台地茶各有千秋，不能简单、武断地讲谁优谁劣、谁好谁差。老树茶中的灰分、水浸出物等低于台地茶，从平均含量上看老树茶的茶多酚、儿茶素、总糖、寡糖含量较台地茶的高，而台地茶在灰分、水浸出物、氨基酸、多糖含量上则高于老树茶。因此对老树茶和台地茶的评判与选择，应该冷静，不要盲目。

生物界的任何生物都是有生命周期的，古茶树也一样。茶树从小树苗到百年、千年古茶树，历经岁月的洗礼，就如同人的一生，各有各的精彩。古树茶的口感滋味与古茶树的树龄、品种、茶树生命力、生长环境等都有关系。每个时期的古树茶都有它的特点，不是树龄越大的古树茶就越好喝。茶最终是喝到嘴里的，好喝才是硬道理。我们应该理性地看待树龄与古树茶品质之间的关系

表 5-2 蒸青样内含成分检测结果

内容 contents	景迈 Jingmai		南糯山 Nannuo Mountain		易武 Yiwu		平均值 average		台地茶较老树茶 table land tea compare withold plant tea	
	老树茶 old-plant tea	台地茶 table land tea	老树茶 old-plant tea	台地茶 table land tea	老树茶 old-plant tea	台地茶 table land tea	老树茶 old-plant tea	台地茶 table land tea	含量 content	百分比/% percent
灰分 ash	4.50	4.70	3.80	4.90	4.15	5.15	4.15	4.92	+0.77*	18.55
水浸出物 extracts	34.00	42.13	36.80	35.80	35.2	47.87	35.33	45.26	+9.94**	28.11
氨基酸 amino acids	3.55	3.69	2.81	3.23	2.31	3.16	2.89	3.36	+0.47	16.26

内容 contents	景迈 Jingmai		南糯山 Nannuo Mountain		易武 Yiwu		平均值 average		台地茶较老树茶 table land tea compare withold plant tea	
	老树茶 old- plant tea	台地茶 table land tea	老树茶 old- plant tea	台地茶 table land tea	老树茶 old- plant tea	台地茶 table land tea	老树茶 old- plant tea	台地茶 table land tea	含量 content	百分比/% percent
多糖 polysaccha rides	0.31	0.31	0.08	0.36	0.14	0.18	0.18	0.28	+0.10	55.56
黄酮 flavone	1.593	1.685	1.522	1.514	1.724	2.054	1.619	1.751	+0.132	8.15
茶多酚 polyphenols	31.26	31.01	37.30	33.27	30.48	28.88	33.01	31.05	-1.96	5.94
儿茶素 catechin	11.34	12.54	12.08	11.11	11.89	11.51	11.77	11.72	-0.05	0.40
总糖 total carbohydrate	10.14	8.06	9.32	8.26	9.98	10.68	9.81	9.00	-0.81	8.26
寡糖 oligosaccharides	6.44	5.13	6.47	5.36	6.00	6.75	6.30	5.75	-0.55	8.73

注：* 达 1% 极显著水准；** 达 5% 显著水准。* indicate up to obviously significant standard，＊＊ indicate up to sign ificant standard. 来源：梁名志等，《老树茶与台地茶品质比较研究》

（三）星燧贸迁绘年轮：古茶树的树龄之美

据统计，目前我国古树茶园分布总面积为 331.19 万亩，云南现存古茶树资源总分布面积约为 329.68 万亩，占我国古树茶园分布总面积的 99.54%。在古茶园中林茶草构成一个和谐的生态系统，造就"远看是森林，走近是茶园"的美妙景象。古茶园中的茶树病虫不会发生灾害性、突发性的危害，不需用药防治，也不进行修剪、中耕施肥等管理。

贺开古茶园茶树集中连片（图 5-16），树龄达 200～1 400 多年的栽培型古茶树，数量达 230 余万株，是目前世界上已发现的连片面积最大、密度最高、生态链保护最完整的古茶园。置身于数以万计的古茶树之间，时间仿佛是静止的，人、茶树、天地合为一体。

临沧古茶树资源丰富，野生古茶树及栽培型古茶树分布广泛，有野生茶树面积 40 多万亩，栽培型古茶园达 11 万亩，是世界古茶之都，有冰岛、昔归、白莺山等一大批优质茶资源。香竹箐茶树王（图 5-17）生长于云南省临沧市凤庆县小湾镇锦绣村，是世界上发现的最粗最大的古茶树，树干直径有 1.84 m，树高 10.6 m，树幅 11.1 m×11.3 m。中国农科院茶叶研究所林智博士及日本农学博士大森正司对其测定，推断其树龄为 3 200～3 500 年，是不可多得的珍稀茶树资源，被誉为"锦绣茶尊"。以"锦绣茶尊"为中心生长着诸多古茶，这里的古茶树以其特殊的生长方式，充分展示着生物多样性的神奇。

图 5-16 云南贺开古茶园　　　　　　图 5-17 云南临沧"锦绣茶尊"

每一棵古茶树都见证了一段历史的变迁，伴随着人类文明的发展和传播。这些古茶树经历几百上千年的风雨依然挺立，生机勃勃，让人感觉不到岁月沧桑，加之古茶树与生俱来的花果、色彩、树姿等自然属性被人认知和享用，给人古老而传奇的感觉。

古茶树的美不仅仅在于其本身带给人们感官的愉悦和享受，其孕育的茶文化更是承载着深厚的民族思想和精华，能使人们从中获得精神上的净化和升华。

（四）且看今朝夫如何：古茶树的现状

1. 古茶树之殇

近几年由于古树茶在市场上价格的升温，很大程度上是过度的商业炒作，随之出现的是一批又一批茶商盲目跟风的市场乱象，产品越来越多，但不乏以假乱真的产品。商家可以用普通的茶叶，再贴上一个"茶树年份"的标签，就可以说成是古树茶，价格可以提高好几倍。市场的监管力度不足，很多商家会趁机钻空子，乱贴标签。市场混乱只是过度炒作的不良后果之一，最严重的后果是由于人们过度地追求古树茶带来的经济利益而盲目采摘鲜叶，致使有的古茶树遭损坏程度加剧，古茶树种质资源面临着减少和灭绝的危险。

2007 年，云南镇沅千家寨 2 号大茶树因为小蠹虫危害无人防治而死亡，易武落水洞的茶树王于 2018 年死亡，死因是虫害。著名的巴达大茶树魂断于 2012 年 9 月 27 日。巴达大茶树自 20 世纪 60 年代被发现以来，科考者、教学实习者、商人、旅游者等频频前往，攀树折枝、爬树照相、刻字留名、篝火野炊等行为都加速了茶树的衰亡。

每一棵古茶树的死亡，不仅是代表着这棵茶树从此在这个世界上消失，更是意味着失去了探究茶树科学的一个假设、一个可能、一份证据。每一棵古茶树都是不可再生的珍贵资源，全社会都应有珍惜古茶树、保护古茶树的意识和担当。

2. 保护古茶树资源刻不容缓

为了有效保护古茶树、规范古茶树的管理和利用、保护生物多样性，2023 年 3 月 1 日起，由云南省出台的《云南省古茶树保护条例》正式施行，标志着云南将用法治方式为古茶树资源"保驾护航"。作为世界茶树起源地和种质资源多样性中心，云南省古茶树资源丰富，在文化、生态、经济和物种保护方面具有重要价值。云南的野生茶树群落、野生茶树以及古茶园、古茶树，不仅是茶树原产地、茶树驯化和规模化种植发源地的"活化石"，也是重要种质资源库。《云南省古茶树保护条例》从茶树树龄和生长起源两方面，对云南省行政区域内纳入保护范围的古茶树进行了界定：树龄方面，保护对象限定为树龄在百年以上；生长起源方面，保护对象包括野生茶树和栽培型茶树。

每一片茶叶，都是集大自然之阳光雨露和茶人的智慧，每一圈年轮，镌刻着年年岁岁的风霜雪雨，是历史长河中不灭的信仰。古茶树给予我们的滋养，则是大自然赐予我们最好、最珍贵的礼物。这些古茶树挟裹着莽莽群山间的清风明月、阳光雨露、晨雾暮云、花木芬芳，通过一杯浅浅的茶汤将整个大自然呈现给我们。

习近平总书记指出，"古往今来，中华民族之所以在世界有地位、有影响，不是靠穷兵黩武，不是靠对外扩张，而是靠中华文化强大的感召力和吸引力"。中国是茶的故乡，西南茶区是世界上古茶树数量最多、古茶园面积最大的地区，也是中华茶文化的发源地，具有重要的文化价值和科学地位。在保护的前提条件下，充分发现和挖掘古茶树的价值，不仅有利于树立中国茶叶品牌形象，更是中国对世界影响的体现。通过梳理挖掘古茶树的历史人文脉络，建立古茶树人文森林体系，加大宣传力度，让全世界了解中国古茶树和茶文化，可以进一步提升中华文化的感召力和吸引力。

专题二
天涵地载：茶树的生长条件

有北方的茶友们提到："几乎所有茶都来自南方，北方为什么不产茶？"关于这个问题，目前北方也有部分地区产茶，但大多数茶叶产自南方，这是不争的事实。

一、对南方水土的情有独钟

《晏子春秋·杂下之十》："婴闻之：橘生淮南则为橘，生于淮北则为枳，叶徒相似，其实味不同。所以然者何？水土异也。"在生物进化的长河中，好的物种只能生存在适合自己的生态环境下。生态环境条件即物种形成的地理、气候、水质、土壤等，万物都是环境的产物，生态环境质量不同，物种自然会存在差异，而自然环境给予物种的影响是决定性的。例如，南方人大多喜欢喝茶，而北方人大多喜欢喝酒。南方人爱吃米饭，而北方人多喜欢面食。这正是由于我国南北地区气候环境差异较大，北方寒冷干燥，而南方多处于亚热带季风气候，温暖湿润，这样的气候环境、地理位置便造就了不同的生存方式、风俗习惯，以及农作物不同的种植分布。根据茶树的生活习性，茶树"多产南不产北"有四大秘密。

（一）茶树喜酸

茶树是一种喜酸性植物，非常喜欢在弱酸性的土壤中生长，我国土壤pH值范围大多为4.0～8.5，由南向北pH值递增，长江以南的土壤多为酸性和强酸性，pH值大多为4.5～6.5，长江以北的土壤多为中性或碱性，pH值大多为6.5～8.5。而种植茶树的土壤pH值通常为4.0～5.5，其中5.0～5.5最为适合；如果土壤pH值低于4.0，那么茶树重金属含量偏高；土壤pH值高于6.5，茶树便很难存活。所以北方大部分地区不适合茶树生长。

（二）茶树爱阳光

万物生长靠太阳，地球上几乎所有的生命依靠太阳的能量生存，而光合作用是唯一能捕捉此能量的重要生物途径。茶树有一颗"向阳之心"，茶树体内 90%～95% 的干物质是靠光合作用来完成的，日照时间长，光照充足的茶树叶片颜色呈墨绿色，厚实有光泽，而且营养物质也最丰富。通常，要求茶区年日照时数不低于 2 000 h。

茶树喜欢阳光，但也怕晒。我国南方山区普遍植被茂密，茶树周边种植高大乔木、果树及其他观赏性花卉，可使太阳的直射光变为漫射光，适宜茶树生长，同时也可发展生态观光茶园（图 5-18），以茶园的种植栽培管理为基础，配套采摘加工制作，结合旅游资源开发，将茶叶的种植生产和游客休闲度假体验融合为一体，从而形成的一种新型综合农业发展模式，提高茶农综合收益。

（三）茶树爱温暖

茶树喜欢温暖的地方，10～35 ℃ 是茶树的生长温度，其中最适宜生长温度为 18～25 ℃，在这样的温度条件下，茶树生长最快，营养物质最丰盛。如果温度低于 10 ℃ 或者高于 35 ℃，茶树生长将变得非常缓慢，如长时间持续，茶树将停止生长。值得注意的是，40 ℃ 是茶树生长温度的临界值，温度高于 40 ℃，茶树将很容易死亡。

那么问题来了，重庆的永川、南川等地是名优绿茶生产地，但重庆又是全国著名的火炉城市，夏天室外温度一不小心就 40 ℃ 以上了，那么茶树岂不是很容易死亡？这里给大家分析一下，首先茶树生长在海拔较高的地方，温度相对偏低；其次在高温季节，茶园会进行适当遮阴，且大部分茶园进行了林茶间作，也就是在茶园中种植其他树木（图 5-19）。茶树们便可以平稳度夏。但北方冬季温度过低，这是造成茶树冻害、难以过冬的主要原因。因此，北方不适合茶树生长。

图 5-18　重庆永川区生态观光茶园　　**图 5-19　林茶间作茶园**

（四）茶树爱雨天

茶树喜欢湿润的地方，需要多量而均匀的雨水。茶鲜叶含水量通常为 55%～60%，而幼芽含水量甚至达到了 75%～78%。采用独芽加工制作而成的红茶贵族金骏眉，需要 5 万～8 万颗芽头才能做出 0.5 kg 干茶。因此，新梢发芽需要不断补充水分。南方雨季多，湿度大，适宜茶树生长，而北方地区季节性干旱，所以只好被茶树"pass"掉了。

思考：0.5 kg 干茶（图 5-20）大概需要多少克鲜叶（图 5-21）制成呢？

中篇　茶生命

图 5-20　干茶　　　　　　　　　　图 5-21　茶青

但茶树喜水也怕水。茶树生长离不开多量而均匀的雨水，但其根部怕水，不能长时间积水，否则容易烂根引发茶树死亡。因此，要求茶园土壤一定要有非常好的排水性。陆羽在《茶经》中对茶树生长环境有这样的描述：上者生烂石，中者生砾壤，下者生黄土。其中很重要的原因，就是茶树喜水但怕涝。

福建武夷山属丹霞地貌（图 5-22），武夷茶园土壤就属于烂石或砾壤，沟谷纵横，茶农利用谷地、沟隙、岩凹，开园种茶，沿边砌筑石岸，构筑"盆栽式"茶园，长年冲积，使沟谷土地富含有机质，茶园周边悬崖绝壁。绝壁之上竹葱郁，缝隙泉水叮咚，形成特有的岩茶小环境。武夷岩茶独享大自然之惠泽，它奉献给人们以独特的"花香岩骨"，正如茶界前辈林馥泉在《武夷茶叶之生产制造及运销》中提到的"臻山川精英秀气所钟，品具岩骨花香之胜。"

难道北方就不能种茶吗？世事无绝对。

如我国北方的陕西南部、河南南部及山东东部等地区，土壤和气候条件基本适宜茶树的生长，因此也有少量的生产。例如，河南信阳是我国长江以北最大的茶叶产销基地（图 5-23），位于北纬 32°，属亚热带向温带过渡性气候，四季分明，雨量充沛，有着生产优质绿茶的独特自然资源优势，信阳毛尖以外形细圆紧直、色泽翠绿、白毫显露，内质汤色嫩绿明亮、滋味鲜爽回甘、香气馥郁持久而享誉国内外。

图 5-22　福建武夷山九龙窠母树大红袍　　　　图 5-23　河南信阳茶园

总之，茶树生长的四大秘密分别是喜酸怕碱、喜光怕晒、喜温怕冻、喜湿怕涝。大部分生长在南方，这是茶树自己的选择。

二、辩证看待"高山云雾出好茶"

俗话说"高山云雾出好茶。""一方水土养一方茶！"

好茶与优良的生态环境密切相关。茶树的生长因海拔不同会产生较大的生态差异，温度、光照、水分、空气质量、土壤、地形地貌等方面都深刻影响着茶树的生长和茶叶的品质。

（一）好山好水育好茶

我国大多数名优茶都产自生态环境优越的名山胜水之间，一般分布在北纬 28°～ 32° 这一条"黄金线"之间，这个范围地区的气温、光照、相对湿度、降雨量等都满足茶树生长所需要的条件，所谓"高山出好茶"主要指海拔高度高，其气象因子有利于形成优良品质。

（1）"绿茶皇后"西湖龙井。西湖龙井茶区地跨北纬 30°20′～ 30°40′，正处于中国绿茶黄金产区带正中位置，得天独厚。西子湖畔的狮峰、龙井、云栖、虎跑、梅家坞一带是西湖龙井茶的特定产地，西湖茶区（图 5-24）茶园地处东南沿海，南有钱塘江，东临西子湖，西湖群山白云峰、白鹤峰、南高峰、北高峰形成挡住西北寒潮的自然屏障，冬暖夏凉，既可吸收南边来的风和细雨，又可抵御西北寒流的侵袭，林木茂盛，云雾缭绕，溪涧常流，形成了一个有益于茶叶生长的独特小环境。年均气温 16 ℃，年降水量 1 600 mm 左右，茶园常有雨露滋润，茶区雾气可以阻挡阳光直射，有利于茶叶中的叶绿素制造氨基酸、咖啡碱、儿茶素和维生素，保持茶叶的有效成分的积累。西湖龙井茶区的土壤以白沙土为多、微酸性、pH 值为 4.5 左右，结构疏松、通气透水性强、有机质含量适宜、有害元素含量低，直接促成了西湖龙井茶独特香气与滋味的形成。

（2）"红茶鼻祖"桐木关正山小种红茶。桐木区域茶树生长海拔为 800 ～ 1 500 m（图 5-25），年均气温 18 ℃，年降水量达 2 300 mm 以上，相对湿度 80%～ 85%，春夏之间终日云雾缭绕，雾日多达 100 天以上，气温低，日照短，霜期长，昼夜温差大。茶山周边林木层叠、奇花异草，山间多丛生马尾松、槠、栲、朴、栎等树木及石松、蕨、兰花等草本植物。茶树生于树木、花草间，一方面树木的枯枝落叶、花草植物的残体腐烂留在茶园里，为茶树生长提供了丰富的营养物质。另一方面，茶树吸收了树木与花草的香气，形成了复合型的花果蜜香，造就了正山小种红茶独特的"高山韵"。

图 5-24　福建武夷山桐木村采茶图　　　图 5-25　杭州西湖区茶园

（二）高山云雾出好茶的原理

自古高山皆有一种奇异的力量，《孟子·尽心上》中有言"孔子登东山而小鲁，登泰山而小天下"。杜甫在《望岳》中亦有"会当凌绝顶，一览众山小"的感叹。

（1）高山土壤环境好：高山地区人迹罕至，生态环境优越，仅凭着自身的抵御能力，来抵抗恶劣天气和病虫害的干扰，称得上是真正安全的。土壤多以腐质砂石土壤为主，土层深厚，酸度适宜。植被繁茂，枯枝落叶多，地面形成一层厚厚的覆盖物，这样不但土壤质地疏松，有机质和矿物质丰富，茶树在这种生态环境下，生长旺盛，芽叶肥壮，内含物丰富，加工而成的茶叶当然香气高扬，滋味鲜爽。

（2）云雾多：在一定海拔高度的山区，雨量充沛，云雾多，空气湿度大，长波光受云雾阻挡在云层被反射，以蓝紫光为主的短波光穿透力强，不仅能抑制纤维素合成，茶梢生长缓慢，保持芽叶柔嫩，而且使照射茶园的太阳散射光和蓝紫光增多，增加漫射效应，有利于芳香物质的合成。这也是高山茶氨基酸、叶绿素和含氮芳香物质多的主要原因。

（3）光照柔和：有利于氮化合物的增加；茶园的太阳散射光和蓝紫光增多，增强了漫射效应，也有利于含氮化合物和某些芳香物质的合成和积累。

（4）昼夜温差大：白天积累的物质丰富，在夜间被呼吸作用消耗较少，有利于化学物质转化和积累，相对低温导致茶叶生长缓慢，有利于维持新梢组织中高浓度的可溶性含氮化合物，适宜氨基酸和香气物质的形成；某些鲜爽清香型的芳香物质在海拔较高、气温较低的条件下形成较多。

高山云雾出好茶是因为高山气候和生态环境的综合原因，让茶叶能够累积足够多的有效成分物质，拥有着独特的风味成分，高山茶的品质好，芽叶肥壮，滋味鲜爽，香气馥郁，经久耐泡，才能在茶叶市场受到众多茶友的追捧。

（三）高山云雾出好茶并非绝对

高山茶，一般指产制于海拔高度 800 m 以上的茶园的茶叶，其内含物质丰富。其中温度、光照与茶多酚的含量成正比，温度、光照与氨基酸的含量成反比。茶园环境因子随海拔变化呈现一定规律。例如，茶园温度随着海拔升高而降低，湿度和昼夜温差随着海拔升高而增大。通常，海拔每增加 100 m，年均气温平均降低 0.6 ℃，年平均相对湿度增加 3.65%。也就是说 1 000 m 相差 6 ℃，高山温度低。

有研究表明，海拔高度过高，不仅产量受到影响，而且鲜叶中氨基酸含量也会有所下降。由于海拔愈高，气压和气温愈低，降水量和空气湿度在一定高度范围内随着海拔的升高而增加，超过一定高度又下降，高海拔山的光照弱，茶园水土流失较严重，尤其是常有霜冻发生，故在一定海拔上限内，随着海拔升高茶叶产量下降。

综上所述，在一定海拔高度内，最佳地理环境在海拔 600 ~ 1 200 m，茶树在种植过程中，更喜欢高山之地，随着海拔的上升，光照和温度较适宜、云雾大、漫射光多等环境有利于茶叶中品质化合物的积累转化，特别是氨基酸、蛋白质等含氮物质及其芳香物质的合成与积累，有利于茶叶优良品质的形成。

微课 15：茶树为何多生于南？

决定茶叶品质的首要条件是生态环境。茶树在物竞天择的自然生长的过程中，形成了喜阳耐阴的特性，喜爱温暖湿润的气候。

专题三
星罗云布：茶树的广阔分布

众所周知，茶起源于中国，我国种茶历史悠久，早在汉朝时期，便有了人工栽培茶树的记载，在历经 2 000 多年的自然传播和人工迁移后，这些清雅飘香的山茶科植物已经在世界各地生根发芽，当今世界广泛流传的种茶、制茶和饮茶习俗，都是由我国直接或间接向外传播出去的，今天，茶叶作为一种世界性饮料，可是圈粉无数。那么这一片神奇的东方树叶，在当下全球是一个什么现状呢？

一、美美与共：茶叶的世界版图

从纬度上来看，茶树主要生长在北纬 6°～32° 的亚热带和热带地区。但如果追根溯源到茶树种植的极限位置，可以一直向北延伸到北纬 49° 的乌克兰外喀尔巴阡，向南可以扩展到南纬 33° 的南非纳塔尔，跨越度非常大。

从世界版图来看，亚洲茶树种植的面积最大，达到了世界总产量的 83% 以上。其次是非洲，种植面积占 14% 左右，剩下的三大洲共享最后的 3%。目前全球产茶国家共有 64 个，据中国茶叶流通协会数据统计，2020 年我国茶园总面积约为 316.51 万公顷，居世界首位，其次是印度，再往后是肯尼亚、斯里兰卡、越南、土耳其、印度尼西亚、阿根廷、日本和孟加拉国等。其中茶已成为中国、印度、斯里兰卡、肯尼亚等国最重要的经济作物，带动和解决了大量山区人民的就业，也为全世界爱茶的人们带去了美好的生活方式。

从茶类分布上看，中国、日本、越南和印度尼西亚等国以生产绿茶为主，其他国家和地区主要生产红茶，并且以出口为主。而中国的安徽祁门、印度的大吉岭，斯里兰卡的锡兰，所产红茶享誉世界，也是当今世界红茶的主要产地。

从世界茶叶的生产种植情况上看，据国际茶叶委员会（ITC）统计：2020 年，世界茶园面积再创历史新高，达到 509.8 万公顷。纵观 2011—2020 年的十年间，世界茶叶种植面积增长了 125.8 万公顷（图 5-26），十年增幅高达 32.8%，年均复合增长率达 3.2%。

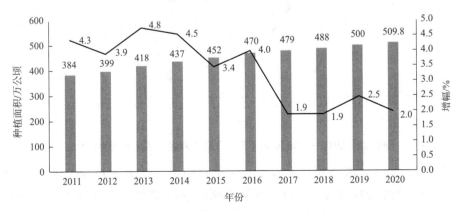

图 5-26　2011—2020 年世界茶叶种植面积（来源：国际茶叶委员会）

中篇　茶生命

如图 5-27 所示，2020 年度全球茶叶种植面积超 10 万公顷的国家有 6 个。其中，中国面积最大，为 316.5 万公顷，同比增长 3.3%，占总面积的 62.1%；印度居第二，茶叶种植面积保持在 63.7 万公顷，占全球 12.5%；茶叶种植面积排名第 3 ~ 6 位的国家依次是肯尼亚（26.9 万公顷）、斯里兰卡（20.3 万公顷）、越南（13.0 万公顷）、印度尼西亚（11.4 万公顷）。

国家名称	中国	印度	肯尼亚	斯里兰卡	越南	印度尼西亚	土耳其	缅甸	孟加拉	乌干达
种植面积/万公顷	316.5	63.7	26.9	20.3	13.0	11.4	8.3	8.1	6.5	4.7

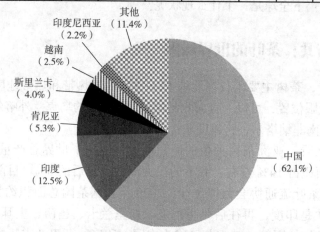

图 5-27 2020 年世界各主要产茶国茶叶种植面积及占比（来源：国际茶叶委员会）

据统计：2020 年，在中国和肯尼亚茶叶产量增长的带动下，全球茶叶总产量保持增长态势。2020 年世界茶叶产量达到 626.9 万 t，较 2019 年增长 1.9%，增速为近五年最低。2011—2020 年 10 年间，世界茶叶总产量增长了 168 万 t（图 5-28），10 年增幅达 36.6%，年均复合增长率为 3.5%。

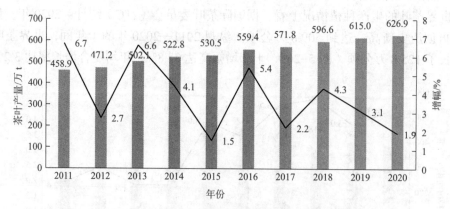

图 5-28 2011—2020 年世界茶叶产量（来源：国际茶叶委员会）

分国家看，2020 年度全球最大的产茶国仍是中国（298.6 万 t）和印度（125.8 万 t），两国茶产量合计达 424.4 万 t，占到世界茶叶总产量的 67.7%。产量排在第 3 ~ 10 位的依次是肯尼亚（57.0 万 t）、土耳其（28.0 万 t）、斯里兰卡（27.80 万 t）、越南（18.6 万 t）、印度尼西亚（12.6万t）、孟加拉国（8.6万t）、阿根廷（7.3万t）和日本（7.0万t）（表5-3）。在产量位居前十的国家中，除肯尼亚（19.4%）、中国（6.3%）、土耳其（4.4%）实现了正增长，其余国家均出现了不同幅度的减产，印度与孟加拉国的茶产量降幅均超过了10%。

表5-3　2020年全球茶叶产量

名次	国家名称	生产量 / 万 t	增幅 /%
1	中国	298.6	6.3
2	印度	125.8	−10.5
3	肯尼亚	57.0	19.4
4	土耳其	28.0	4.4
5	斯里兰卡	27.8	−7.8
6	越南	18.6	−2.2
7	印度尼西亚	12.6	−2.2
8	孟加拉国	8.6	−11.2
9	阿根廷	7.3	−5.5
10	日本	7.0	−9.6
	……		
	全球总产量	626.9	1.9

数据来源：国际茶叶委员会

由此可见，中国茶产业在当今世界茶产业体系中占据极其重要的地位。

二、各美其美：茶叶的中国版图

中国茶产业为什么能在世界茶产业中享有"一哥"的地位呢？接下来我们了解这一片树叶的中国版图。

茶叶生产的发展，除受前述诸因子的制约外，还受栽培历史、劳力、社会经济、技术力量、交通运输、饮茶习俗、生活水平等影响。茶区属于经济概念，它的划分是要在国家总的发展生产方针指导下，综合自然条件和经济、社会条件，注意行政区域的基本完整来考虑的。中国茶区平面分布在北纬18°～37°，东经94°～122°的广阔范围内，东起东经122°的台湾省东部海岸，西至东经95°的西藏自治区易贡，南自北纬18°的海南岛榆林，北到北纬37°的山东省荣成市，东西跨经度27°，南北跨纬度19°。具体包括：浙江、湖南、安徽、四川、福建、云南、湖北、广东、江西、广西、贵州、江苏、陕西、河南、重庆、山东、西藏、甘肃等20个省（区、市），共1 085个县（市）。

在中国茶区分布中，目前大家普遍认可的是中国农业科学院茶叶研究所于1982年提出的以生态条件、产茶历史、茶树类型、品种分布、茶类结构为依据，划分出的四大茶区，即华南茶区、西南茶区、江南茶区、江北茶区。因受土质、气候以及人为因素的影响，各个地区间生产的茶叶又有着细微的差别。无论是外观、香气还是口感，各地茶叶都有着一方水土养育出一方茶的特色，因而造就了茶叶的多种风貌和五花八门的名称。

（一）西南茶区

西南茶区为最古老的茶区。在米仓山、大巴山以南，红水河、南盘江、盈江以北，神农架、巫山、方斗山、武陵山以西，大渡河以东的地区，包括黔、川、滇中北和藏东南。行政区区域主要包括贵州、云南、四川和重庆。该茶区地形复杂，地势较高，茶园大多分布在海拔 500 m 以上的地方，属于高原茶区，西南茶区各地气候变化大，但总的来说，水热条件好。四川盆地年平均气温为 17 ℃；云贵高原年均气温为 14 ～ 15 ℃。整个茶区冬季较温暖，除个别特殊地区，如四川万源冬季极端最低温曾到 -8 ℃以下，一般仅为 -3 ℃。年降水较丰富，大多在 1 000 mm 以上，有的地方如四川峨眉，年降水量则达 1 700 mm。西南茶区茶树资源较多，由于气候条件较好，适宜茶树生长，所以栽培茶树的种类也多，有灌木型茶树、小乔木型茶树和乔木型茶树。该区适制绿茶、花茶、红茶、黑茶等。如大家比较熟悉的四川竹叶青、云南的普洱茶和滇红等。

（二）华南茶区

华南茶区又称"南岭茶区"。其行政区域主要包括福建、广东、台湾、广西、海南等地。茶区高温多湿，年平均气温为 19 ～ 22 ℃，无霜期长，四季常青，茶树一年四季均可生长。华南茶区水热资源丰富，茶树资源极其丰富，荟集了许多中叶种（乔木型或小乔木型）茶树，适宜加工红茶、普洱茶、六堡茶、乌龙茶等。如家喻户晓的大红袍、铁观音、红茶鼻祖正山小种均产自该茶区。

（三）江南茶区

江南茶区的区域范围主要在长江以南，行政区主要包括浙江、江苏、安徽、湖南、湖北、江西等地。江南茶区大多数为低山丘陵，地势低缓，整个茶区基本上位于亚热带季风气候区，四季分明，气候温暖，降雨量充足。该茶区种植的茶树大多为灌木型中叶种和小叶种，以及小部分小乔木型中叶种和大叶种。该茶区产茶历史悠久，资源丰富，历史名茶甚多，如西湖龙井、君山银针、洞庭碧螺春、黄山毛峰等，享誉国内外。

（四）江北茶区

江北茶区的区域范围主要包括长江以北、秦岭淮河以南以及山东半岛部分，行政区域主要包括河南、陕西、山东等部分地区，是我国最北的茶区。江北茶区整体气温较低，积温较少，会出现极端低温天气，茶树容易遭受冻害，尤其在冬天，必须采取防冻措施，茶树才能够越冬，主要以抗寒性较强的灌木型中小叶种为主，生产的茶类主要为绿茶。如河南的信阳毛尖。

中国茶，可谓版图辽阔。不同的经纬时空，不同的茶区，是不一样的人文地理，也是不一样的醇香名茶。无论是在中国的版图还是世界的版图，这一片小叶子发挥着它独特的魅力，让世界着迷。世界茶，看中国。

2021年10月12日，习近平总书记在《生物多样性公约》第十五次缔约方大会领导人峰会视频讲话中提出："绿水青山就是金山银山。良好生态环境既是自然财富，也是经济财富，关系经济社会发展潜力和后劲。我们要加快形成绿色发展方式，促进经济发展和环境保护双赢，构建经济与环境协同共进的地球家园。"茶产业是山区人民重要经济收入来源之一，青山绿水出好茶，一片叶子富一方。茶让人们更富足，茶树适宜生长的环境，也是人类喜欢的环境，希望大家有时间去茶山走一走，感受大自然的神奇与茶的美好。

> **微课16：小叶子 大版图**
> 茶树被人类发现和利用后，经天然或人为从原产地向外迁移传播，中国对世界茶产业的发展做出了巨大的贡献，也对人类生活方式产生了重大的积极影响。

📖 文化拓展

认识油茶树、茶花树

在生活中对油茶树、茶叶树、茶花树三种植物傻傻分不清楚的大有人在，毕竟它们都同属于山茶科，亲缘关系很近。但油茶树、茶花树与茶树不是同一种树。

一、油茶树——能榨出素有"东方橄榄油"之称的茶籽油

油茶树是山茶科山茶属的植物，属于油茶种，最大的特点是：果实用于榨油。叶子形态：油茶树植株形态为常绿灌木或中乔木，叶子呈椭圆形、长圆形或倒卵形。花朵形态：油茶花的花瓣单叶互生，花瓣颜色是雪白雪白的，中间还有淡黄的蕊，外形上和茶花树的花瓣有明显区别；油茶花花期在冬春间，而且洁白的油茶花和绯红的油茶果可以实现"花果共存"，堪称人间一绝。

果实特点：油茶树结的果实比茶叶树的果子要大，而且茶树果子是三角形状，油茶树果子则是球形或卵圆形的。油茶果从花开到果实成熟，需经秋、冬、春、夏、秋五季。对于茶农们来说，采摘茶籽最好要在霜降前摘完，一方面是茶籽怕冷，气温一下降，果仁容易掉下来，在收集上难度加大；另一方面则是茶籽收集好，需要趁着秋季的暖阳还有夏日的余温，经过晾晒、去壳等程序送到榨油坊。榨出来的茶籽油被称为"东方橄榄油"。

二、茶花树——中国传统的观赏花卉

茶花树又名山茶花树，是山茶科、山茶属多种植物和园艺品种的通称。叶子形态：茶花树一般为灌木或小乔木，树高冠茂，叶子呈椭圆形，而且颜色通透翠绿。由于茶花树的植株形姿优美，受到了园艺界的青睐，很多茶花树都被修剪成茶花球形状，当成观赏花卉。

花朵形态：形状方面，茶花花瓣为碗形，分单瓣或重瓣，单瓣茶花多为原始花种，重瓣茶花的花瓣可多达 60 片；颜色方面，茶花有红、紫、白、黄各色花种，如今还培育出了彩色斑纹的茶花。

文化践行

一、综合实践

（一）单选题

1. 茶树适宜在土质疏松、排水良好的（　　）土壤中生长，pH 值为 4.5 ～ 5.5 为最佳。

　　A. 中性　　　　　　B. 酸性　　　　　　C. 偏酸性　　　　　　D. 微酸性

2. 茶树性喜温暖（　　），通常气温在 18 ～ 25 ℃最适宜生长。

　　A. 干燥的环境　　　　　　　　　　B. 湿润的环境

　　C. 避光的环境　　　　　　　　　　D. 阴冷的环境

3. 茶叶的植物学特征为叶面侧脉伸展至离叶缘（　　）向上弯，连接上一条侧脉。

　　A. 1/4 处　　　　　　B. 2/4 处　　　　　　C. 1/3 处　　　　　　D. 2/3 处

4. 灌木型茶树的基本特征是（　　）。

　　A. 没有明显主干，分枝较密，多近地面处，树冠短小

　　B. 主干明显，分枝稀，多近地面处

　　C. 主干明显，分枝密，多距地面较高处

　　D. 没有明显主干，分枝稀，树冠大

5. 茶树一般在（　　）开花。

　　A. 春季　　　　　　B. 夏季　　　　　　C. 秋季　　　　　　D. 冬季

（二）多选题

1. 按生物学特性，茶树分为（　　）。

　　A. 藤木　　　　　　B. 乔木型　　　　　　C. 小乔木型　　　　　　D. 灌木型

2. 茶树喜欢的生育条件有（　　）。

　　A. 适宜的温度　　　　　　　　　　B. 湿润的环境

　　C. 弱酸性土壤　　　　　　　　　　D. 充足的阳光

3. 茶树的一生主要包括（　　）几个阶段。

　　A. 幼苗期　　　　　　B. 幼年期　　　　　　C. 成年期　　　　　　D. 衰老期

4. 西南茶区主要的城市有（　　）。

　　A. 云南　　　　　　B. 四川　　　　　　C. 贵州　　　　　　D. 浙江

5. 茶叶的采摘标准有（　　）。

　　A. 芽头　　　　　　B. 一芽一叶　　　　　　C. 一芽二叶　　　　　　D. 枝条

二、各抒己见

1. 请分析茶树叶片不同于其他树木叶片的三大特征。

2. 辩证分析"高山云雾出好茶"的原理。

三、生活实践

请通过茶树叶片的基本特征分析以下两种卷曲型茶叶的等级高低，并说明原因。

第六单元　茶的第二次生命

凡采茶，在二月、三月、四月之间。……其日有雨不采，晴有云不采。晴采之、蒸之、捣之、拍之、焙之，穿之、封之，茶之干矣。

——唐·陆羽《茶经》

单元导入

带着大自然赋予的芬芳与养分，茶鲜叶离开茶树体，来到了制茶师傅手中，通过采摘、摊晾、萎凋、杀青、闷黄、揉捻、做青、发酵、渥堆等一道道烦琐复杂的工序，勤劳的制茶人用双手成就了它，使它成为真正意义的"茶"。每一道工序，无论是火候还是力道，多一分则过，少一分则欠，一切恰到好处。

高品质茶叶的背后传承了数代人对茶产品的精心打磨和精益求精，这是一种执着、一种情怀，一份坚守、一份责任。

茶的第二次生命在制茶人的手心里徐徐绽放。

学习目标

知识目标：

1. 掌握中国茶的分类及其工艺中的核心技术；
2. 理解各类别茶叶的品质特征和储藏方法；
3. 了解现代茶叶深加工的进展及应用；
4. 掌握茶叶有益健康的科学原理。

能力目标：

1. 能够识别不同类别的茶叶，并简要介绍其特征和品性；
2. 能够为不同人群提出个性化的茶品推荐。

素质目标：

1. 通过对手工制茶的了解，感受手工制茶人的坚守和传承；
2. 通过对茶与健康的学习，培养良好的生活方式，促进身心健康。

美的视窗

2022 年 11 月 29 日，我国申报的"中国传统制茶技艺及其相关习俗"项目，经联合国教科文组织保护非物质文化遗产政府间委员会评审通过，列入联合国教科文组织人类非物质文化遗产代表作名录。中国传统制茶技艺及其相关习俗，包括茶园管理、茶叶采摘、茶的手工制作，以及茶的饮用和分享的知识、技艺和实践，共涉及 15 个省、区、市等 44 个国家级非遗代表性项目，涵盖了绿茶、红茶、乌龙茶、白茶、黑茶、黄茶和再加工茶等茶类的制作工艺、茶艺、茶礼等相关习俗。对拓展民众对茶文化、茶叶相关知识的认知，深化民众对中华文明发源发展的认识，凝聚中华民族多元一体的文化认同，坚定中国人民的文化自信都有重要意义，对促进中国茶产业繁荣发展，助力全面建设社会主义现代化强国也有十分积极的意义。

🍵 美的解读

专题一

匠心独运：茶叶工艺之美

同一片茶鲜叶，经过不同的加工工艺，形成了各具特色的六大茶类，它们的外形、色泽、香气、滋味变得完全不同。这就好比人的一生，我们的选择不同，经历不同，亦会成就不一样的人生。

一、色彩缤纷的中国茶

（一）分门别类

1979 年，世界著名茶学专家陈椽教授发表了《茶叶分类理论与实践》一文，他根据茶叶制法和品质的系统性以及应用习惯上的分类，将茶叶系统分为绿茶、黄茶、黑茶、白茶、青茶（乌龙茶）、红茶六大类，这样排列，保留了劳动人民创造的科学的俗名，容易区别茶类性质，加强了茶叶分类的系统性和科学性。此义发表后立刻引起国内外茶叶学术界的轰动，各大学术杂志竞相转载，改变了以往茶叶种类界限不清，定性茶叶归属哪类茶难度大的问题。直到现在，学术界仍主要是以茶叶加工工艺、产品特性为主，结合茶树品种、鲜叶原料、生产地域，将茶叶分为六大基本茶类（图 6-1）和再加工茶类。

2023 年 4 月，由安徽农业大学茶树生物学与资源利用国家重点实验室主任宛晓春教授牵头制定的国际标准 ISO 20715：2023《茶叶分类》正式颁布，标志着我国六大茶类分类体系正式成为国际共识，这是我国在茶叶标准国际化领域取得的具有里程碑意义的成果。

该项国际标准根据茶叶加工工艺和品质特征，将茶叶分为红茶（传统红茶、红碎茶、工夫红茶、小种红茶）、绿茶（炒青、烘青、晒青、蒸青、碎绿茶、抹茶）、黄茶（芽型、芽叶型）、白茶（芽型、芽叶型）、青茶（乌龙茶）、黑茶（普洱熟茶、其他黑茶）六大类，同时规定了茶叶关键加工工序的名词术语，如做青、闷黄、渥堆等极具中国特色的关键工序名词。

该项国际标准的发布，对于规范和促进国际茶叶贸易公平与消费者权益，促进我国茶叶出口特别是极具中国特色的白茶、黄茶和黑茶的出口具有重要意义。

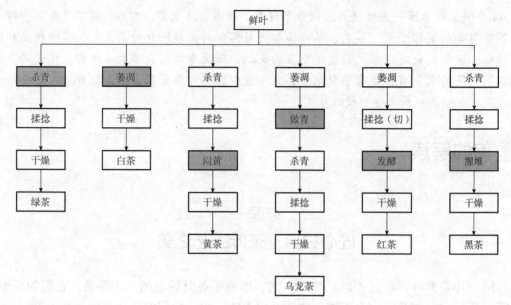

图 6-1　六大茶类及其主要加工工艺

（二）各有千秋

绿色是茶树的原生色，传统茶叶大多是绿茶。绿茶是我国产量最高、销量最大、饮用最广泛的茶类，2022 年，全国绿茶产量为 185.38 万 t，占总产量的 58.3%（图 6-2）。绿茶主要经过杀青、揉捻、干燥等工序而成，其关键在于杀青，保留了较多的茶多酚、儿茶素、叶绿素等营养成分，冲泡后具有汤清叶绿、滋味鲜爽、清香怡人的特点。

▶ **小贴士：安吉白茶并非白茶**

安吉白茶是白茶吗？从名字来看，安吉白茶确实容易被认作是白茶，但答案并非如此。宋徽宗赵佶的《大观茶论》中有明确记载："白茶，自为一种，与常茶不同，其条敷阐，其叶莹薄。崖林之间偶然生出，盖非人力所可致。"此处所说的"白茶"并非我们常说

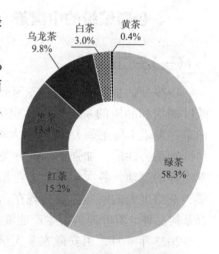

图 6-2　2022 年全国分茶类产量占比
（来源：中国茶叶流通协会）

的六大茶类中的白茶，这种茶与安吉白茶类似，是产自宋代福建建州（今建瓯市）北苑的一种野生小品种白化变异的白叶茶树，它的枝条舒展散开，芽叶嫩薄、光洁透明，是在山崖林圃之间偶然长出的，不是人工可以栽培得到的。

所谓的安吉白茶，是指利用茶树遗传突变而形成的特异性茶树品种——"白叶 1 号"（图 6-3）的鲜叶加工而成的茶叶。早春，"白叶 1 号"茶树品种刚生长出来的芽叶因叶绿素缺失，呈现玉白色，茎脉翠绿，直到日均温度达到 23 ℃以上时，叶色才开始慢慢复绿，而后长出来的叶片不再有返白现象发生，直接表现为绿色。另外，安吉白茶是按照绿茶的加工工艺制成的，所以安吉白茶不属于白茶，而是六大茶类中的绿茶。

图 6-3 安吉白茶茶树品种

白茶属于轻发酵茶，是近年来人气增长最快的一类茶。2022 年，全国白茶产量为 9.45 万 t，占总产量的 3.0%（图 6-2）。白茶主要经过萎凋、干燥等工序而成，其关键在于萎凋，具有满身披毫、毫香明显、汤色嫩黄明亮、滋味甘甜和鲜爽的品质特点，以福建福鼎白茶、政和白茶最为著名。

黄茶的加工工序包括杀青、揉捻、闷黄、干燥，比绿茶多了一道闷黄工序，其由来是人们从绿茶加工中发现的，由于杀青、揉捻后干燥不足或不及时，叶色即变黄，于是产生了新品类黄茶。黄茶是六大茶类中产销量最低的一类茶，2022 年，全国黄茶产量为 1.30 万 t，占总产量的 0.4%（图 6-2），较为著名的有湖南君山银针、四川蒙顶黄芽、安徽霍山黄大茶等。

乌龙茶亦称青茶，属于半发酵茶类，其加工工艺包括萎凋、做青、杀青、揉捻、干燥，关键工序在于做青，2022 年，全国乌龙茶产量为 31.13 万 t，占总产量的 9.8%（图 6-2）。乌龙茶具有外形粗壮紧实、色泽青褐油润、天然花果香浓郁、滋味醇厚甘爽、叶底绿叶红镶边的品质特征，较为著名的有福建的安溪铁观音、武夷岩茶，广东的凤凰单丛等。

红茶属全发酵茶，是我国生产和出口的主要茶类之一，其加工工艺包括萎凋、揉捻（切）、发酵、干燥，关键工序在于发酵，让茶多酚发生酶促氧化作用，生成茶黄素、茶红素等物质。2022 年，全国红茶产量为 48.2 万 t，占总产量的 15.2%（图 6-2）。红茶最基本的品质特征是红汤红叶、滋味甘醇，因其干茶色泽偏深，红中带乌黑，所以英语中称红茶为 "Black tea"，意即 "黑色的茶"。

黑茶属后发酵茶，生产历史悠久，以制成紧压茶边销为主，主要产于湖南、湖北、四川、云南、广西等地。主要品种有湖南黑茶、湖北老青茶、四川边茶、广西六堡散茶，云南普洱茶等。2022 年，全国黑茶产量为 42.63 万 t，占总产量的 13.4%（图 6-2）。黑茶基本工艺流程是杀青、揉捻、渥堆、干燥。黑茶一般原料较粗老，加之制造过程中往往堆积发酵时间较长，因而叶色油黑或黑褐，关键工序在于渥堆，造就了味醇而少爽、味厚而不涩，汤色橙红（黄）明亮，具有 "陈香" "菌花香" "槟榔香" 等特殊香味。黑茶主要供边区少数民族饮用，所以又称边销茶。

中篇 茶生命

▶小贴士：耐人寻味的老茶头（图6-4）

茶头是指普洱茶在渥堆发酵时结块的茶，茶汤浓厚耐泡。普洱熟茶都是经过人工洒水渥堆发酵，发酵过程中经过反复不断地翻，茶叶会分泌出一些果胶，因为果胶是比较黏稠的，所以有些茶叶就黏在一起变成一团一团的疙瘩。等茶叶发酵完毕后，人们会把这些一团一团的茶叶疙瘩拣出来，用手把它解开，然后放回到茶叶堆里，而有的实在黏得太牢了，如果要解开的话会将茶叶弄碎了，只好另外放成一堆，变成了"疙瘩茶"，所以也叫"老茶头"。

图6-4　老茶头

二、探寻两个巴掌的技艺

2020年3月31日，习近平总书记在浙江杭州西溪湿地考察，途经龙井茶炒制摊位时，特别上前观摩。西湖龙井炒制技艺省级非遗传承人樊生华（图6-5），向总书记展示了手工炒制龙井茶的技艺，总书记观看后指出，两个巴掌做出来的东西，有些科技无法取代，叮嘱大家一定要把传统手工艺等非物质文化遗产传承好，要世世代代地保留下去，把最好的茶奉献给全世界的老百姓喝。总书记的话让茶人们深受感动，印象深刻。从产业发展角度来看，全手工制茶与机械制茶是相辅相成的，只有熟练掌握全手工制茶的原理和核心秘密，在应用机械制茶过程中，茶叶才有可能做好，品质才有可能实现提升。从文化传承上来看，全手工制茶技艺已成为传统茶文化工匠精神的文化符号和艺术表现。

（一）手工制茶体现工匠精神

手工制茶，顾名思义，就是炒茶师傅依靠自身的经验和技术，利用两只手将茶鲜叶经过一系列工序加工为成品茶的过程（图6-6）。手工制茶是茶叶加工的一种传统形式，是与茶叶机械化加工相对应的一个概念，其强调的是茶叶制作的过程全靠手工完成。手工制茶不仅是茶叶加工的一种方式，同时还是茶文化传承和表现的重要载体。

图6-5　西湖龙井茶非遗传承人樊生华

图6-6　重庆"巴渝工匠杯"手工制茶比赛

当今社会，伴随着农业现代化的进程，机械扮演着越来越重要的作用，它能够使社会生产效率大幅度提升，茶叶作为农业产业之一，如今也基本实现了生产加工的机械化。姑且不论手工制茶与机械制茶的品质孰优孰劣，在普遍实现机械化加工的今天，手工制茶依然能够彰显其魅力，就是因为手工制茶比机械制茶多了"人文情怀"，展现了人们对"工匠精神"的推崇与锻造，很多时候，手工制茶这些制茶大师的人格与气度有助于引领茶人的职业道德、职业能力、职业品质的提升与锤炼。另外，茶叶的工业化生产并不能完全满足和覆盖市场需求，不同的师傅、不同的技艺，可以造就茶叶不同的口感、滋味、色泽、香气，使茶叶体验更加丰富，带有温度与人情味的手工茶，可以满足特定消费者的需求。

（二）手工制茶的保护与传承

手工制茶作为中国优秀的传统技艺之一，包含着老百姓的生活智慧和思想情感，是我国重要的非物质文化遗产，对其进行保护具有重要的历史文化价值。如今，随着茶叶机械化、自动化加工技术的不断发展，传统手工茶产品越来越少，传统手工制茶受到的冲击也越来越大。在这样的形势下，我们有必要对传统手工制茶的保护进行回顾和反思，探索其保护和发展，发挥手工制茶技艺的优势，使其更好地适应现代茶叶生产加工的需要。

2004 年 8 月，我国正式加入《保护非物质文化遗产公约》，2005 年发布的《国务院办公厅关于加强我国非物质文化遗产保护工作的意见》中提出了建立名录体系，逐步形成有中国特色的非物质文化遗产保护制度。从 2006 年起，国务院先后批准并公布了五批国家级非遗代表性名录 1 557 项以及扩展名录 604 项，其中涉及茶叶手工制作技艺的共有 38 个子项目（含扩展 21 项），涵盖了 6 大基本茶类以及 14 个主产茶叶省、自治区、直辖市、为传统手工制茶技艺非物质文化遗产的保护与发展起到了良好的推进作用。

传承人是传统手工技艺类非物质文化遗产保护的核心载体，近年来，在国家相关政策的支持鼓励下，增强了制茶传承人的非遗名录意识，加深了人们对传统手工制茶技艺的关注。自 2007 年起，文化部先后公布了五批国家级非遗代表性传承人共计 3 068 人，其中涉及制茶技艺类非遗项目的传承人共有 25 人。此外，各茶区纷纷举办手工制茶大赛活动，让更多的年轻人参与体验手工制茶技艺，有利于手工制茶技艺在当今社会的传承和延续。

三、茶叶深加工的那些事儿

人们对于茶叶的利用方式，历来以冲泡饮用为主。然而随着社会不断进步发展和人们个性化消费增加，传统饮茶方式无法满足需要，消费者开始追求更加简便、快捷、多元化的茶叶消费方式。企业通过运用现代深加工技术，把茶叶加工成茶饮料，或与传统食品相结合制成茶食品，可更加充分地提取茶叶的功能性营养成分。在此类新消费观念的指引下，各类茶叶深加工产品不断涌现，好吃、好喝、好玩、好用的茶叶新产品越来越多。那么到底什么是茶叶深加工呢？

（一）什么是茶叶深加工？

茶叶深加工主要是指以茶叶生产过程中的茶鲜叶、修剪叶、茶叶、茶籽，以及由其加工而来的半成品、成品或副产品为原料，通过集成应用生物化学工程、分离纯化工程、食品工程、制剂工程等领域的先进技术及加工工艺，实现茶叶有效成分或功能组分的分离制备，并将其应用到人类健康、动物养殖、植物保护、日用化工等领域的过程（图6-7）。茶叶深加工已经成为提升茶叶附加值、跨界拓展茶的应用领域、延伸茶叶产业链的重要途径。2021年，全国茶叶内销总量230.19万t、内销总额为3 120亿元，内销均价为135.5元/kg，你是不是觉得已经很高呢？然而不是，早在2019年，茶叶深加工就实现了用20多万吨茶叶原料，创造1 500多亿元的产业规模。

图6-7　现代茶叶深加工

（二）茶叶深加工技术科技进展

我国茶叶深加工研究经过近50年的发展，技术体系与产品体系基本成熟，按照产品类别可分为有效组分、有效成分、终端产品。

有效组分主要包括速溶茶、茶浓缩汁、茶籽油、茶树花提取物等。速溶茶和茶浓缩汁是目前茶叶深加工领域工业化和商业化程度最高的产品，提制技术主要由提取、过滤、浓缩、干燥等工序组成；茶叶籽经提取可获得与橄榄油、茶籽油品质相似的高级食用植物油，且单不饱和脂肪酸最高可达90%，2009年被列入新资源食品清单；茶树花是茶树的生殖器官之一，属两性完全花，由花萼、花冠、花柄、雄蕊和雌蕊组成，与鲜叶相比，茶树花具有较高的水浸出物、含水率、总糖（水溶性糖）含量，游离氨基酸含量相当，茶多酚、咖啡碱含量低于鲜叶，2013年被列入新资源食品名单。

有效成分主要包括茶多酚、儿茶素、茶氨酸、茶多糖、茶皂素等功能成分的标准化提取物。茶多酚、儿茶素是目前提取纯化技术最为成熟的产品，构建了绿色高效的分离纯化技术体系；茶氨酸是茶叶中含量最高的氨基酸种类，2014年被列入新资源食品名单，具有增强记忆力、镇静、预防神经失调症以及老年痴呆等疾病；茶多糖是一类含有蛋白质的酸性多糖复合物，具有降血糖、降血脂、抗氧化、抗辐射和提高免疫等作用；茶皂素是一种性能优良的非离子型天然表面活性剂，可应用于发泡剂、保鲜剂、抑菌剂、饲料添加剂、植物源农药、土壤及水源修复等。

终端产品包括以茶叶功能成分、速溶茶、茶浓缩汁、茶籽油、茶树花为原料开发的茶饮料、茶食品、个人护理品、动物健康产品等功能性终端产品。我国已成为国际上茶饮料产销量最大的国家，市场上已出现的茶饮料品种繁多，如康师傅冰红茶、东方树叶、阿萨姆奶茶，以及现在较为流行的新式茶饮，如茶颜悦色、奈雪的茶、喜茶等；功能型休闲食品也成为当前茶食品发展的热点，如茶糖果、茶零食、茶糕点、茶面包、茶饼干等；个人护理品领域，如含茶的防晒霜、护肤霜、沐浴露、口臭消除剂、洗发液、牙膏、香皂等产品越来越多；动物健康产品领域，成功开发了茶饲料、茶兽药产品，为动物健康养殖提供新的产品支撑。

（三）茶叶深加工未来的发展方向

茶叶深加工是提高茶资源综合利用率与产业效益、维护产销平衡的重要途径，其理论技术研究与新产品开发将仍会成为行业发展持续关注的重点。

1. 茶饮料加工技术

随着经济社会发展和人们生活水平不断提高，我国饮料产品消费正逐渐走向健康化、个性化和功能化，这一趋势将不断倒逼茶饮料行业作出结构性调整，由调味型向纯味型、香料调制向天然原料调配、高糖型向低糖或无糖型等方向转变。

2. 茶叶功能成分提制技术

虽然我国茶叶提取物产业经过30多年发展，已在国际市场上起到举足轻重的作用，但我国茶叶原料经过深加工的比例还远低于日本、欧美等发达国家，茶叶功能成分提制技术将由过去单一追求产品纯度，发展到全面考虑纯度、安全性、消耗、效率、效益等综合质量指标体系，绿色提制工艺、高效节能装备、多成分综合高效提制技术将成为未来的研发重点。

3. 茶食品与含茶健康产品的开发

随着茶叶科技创新力度不断加强，从机理、工艺等层面对茶叶及其功能性成分的认知不断深入，茶食品与含茶健康产品的种类将更加丰富，充分利用不同类型的茶食品原料，开发适合不同消费者的专用化、个性化产品，相关的市场空间将不断扩大。

> **微课17：从分类法认识中国茶**
>
> "致知在格物。物格而后知至"，即对事物进行分类后，便可获得新的智慧和认知。茶叶分类也一样，通过归纳总结出分类索引，把众多的茶叶按照某种属性来进行编排，就可以有一个快速认知与快速记忆的方法。因此，中国茶叶虽然品类繁多，但理清其中的逻辑关系，就可以构建清晰的茶学框架。

专题二
争奇斗艳：赏析名茶之美

名茶是指有一定知名度的茶，通常具有独特的外形以及优异的品质。名茶的形成，往往有一定的历史渊源或一定的人文地理条件，或者有优越的自然条件和生态环境；除外界因素外，栽种的茶树品种优良，肥培管理较好，制茶工艺独特，再加上茶界"能工巧匠"和制茶工艺师的创造性发挥，从而使我国历代名茶层出不穷。

自古名山、名寺出名茶，名人、名家创名茶，名水、名泉衬名茶，名师、大师评名茶。很多名茶就是在这样的条件下产生和发展起来的。但长久不衰的名茶，既要有独特而优异的品质风格，本身制工精良或文化底蕴深厚，还要有社会消费者的公认。我国历代名茶品目众多，接下来一起欣赏名茶之美。

一、草木本味：绿茶之鲜美

1.绿茶皇后：西湖龙井

西湖龙井（图6-8）是我国的第一名茶，产于浙江杭州西湖的狮峰、龙井、梅家坞、虎跑一带，历史上曾分为"狮、龙、云、虎"四个品类，其中多认为以产于狮峰的品质为最佳。龙井素有"色绿、香郁、味醇、形美"四绝著称于世。外形扁平光直，色翠略黄似糙米色，滋味甘鲜醇和，香气幽雅清高，汤色碧绿黄莹，叶底细嫩成朵。

2.吓煞人香：洞庭碧螺春

碧螺春茶（图6-9）产于江苏吴县太湖之滨的洞庭山。该茶用春季从茶树采摘下的细嫩芽头炒制而成；高级的碧螺春，每公斤干茶需要茶芽10万个以上。外形条索紧结，白毫显露，色泽银绿，翠碧诱人，卷曲成螺，故名"碧螺春"。汤色清澈明亮，浓郁甘醇，鲜爽生津，回味绵长；叶底嫩绿显翠。

图6-8　杭州西湖龙井茶　　　　　图6-9　碧螺春茶

3.香气如兰：黄山毛峰

黄山毛峰产于安徽黄山，主要分布在桃花峰的云谷寺、松谷庵、吊桥阉、慈光阁及半寺周围。这里山高林密，日照短，云雾多，自然条件十分优越，茶树得云雾之滋润，无寒暑之侵袭，蕴成良好品质。黄山毛峰采制十分精细。制成的黄山毛峰（图6-10）茶外形细扁微曲，状如雀舌，香如白兰，味醇回甘。

4.特立独行：六安瓜片

明代茶学家许次纾所著《茶疏》开卷有云："天下名山，必产灵草，江南地暖，故独宜茶，大江以北，则称六安。"六安茶叶资源丰富，茶区生态优异，名茶荟萃，以六安瓜片为代表的六安茶叶誉满华夏，六安瓜片（图6-11）产于皖西大别山茶区，其中以六安、金寨、霍山三县所产品质最佳。六安瓜片每年春季采摘，成茶呈瓜片形，因而得名，色翠绿，香清高，味甘鲜，耐冲泡。此茶不仅可消暑解渴生津，而且还有极强的助消化作用和治病功效，明代闻龙在《茶笺》中称，六安茶入药最有功效，因而被视为珍品。

图 6-10　安徽黄山毛峰茶　　　　图 6-11　安徽六安瓜片茶

5. 魁伟壮实：太平猴魁

太平猴魁产自安徽省黄山市黄山区（原太平县），核心产区有三：猴坑、猴岗与颜家。茶叶名称取太平县的"太平"和猴坑的"猴"，"魁"字有"最高""最好"的意思。在所有的绿茶中，太平猴魁（图6-12）是长相最奇怪的，以当地的茶树品种（柿大叶）鲜叶为主要原料，叶子有数厘米长，很像晒干的蔬菜。太平猴魁并不像别的绿茶一定要赶在清明前采摘，它常在谷雨之后采摘，虽然采得晚，但茶叶依然鲜嫩。成品茶芽叶挺直，肥壮细嫩，外形魁伟，色泽苍绿，全身毫白，具有清汤质绿、水色明、香气浓、滋味醇、回味甜的品质特征。

6. 大器晚成：信阳毛尖

信阳毛尖产于河南信阳车云山、集云山、天云山、云雾山、震雷山、黑龙潭和白龙潭等群山峰顶上，以车云山天雾塔峰为最。人云："师河中心水，车云顶上茶。"信阳毛尖（图6-13）成品条索细圆紧直，色泽翠绿，毫显露；汤色清绿明亮，香气鲜高，滋味鲜醇；叶底芽壮、嫩绿匀整。

图 6-12　安徽太平猴魁茶　　　　图 6-13　河南信阳毛尖茶

中篇　茶生命

7. 亭亭玉立：竹叶青

竹叶青（图6-14）产自四川峨眉山，竹叶青茶采摘要求非常严格，采摘独芽为主，形如黄瓜籽，大小匀净，不带空心芽，不采紫红色茶芽。经过杀青、揉捻、烘焙等工艺制作而成。竹叶青干茶，条索扁平挺直而秀丽，肥厚带毫，两头尖细，形似竹叶，色泽嫩绿油润，香气清香馥郁。茶叶在水中如雨后春笋般颗颗挺立。

图6-14　四川竹叶青茶

二、大道至简：白茶之朴实

茶中仙女：白毫银针

白毫银针素有茶中"美女"之称，产于福建东部的福鼎和北部的政和等地。白毫银针（图6-15）满披白毫，色白如银，细长如针，因而得名。冲泡时，"满盏浮茶乳"，银针挺立，上下交错，非常美观；汤色黄亮清澈，滋味清香甜爽。白茶味温性凉，可健胃提神，祛湿退热，常作为药用。

图6-15　福建白毫银针茶

三、深藏不露：黄茶之淡雅

1.三起三落：君山银针

君山银针产于湖南岳阳君山，有"洞庭帝子春长恨，二千年来草更长"的描写。君山银针（图6-16）由未展开的肥嫩芽头制成，芽头肥壮挺直、匀齐，满披茸毛，色泽金黄光亮，香气清鲜，茶色浅黄，味甜爽，冲泡起来芽尖冲向水面，悬空竖立，然后徐徐下沉杯底，形如群笋出土，又像银刀直立。其冲泡后，三起三落，雀舌含珠，刀丛林立，具有很高的欣赏价值。

2.茶中故旧：蒙顶黄芽

蒙顶黄芽（图6-17）采用传统炒闷结合的工艺，采用嫩芽杀青，草纸包裹置灶边上保温变黄，纸是透气的，不会把茶闷坏，让茶青在湿热的环境下自然发酵，然后做型，再包黄烘干。成品茶茶芽匀整，条索扁直，芽壮多毫，色泽黄褐油润，滋味鲜爽回甘。

图6-16　湖南君山银针茶

图6-17　四川蒙顶黄芽茶

四、齿颊留香：乌龙茶之醇厚

1.岩骨花香：武夷岩茶

武夷岩茶产于福建武夷山。丹霞地貌的武夷山多悬崖峭壁，茶园非常奇特，茶树生长在悬崖绝壁上。武夷山"岩岩有茶、非岩不茶"，武夷岩茶因而得名。武夷岩茶（图6-18）属半发酵茶，制作方法介于绿茶与红茶之间。其主要品种有大红袍、白鸡冠、水仙、铁罗汉、肉桂等。武夷岩茶品质独特，它未经窨花，茶汤却有浓郁花香，饮时甘馨可口，回味无穷。

2.七泡余香：安溪铁观音

铁观音产于福建安溪，茶条卷曲，肥壮圆结，沉重匀整，色泽砂绿，整体形状似蜻蜓头、螺旋体、青蛙腿。铁观音（图6-19）冲泡后汤色金黄浓艳似琥珀，有天然馥郁的兰花香，滋味醇厚甘鲜，回甘悠久，俗称有"音韵"。铁观音茶香高而持久，可谓"七泡有余香"。

图 6-18　福建武夷岩茶　　　　　图 6-19　福建安溪铁观音茶

五、风靡全球：红茶之典雅

1.红茶鼻祖：小种红茶

小种红茶（图 6-20）主要产地为福建武夷山，又分为正山小种、外山小种。正山小种产于武夷山市星村或者乡桐木关一带，也称"桐水关小种"或"星村小种"。小种红茶是世界上最早的红茶，亦称"红茶鼻祖"。小种红茶采用松烟进行烘干，具有明显的松烟香，干茶乌黑油亮，因其茶汤口感类似于桂圆汤，因此正山小种素有松烟香、桂圆汤之称。

2.红茶皇后：祁门红茶

祁门红茶产于安徽，为工夫红茶中的珍品。祁门红茶（图 6-21）外形条索紧细苗秀，色泽乌润，冲泡后茶汤红浓，香气清新芬芳馥郁持久，有明显的甜香，有时带有玫瑰花香，祁红的这种特有的香味儿，以其高香形秀著称，被国内外茶师称为砂糖香或苹果香，并蕴藏有兰花香，清高而长，独树一帜，国际市场上称之为"祁门香"，又称"群芳最"。

图 6-20　福建小种红茶　　　　　图 6-21　安徽祁门红茶

六、岁月留香：黑茶之陈韵

1.历久弥香：普洱茶

普洱茶是以地理标志保护范围内的云南大叶种晒青茶为原料，并在地理标志保护范围内采用特定的加工工艺制成，具有独特品质特征的茶叶。按其加工工艺及品质特征，普洱茶分为普洱茶生茶和普洱茶熟茶（图6-22）两种类型。因其集散地在云南普洱市思茅区，故名"普洱茶"，具有越陈越香的特点。

2. 山城味道：重庆沱茶

重庆沱茶由重庆茶厂于1953年研发成功并批量生产。在当时计划经济背景下，为了提高沱茶的标准及生产量，以满足市场的需求，中国茶叶公司决定集云南、川南、川北、贵州等地的原料统一在重庆茶厂进行拼配加工制作成"重庆沱茶"，多样的原料配比造就了重庆沱茶独有的香气和回甘。重庆沱茶（图6-23）用料非常考究，以本地小叶种为主，制作时选用中上等晒青、烘青和炒青毛茶，运用传统工艺和现代化生产手段，对原料进行搭配、筛分、整形，再进行大拼堆、称料、蒸制、揉袋压形。其成品茶形似碗臼，色泽乌黑油润，汤色橙黄明亮，叶底较嫩匀，滋味醇厚甘和，香气馥郁陈香，口感浓郁且不失鲜爽回甘。

图 6-22　云南普洱熟茶

图 6-23　重庆沱茶

微课18：一杯来自重庆的茶

重庆沱茶的诞生是几代人智慧的累积，是一种价值的凸显，经过半个世纪的陈化，让人忆起当年的光景。入口浓厚醇滑，苦涩褪尽。在茶汤带来身心喜悦之中，我们仿佛回到了那一段可以安放心灵的美好年代，这是一段关于味觉的记忆，也是时光的礼物。

茶生长于草木山川，攀岩于壁垒沟涧，带着自然醇厚的气息、山水清新的味道向我们走来。集色、香、味、形于一体的六大类型名优茶，呈现出不同的美，清淡隽永，清韵悠悠。

专题三
生命之饮：茶与健康

自神农氏发现茶后，人们至今都在饮茶，这都离不开茶的药理属性。那么，茶叶里藏着什么秘密，让其被称为健康之饮、生命之饮？

中篇　茶生命

一、内有乾坤：茶的化学密码

茶树鲜叶中水分含量占 75% ～ 78%，干物质含量占 22% ～ 25%。干物质分为有机物和无机物，其中有机物主要包括了茶多酚类、生物碱类、氨基酸类、糖类、果胶物质、有机酸、芳香物质、色素、维生素等，占干物质含量的 93% ～ 96.5%；无机物主要包括磷、钾、硫、镁、锰、氟等矿质元素，占干物质含量的 3.5% ～ 7%。它们不仅构成了茶叶的外形、滋味、汤色、香气、叶底等品质，还有助于人体的健康。

（一）茶多酚类

茶多酚类是茶叶中多酚类化合物的总称，是茶叶中主要的功能成分之一，按照结构特征可将茶多酚类化合物分为四类：儿茶素类（黄烷醇类）、黄酮醇类（黄酮、黄酮醇类）、花色素类（花青素、花白素）和酚酸类（酚酸、缩酚酸）。其中，儿茶素类占总多酚物质含量的 70% ～ 80%，是多酚类物质的主要化合物。

（二）生物碱类

生物碱类是一类重要的生物活性，也是茶叶的特征性化学物质之一，可作为鉴别真假茶的特征成分之一，主要包括了咖啡碱（俗称咖啡因）、可可碱、茶碱。

（三）氨基酸类

茶叶中的氨基酸种类很多，目前已发现的有 26 种，包含甘氨酸、谷氨酸、精氨酸、天冬氨酸等 20 种蛋白质氨基酸和茶氨酸、谷氨酰甲胺、γ - 氨基丁酸等 6 种非蛋白质氨基酸。其总含量占干物质总量的 1% ～ 4%。其中，茶氨酸占茶叶中游离氨基酸组分含量的 40% ～ 60%，是茶叶中含量最高的氨基酸。虽然茶氨酸几乎为所有茶叶含有，却是茶叶中较为特殊的化学成分，除茶以外，仅在茶梅、蘑菇、油茶等植物中检测出微量存在，在其他植物中尚未发现。

（四）茶色素类

茶叶中的色素包括水溶性色素和脂溶性色素。花黄素类、花青素类及加工中形成的红茶色素（茶红素、茶黄素、茶褐素）属于水溶性色素，它们主要存在于茶汤中，构成茶汤的滋味及色泽。叶绿素类和类胡萝卜素属于脂溶性色素，主要存在于干茶和叶底中，决定茶叶的色泽。

二、岐黄之术：茶的功效

自汉代以来，很多历史古籍和古医书都记载了不少关于茶叶的药用价值和饮茶健身的论述。据不完全统计，我国 16 种古医书记载茶的保健作用有 20 项，共 219 种药效，如提神明目、止渴治痢、去腻醒酒等。那么，饮茶为什么对人体健康有好处呢？让我们一起来揭开这层面纱吧。

（一）古人饮茶的养生之道

1. 益思悦志

《茶谱》有云：人饮真茶能止渴、消食、除痰、少睡、利水道、明目、益思、除烦、去腻。其中，"益思"指有助于思考，提高思维能力。《神农食经》记载：茶茗久服，令人有力悦志。"茶茗"皆指茶，"悦志"指精神好，意思是说长期饮茶，可使人有力气，精神好。包括《本草纲目》中提及茶能"使人神思爽"，《饮膳正要》中称茶能"清神"，《随息居饮食谱》中称茶能"清心神"等，均说明古人饮茶可提神醒脑，神清气爽。

2. 明目清心

《茶经》《本草拾遗》《古今合璧事类外集》《岭外代答》《日用本草》《汤液本草》《本草求真》中分别记载了茶能治"目涩""明目""理头痛""祛头风""止头痛""清头目"。另有古籍称茶能"治脑痛""治头痛""清于目"等。

3. 提神驱睡

古文献中多有记载茶能"少睡""令人少眠""令人少寝""醒睡眠""破睡""不寝"等，都表明了饮茶能使人提神、驱除睡意、解除困倦等。寺庙僧人常在修行时饮茶，来提神驱睡，抵抗身体困意。因此，我们常常会看见寺庙周围一般种有茶树，就是这个道理。

4. 消食合胃

《食疗本草》称茶能"下气"。所谓"下气"，指人体中不利于健康的邪气、浊气或郁结之气向下排泄，从而使人体气机顺畅，保持脏腑功能平衡。《本草经疏》《三才图会》《本草求真》分别称茶具有"消宿食""消饮食""治食积不化"和"去滞不化"等功效。

5. 清热解毒

古文献中多有记载茶能"去热""降火""破热气，除瘴气""消暑""清热解毒""除胃热之病""清热降火""涤热""疗热症""治伤暑"等。

6. 延年益寿

茶叶不仅有明显的药效作用，而且是比较完美的综合营养剂。因此，茶叶才被称为延年益寿的良方。相传唐代有一个和尚一百三十多岁了，身体还很健康，满面红光，步履轻盈。宣宗皇帝知道后，把他叫去问道："你为何身体这样健壮，有何仙丹妙药？"和尚答："性好茶，至处唯茶是求，或饮百碗不厌。"皇帝又问："生病否？"和尚答："何需魏帝一丸药，只需卢仝七碗茶。"老和尚认为"无茶则病，有茶则安"。另外，《茶解》中称"茶通神仙。久服，能令升举"。

（二）茶与健康的现代养生原理

茶多酚因其苯环上存在酚羟基，具有供氢的活性，使得其还原能力很强，成为天然的抗氧化剂；也极易与金属离子螯合，达到减轻或清除自由基损伤的目的。因此，茶多酚具有抗衰老、防癌、抗癌、抗菌、抗病毒、降血脂、消炎、预防动脉粥样硬化等功效。此外，茶多酚还具有提高白细胞含量的作用，从而抗肿瘤；还能显著降低纤维蛋白原，溶解血栓，防止血栓的形成，从而预防高血压、冠心病等心脑血管疾病。

中篇　茶生命

茶氨酸能使大脑细胞中线粒体内神经递质——多巴胺（一种让人兴奋和快乐的中枢神经递质）含量显著增加，从而影响学习能力、记忆力等。研究表明，老鼠服用茶氨酸3～4个月后，学习能力提高，能在较短时间内掌握要领，对危险环境的记忆力比对照群强。因此，茶氨酸可通过调节神经传达物质来改善学习能力和记忆力，并对帕金森病、老年痴呆症及传导神经功能紊乱等有预防作用。此外，茶氨酸还具备防癌、抗癌、降压安神、改善睡眠、增加肠道有益菌、减少血浆胆固醇、保护人体肝脏等功效。

γ－氨基丁酸又称 GABA，是目前研究较为深入的一种重要的抑制性神经递质，它参与多种代谢活动，有很高的生理活性，可作为制造功能性食品及药品的原料。研究表明，它具有降血压、改善脑机能、增强记忆力、改善视觉、降低胆固醇、调节激素分泌、解除氨毒、增进肝功能、活化肾功能、改善更年期综合征等功效。

咖啡碱能作用于大脑皮层，使神经中枢兴奋，从而消除困意，提高工作效率和精确度；也可通过刺激肠胃，促使胃液分泌，增进食欲，有助于消化；同时，也可刺激小肠分泌水分和钠离子，达到利尿的目的。此外，咖啡碱还具有强心解痉、松弛平滑肌、消毒灭菌、影响呼吸等功效。

茶黄素是茶多酚氧化聚合而形成的氧化产物，因其具有多种生理功效，被称为茶叶中的"软黄金"，是一类极具开发潜力的多酚氧化产物。它能显著提高超氧化物歧化酶（SOD）的活性，显著清除人体中的自由基，具有同茶多酚相似的功效，但在某些方面甚至优于茶多酚类，尤其是对预防心脑血管疾病有良好的预防和治疗效果，且没有毒副作用。

（三）六大茶类的保健功效

根据茶叶的加工工艺和茶多酚的氧化程度，可将茶叶分为六大基本茶类：绿茶、黄茶、白茶、乌龙茶、红茶和黑茶。

绿茶属于不发酵茶，茶多酚含量最高，富含多酚类物质、氨基酸、维生素等化学成分，具有抗氧化、抗衰老、降血压、降脂减肥、抗突变、防癌、抗菌消炎等功效。同时，绿茶味苦、微甘、性寒凉，是清热解暑、降温的凉性饮品。绿茶因其性寒凉，不适合胃弱者、血弱者、寒性体质人群饮用。

白茶属于微发酵茶，因其加工工艺只包括萎凋和干燥，是最接近中药的一款茶类，保留了茶树鲜叶中大量的茶多酚、茶氨酸、咖啡碱、可溶性糖等风味和营养物质。它具有消炎杀菌、美容护肤、延缓衰老、提神醒脑、增强免疫力、降血脂和血糖等作用。相较于其他茶类，白茶在保护口腔卫生、抗辐射、抑菌抗病毒、抑制癌细胞活性等方面的保健功效更具特色。

黄茶是轻发酵茶，富含茶多酚、氨基酸、可溶性糖、维生素等营养物质。它具有降血糖、减肥降脂、提神、助消化、化痰止咳、促进能量代谢、改善胰岛素和抵抗糖尿病、抗炎症、抗氧化、抗肝毒性损伤和调节肠道菌群等功效，尤其是在防治食管癌方面有明显的功效，其抗癌预防效果优于绿茶，对有害菌的抑制效果大于红碎茶、乌龙茶、砖茶和普洱茶。

乌龙茶属于半发酵茶，其内含成分含量适中，茶性温不寒，具有良好的消食提神、下气健胃作用。现代医学研究表明，乌龙茶具有抗氧化、预防肥胖、预防心血管疾病、防癌抗癌、防龋齿、抗过敏、解毒、保护神经、美容护肤、延缓衰老等功效。较其他茶类，乌龙茶具有明显的降低胆固醇和减肥功效，其抗动脉粥样硬化效果优于绿茶和红茶。

红茶属于全发酵茶，其多酚类物质大多被氧化为茶红素、茶黄素和茶褐素等氧化产物。其茶性温热，可暖胃、散寒除湿，具有和胃、健胃、驱寒暖身、养肝护肝的功效。红茶因含有不少的茶红素和茶黄素，具有降血脂、抗癌防癌、消炎杀菌、抗病毒、抗肿瘤、预防动脉粥样硬化、预防心血管疾病等功效。

黑茶是后发酵茶，有别于其他茶类，具有抗氧化、降脂减肥、调节肠道、防癌抗癌、抑菌护齿、消食、解油腻等功效。

（四）民间茶疗

1. 预防心血管疾病

传统医方中有记载三例，其中一例为山楂益母茶。取山楂 15 g、益母草 10 g、乌龙茶 5 g，将山楂、益母草烘干，上 3 味共研粗末，与茶叶混合均匀。每日 1 剂，用沸水冲泡，代茶饮用，每日数次。有利于降脂化痰，活血通脉，适用于治疗冠心病、高脂血症。

2. 清咽润喉

可选用陈年老白茶煮沸后连续饮用三天，可以治疗咽喉肿痛。也可调制苏叶盐茶，治疗声音嘶哑、咽痛。苏叶盐茶做法如下：取绿茶 3 g、苏叶 6 g、盐 6 g。将绿茶炒至微焦，再将盐炒至呈红色后将所有原料加水煎汤去渣取汁。温饮，每日 2 剂，起清热宣肺，利咽喉的作用。

3. 防治口腔疾病

绿茶中含有大量的茶多酚，用绿茶水漱口后，唾液中茶多酚浓度几分钟内可增加数倍，经口腔黏膜吸收，达到预防龋齿、牙周疾病、口腔癌和清除口臭等效果。另有传统醋茶配方可用于治牙痛、伤痛、胆道蛔虫等。

4. 茶叶美容

每人每天饮用 4 g 乌龙茶，上午、下午各 2 g，连续饮用 8 周。可减少面部皮脂的中性脂肪量和提高皮肤保水率。另可用茶水洗澡，或在坐浴的水中浸泡一小袋鲜茶渣，浴后周身爽滑，可消除体臭和减少皮肤病的发生，提高皮肤的柔滑感和光泽度。

5. 茶水护发

头发洗过后再用茶水冲洗，可进一步去垢涤腻，能使头发更加洁净、乌黑柔软、光润美观，还有助于固定妇女烫发的发型。毛发干枯者可用焙黄芝麻 2 g、茶叶 3 g，用水煮开后连茶叶、芝麻一起嚼食。每天 1 剂，25 天为 1 个疗程，1 个疗程即可见效。

6. 茶叶明目

既可用茶水热气熏眼明目，也可用茶水清洗眼缘存积的眼屎或眼白混浊充血处，达到消炎和减轻症状的目的。对因花粉症引起的过敏性眼炎，绿茶洗眼也可减轻症状。

通过对茶叶功能性成分的了解，我们便能科学地解释为什么茶叶具有抗氧化、抗衰老、防癌抗癌、杀菌消炎、提神益思、镇静、降血糖等强大的综合作用。

中篇 茶生命

微课 19：茶叶的健康密码

　　人类对茶的利用经历三个重要阶段：从解毒、治病到今天的保健。茶的药用功能在每一个时代都发挥着重要的作用，影响着人类的日常生活。一个人既要具备身体健康，同样要具有心理健康。而茶，便是愉悦身心的一剂良药。

三、躬行践履：科学饮茶

　　明朝资深茶客许次纾在《茶疏》中记载："茶宜常饮，不宜多饮。常饮则心肺清凉，烦郁顿释，多饮则微伤脾肾，或泄或寒。盖脾土原润，肾又水乡，宜燥宜温，多或非利也。"

　　喝茶要常喝，但是又不能多喝，所以，饮茶还需科学指导。怎样科学饮茶呢？

（一）看茶喝茶

　　茶叶的分类主要根据加工工艺、茶多酚的氧化程度来划分，而茶性与茶多酚的氧化程度密切相关。由表 6-1 可知，茶多酚的氧化程度越高，其茶性越温和；反之，越趋于寒凉。平时我们说绿茶清凉下火，红茶温养脾胃的道理也在于此。如果我们从茶汤的颜色上看，多酚氧化程度越高，茶汤色泽越深，茶性越接近温性，茶汤颜色越浅，越接近寒凉性。

表 6-1　六大茶类茶性

寒					平	温		
绿茶	白茶	黄茶	普洱生茶	轻发酵乌龙茶	中发酵乌龙茶	重发酵乌龙茶	红茶	黑茶
弱						强		
发酵程度								

　　基于以上茶性可知，绿茶、白茶、黄茶、普洱生茶、轻发酵乌龙茶性寒凉，适宜夏天饮用，清热解毒、下火祛暑。此外，绿茶不宜晚上饮用，易导致失眠。中发酵的乌龙茶茶性平和，不寒不温，适宜秋天喝，既能清除体内余热，又能生津养阴，预防秋燥。重发酵乌龙茶、红茶、黑茶茶性温和，很适合在寒气袭人的冬季饮用，既可暖胃驱寒，又可蓄养阳气、消化积食。

　　▶小贴士：春天适合喝什么茶呢？

　　春天要注重养肝，重点在于疏通肝气，性温的花茶可以散发寒气，不仅可缓解春困，还可消灭病菌、预防流感，所以要多喝具有浓郁花香的花茶和凤凰单丛乌龙茶。

（二）看人喝茶

　　据中华中医药学会标准将体质分为九种常见体质，即阳虚、阴虚、气虚、痰湿、湿热、血瘀、气郁、过敏、平和。根据调查，平和体质的人仅有三分之一，大多数人为其他 8 种偏颇体质。因此，根据自身体质选择适合自己的茶尤为重要。

阳虚体质的人总是手脚发凉，怕风畏寒，不敢吃凉的东西。吃或喝凉的食物不舒服，容易大便稀溏，小便颜色清而量多。这类人易感寒病、腹泻。在饮茶上，应多喝暖胃暖身的发酵茶，如红茶、普洱熟茶、陈年茯砖、千两茶、重发酵的乌龙茶等，也可以尝试调饮茶，如生姜红茶、桂圆红枣茶等。

阴虚体质的人常手脚发热，面颊潮红或偏红，口干舌燥，皮肤粗糙干燥，经常大便干结。这类人群体形多瘦长，耐受不了暑热，常感到眼睛干涩，口干咽燥，总想喝水，皮肤干燥，性情急躁，易患咳嗽、干燥综合征、甲亢等病。在饮茶上，多饮清淡的黄茶、白茶，如君山银针、蒙顶黄芽、白毫银针、白牡丹等，达到解热解燥的目的，也可饮银耳茶、桑葚茶和枸杞茶等。

气虚体质的人常表现为说话没劲、疲乏无力，易出虚汗、呼吸短促。这类人喜欢安静，吃或喝凉的食物容易不舒服，易大便稀，小便颜色清而量多。气虚之人容易感冒，免疫系统容易失衡，头疼脑热容易发生。脾脏功能比较差，因此容易食欲缺乏。在饮茶选择上，宜喝发酵程度高的茶，如红茶、重发酵乌龙茶、普洱熟茶等，少喝或不喝未发酵和轻发酵的茶。

痰湿体质的人主要特点就是胖。腹部容易有赘肉，平时容易出汗，感到身体疲乏，易患消渴、中风、胸痹等病。在饮茶上，宜饮乌龙茶和黑茶，降脂减肥，清痰排毒。

湿热体质的人，身体中湿气较重，容易肝火旺盛，皮肤不会很好，容易出现粉刺、痤疮等；常感到口苦、口臭或嘴里有异味；大便黏滞不爽。湿热之人易患疮疖、黄疸等病。在饮茶上，宜喝茶性凉、清新茶香的绿茶、乌龙茶；也可自制调饮一些柠檬红茶、枸杞红茶、薏仁茶等。

血瘀体质的人，会出现眼睛红血丝，牙龈出血，情绪烦躁，忘性大，经常会有腰酸背痛的不适感，性情急躁；易中风、胸痹。在饮茶调养上，宜喝清新淡雅的绿茶和茉莉花茶，以及非茶类的茶饮品，如山楂茶、柠檬茶等。

气郁体质的人，会常常闷闷不乐、多愁善感、忧郁脆弱、精神不足，且身形瘦削。气郁之人还会表现出心慌的症状，容易感到害怕或受到惊吓，容易失眠。易患上抑郁症、神经官能症、乳腺增生等疾病。在饮茶调养上，可以多喝香气浓郁、使人心情愉悦的茶，如茉莉花茶、桂花乌龙茶、凤凰单丛等。此外，也可以多喝枸杞茶、陈皮普洱等有益顺气的茶等。

过敏体质的人，主要表现就是体质敏感，容易发生过敏反应。例如，接触了花粉、空气污染物、动物毛屑或海鲜等，容易出现皮肤瘙痒、身体不适等症状。有的即使不感冒也经常鼻塞、打喷嚏。易患哮喘病、皮肤病。在饮茶调养上，宜选择发酵度较高、焙火适中的茶，如红茶、黑茶、普洱熟茶，对于体质高度敏感的人，喝茶莫多。

平和体质的人，身体一般比较好。饮食规律，睡眠好、性格开朗，社会和自然适应能力强，身体免疫功能比较高。这类人体形匀称健壮，面色、肤色润泽，头发稠密有光泽，目光有神，唇色红润，不易疲劳，精力充沛，睡眠、食欲好。因此，这类人宜饮各大茶类。在饮茶时，注意看时喝茶即可。如春季喝花茶，夏季喝白茶、绿茶，秋季喝乌龙茶，冬季喝红茶、黑茶；早上喝绿茶，中午喝花茶，晚上喝红茶、黑茶。

（三）饮茶有道

茶叶具有一定的保健功效，但饮茶并不是百利而无一害的，在一定的条件下，也会对人体健康有一定的负面影响。因此，若要最大限度地发挥茶叶的保健功效，同时最大幅度地降低其负面影响，这不仅取决于茶叶的种类及品质，还建立在科学饮茶方式的基础之上。

1. 饮茶禁忌

忌用茶服药。从中医的角度看，茶本身就是一味中药，它所含的黄嘌呤类、多酚类化合物，茶氨酸等生化成分，均具有药理功能，与体内的其他药物或元素接触，可能会引起化学反应，使药效降低或完全丧失，甚至产生毒副作用，危害健康。因此，不要用茶水送服药物，服药前后两个小时内最好不要饮茶。

发烧时不宜饮茶。茶叶中含有茶碱、咖啡碱和茶多酚。茶碱、咖啡碱具有兴奋中枢神经、增强血液循环及促进心跳加快的作用。发烧时饮用茶水，会使病人的体温升高，病情进一步加重。另外，茶水中的多酚类物质具有收敛作用，会影响肌体排汗，妨碍正常散热，体热若得不到应有的散发，就难以及时降低体温，影响了病体的康复。因此，感冒发烧时，应该多喝一些温开水。温开水最容易被人体细胞所吸收，有助于排出体内的毒素，降低体温，减轻病情，加快药物的吸收和疾病的痊愈。

不宜空腹饮茶。空腹饮茶容易引起"茶醉"，即头晕、乏力，伤害脾胃，不利健康。一般情况下，进餐时不宜饮茶，饭后也不宜立即饮茶，否则会影响身体对钙、铁等营养物质的吸收。

▶小贴士：什么是茶醉？

喝酒会醉，饮茶也同样会醉。茶醉时，多表现头眩昏、耳鸣，浑身无力，胃中虽觉虚空，却又像有什么东西装在里面，从胃到喉中翻腾，想吐又吐不出来，严重的还会口角流沫。其实质是由茶叶中的咖啡碱和氟化物导致血糖不平衡所引起的。因此，解茶醉的方法很简单，吃糖或者含糖食物即可。

引起茶醉的原因包括：人体饮茶量过大或茶水过浓；一次性饮茶种类过多，茶性混乱；空腹饮茶。

醉酒慎饮茶。茶叶中的咖啡碱有兴奋神经中枢的作用，醉酒后喝浓茶会摄入大量的咖啡碱加重心脏负担。此外，咖啡碱有加速利尿的作用，使酒精中有毒的醛尚未分解就从肾脏排出，对肾脏有较大的刺激性而危害健康。因此，对心肾生病或功能较差的人来说，不要饮茶，尤其不能饮大量的浓茶；对身体健康的人来说，可以饮少量的浓茶，待清醒后，可采用进食大量水果或小口饮醋等方法，以加快人体的新陈代谢速度，使酒醉缓解。

睡前慎饮茶。茶叶中的咖啡碱具有兴奋神经中枢的功效，晚上饮茶会影响睡眠，失眠、神经衰弱者和老人应注意饮茶，尤其是发酵程度低的茶。若晚上想要饮茶，可考虑发酵程度高的茶，如红茶和黑茶。

不宜饮隔夜茶及久泡茶。隔夜茶及久泡茶都是长时间浸泡或反复浸泡的茶，不宜饮用。一来风味欠佳；二来多酚类化合物被氧化，维生素C流失，营养成分含量降低，其保健功效减弱；三来夏季时节，茶水极易变质、变色、生真菌，饮后易引发肠道疾病。

▶小贴士：隔夜茶可以喝吗？

隔夜茶听起来不太好听，大多数人认为隔夜茶是不能喝的。其实，这隔夜茶也得看冲泡方式来决定它是否能喝：茶叶冲泡未经茶水分离，能与口腔中的唾液接触，这种隔夜茶就不能喝了；但经茶水分离，且茶叶没有发生明显异味变化的隔夜茶，是可以再次冲泡品饮的。

2. 不宜饮茶人群

脾胃虚寒者不宜饮浓茶，尤其是绿茶。因为绿茶性寒凉，且浓茶中茶多酚、咖啡碱含量都较高，对肠胃的刺激较强，对脾胃虚寒者均不利。

缺铁性贫血患者不宜饮茶。因为茶叶中的茶多酚易与食物中的铁离子发生反应，使铁成为不利于被人体吸收的状态。这些患者所服用的药物多为补铁剂，它们会与茶叶中的多酚类成分发生络合等反应，从而降低补铁药剂的疗效。

活动性胃溃疡、十二指肠溃疡患者不宜饮茶，尤其不要空腹饮茶。茶叶中的生物碱能抑制磷酸二酯酶的活力，使胃壁细胞分泌胃酸增加，胃酸一多就会影响溃疡面的愈合，加重病情，并产生疼痛等症状。

习惯性便秘患者也不宜多饮茶。茶叶中的多酚类化合物具有收敛性，能减轻肠蠕动，这可能加剧便秘。喝淡茶，以粗茶（茶多酚含量少，纤维素含量高）为主，会对便秘有所裨益。

女性不宜饮茶的特殊时期包括经期、孕期、产期、更年期。女性经期饮茶，茶叶中的茶多酚与铁离子会发生络合反应，使铁离子失去活性，会使经期基础代谢增高，引起痛经、经血过多、经期延长、贫血等症状；女性孕期饮茶，茶叶中的咖啡碱对中枢神经和心血管都有一定的刺激作用，会加重孕妇心、肾的负担。同时，孕妇吸收咖啡碱时，胎儿也随之被动吸收，而胎儿对咖啡碱的代谢速度要比大人慢得多，这对胎儿的生长发育是不利的。女性哺乳期不宜饮浓茶，一是浓茶中茶多酚含量较高，一旦被孕妇吸收进入血液后，会使其乳腺分泌减少；二是浓茶中的咖啡因含量相对较高，被母亲吸收后，会通过哺乳而进入婴儿体内，使婴儿兴奋过度或者发生肠痉挛；进入更年期的女性，除月经紊乱外，还可能出现心动过速、失眠、烦躁、易激动发怒等症状。若此期常饮浓茶或过量饮茶，神经会过分兴奋，加重更年期心理及生理不适，不利于妇女顺利地度过更年期。

▶小贴士：什么是自由基？

正常情况下，构成我们人体细胞的生命大分子中的电子都是成双配对的，如同一对夫妻结合在一起，比较稳定。当人体受到某些有害因素影响时，体内生物分子会受外力作用失去一个电子，如同离婚的夫妻不再成双配对，就变成了自由基。在医学生物学上，自由基指的就是这些游离存在的、含有1个或1个以上不配对电子的分子、离子、原子或原子团。自由基犹如一个"没有配偶的暴徒"，喜欢抢别人的电子来配对，有很强的氧化反应能力，容易攻击体内生命分子，损伤DNA、蛋白质和脂质等，从而对机体产生伤害。人体一旦产生过多自由基，就会引发多种疾病。

人体生命内的自由基是与生俱来的，受控的自由基对人体是有益的。它们既可以帮

中篇 茶生命

助传递维持生命活力的能量，也可以被用来杀灭细菌和寄生虫，还能参与排除毒素。但当人体中的自由基超过一定的量，便会失去控制，给我们的生命带来伤害。

> **微课20：饮茶其实是门科学**
>
> "茶宜常饮，不宜多饮"。在环境、工作等个性化特征越来越明显的今天，我们应学会科学健康地饮茶，从而达到健康饮茶的目的。

文化拓展

一、可以喝的头道茶

对于头泡茶，有的人认为："第一泡会冲掉茶叶表面的灰尘杂质，要倒掉。"也有人说："第一次冲泡，会释放出积聚在茶叶内的农药残留，不能喝。"那么，第一泡茶真的必须倒掉吗？

对于不同的茶，我们要有所区别。

嫩茶新茶，第一泡可直接饮用。

绿茶、黄茶、白茶、红茶等，大部分茶用料比较细嫩，经过一个冬天休养和积蓄，春茶芽叶肥嫩、翠绿鲜亮，富含茶多酚类、咖啡因、维生素C、氨基酸等功能成分，在经过 80～100 ℃的热水浸泡后，可以快速释放这些茶叶内含物质。鲜美都在第一泡，可直接饮用。

老茶陈茶，醒茶润茶，第一泡可倒掉。

选料粗老的茶、陈茶、球形茶和紧压茶的第一泡，大都需要"醒茶"或"润茶"——用沸水缓慢注入后没过茶面，即可出汤，且茶汤出尽。这里的醒茶润茶，不仅能使紧凑在一起的茶叶得到舒展，以便于茶的内含物的浸出；润洗茶叶，还是一种快速唤起茶叶的方式，能唤醒尘封已久的陈茶，以更好地展示陈茶独特的口感；而对于存了数十年的老茶来说，如五六十年的生普，润洗还有洗尘、修正香味的作用。因此润茶的茶汤不建议饮用。

关于茶叶农残，我们得认识什么是农残。我国茶区分布在亚热带和暖温气候带，气候温暖，雨量充沛，适合茶树生长，也适于病虫、杂草的滋生繁殖。因此许多茶区都需要喷施农药进行防治以确保茶树的产量和质量。但事实上，茶叶农残很大部分都是脂溶性，而非水溶性，也就是说这些农残一般只会溶解于有机溶剂，而非热水。目前我国经农业部登记允许在茶园中使用的农药品种主要是一些低毒、低残留类型，且有农残不等于农残超标，国家对茶叶产品的农残有严格的剂量标准规定，只要是在标准以内，都是相对安全卫生的产品。所以，总体来讲，我国茶叶质量是安全的，消费者不必过于担心。

当然喝茶的方式，因人而异，茶友们可根据自己的喜好合理选择。

二、茶叶的储藏方法

"寒夜客来茶当酒，竹炉汤沸火初红。"中国人自古就有以茶待客的习俗。所以在许多中国家庭都会常备茶叶，作为平时饮用或招待客人，而国人有个习惯，就是家里有什么吃的喝的都喜欢放冰箱，如肉类、蔬菜、水果、茶叶，有时候甚至连面膜都能放在冰箱里，这就给茶叶储存造成极大隐患。关于存茶这件事儿，看似简单，却是不容忽视的大问题。储存好茶叶是泡好茶、品好茶的基础，若是因储藏不当，导致茶叶变质，那便是暴珍天物了。

（一）影响茶叶变质的四大因素

1. 温度

温度是茶叶品质变化的主要因素之一，温度越高，变化越快。在一定范围内，温度每升高 10 ℃，茶叶色泽褐变速度将增加 3 ~ 5 倍。主要是茶叶中的叶绿素在热和光的作用下容易分解。同时，温度升高也加速了茶叶氧化（陈化）。因此，发酵度较低的茶叶最好采用冷藏的方法，能有效地防止茶叶品质变化。

2. 氧气

茶中多酚类化合物的氧化、维生素 C 的氧化以及茶黄素、茶红素的氧化聚合都和氧气有关。这些氧化作用会产生陈味物质，严重破坏茶叶的品质。因此，将茶叶装入多层复合袋或罐中，抽出氧气成真空包装，有的再冲入氮气，使茶叶在无氧环境中停止自动氧化，再冷藏则更佳。

3. 水分

茶叶是疏松多毛细管的结构体，含有大量亲水性的果胶物质。茶叶会随着空气中湿度增高而吸湿，增加茶叶水分含量。通常茶叶的水分含量在 3% 左右时，可以较有效地把脂质与空气中的氧分子隔离开来，阻止脂质的氧化变质。

茶叶的水分过高则会加速茶叶的氧化速度，从而导致茶叶水浸出物、茶多酚、叶绿素含量降低，红茶中的茶黄素、茶红素也随之下降，严重的会引起茶叶霉变。所以茶叶在运输和储存过程中必须加强防潮措施。

4. 光线

光线的照射可以加速多种化学反应，对储存茶叶极为不利。光能促进植物色素或脂质的氧化，特别是叶绿素易受光的照射而褪色，其中紫外线对茶叶色泽的损伤最大。因此，茶叶即使在低温及无氧条件下保存，一旦受到强光照射，仍会发生色泽劣变，且产生一种"日晒气"。故茶叶的包装材料不宜用透明袋，切勿放置在光线照射处。

综上可以看出茶叶品质的变化，受多项因素的影响，尤其在高温高湿条件下，茶叶品质的劣变速度是最快最剧烈的。

（二）不同茶叶的储存方法

从理论上讲，茶叶的储藏保管以干燥冷藏、无氧（抽成真空或充氮）和避光保存为最理想。但不同的茶类，其茶性和需陈化度都有所不同，有的茶需尽快饮用掉，而有的茶则可以久存，待它们转化后，其茶性可能更适应人体的需求，所以不同的茶叶类型有不同的储存方法。

1. 绿茶和黄茶

叶绿素是形成茶叶绿色的主要原因。由于叶绿素在光和热的作用下容易分解，致绿茶变质，黄茶由于做工和绿茶相近，保存方法可通用。存放时间不宜过长，尽快喝

中篇　茶生命

掉，尽量不要跨年。

保存方法：避光、防潮、低温的条件下储藏。如果保存时间短，需要随时喝，可将茶叶放入冷藏室，并将温度调至5℃左右；如果是未开封的茶叶，想保存一年以上，则应放入冷冻室。

2. 白茶

白茶耐储存，新茶青气较重，茶性寒凉；陈化后的白茶，茶性趋于温暖；十年以上的白茶，适合煮饮。

保存方法：通风、避光、无异味，若想存放成老白茶，可以考虑密封存放，放置于高处即可，不用低温保鲜，常温即可，存放时间越久，干茶和茶汤颜色越深，滋味越柔和醇绵。一般存放老白茶以嫩度较低的白牡丹、寿眉为主，而银针鲜爽，可以早点饮掉。

3. 乌龙茶

根据其发酵程度及干燥烘焙的程度，主要分为铁观音、岩茶、部分单丛茶等焙火较重的茶。

存放方法：发酵度较低的乌龙茶如清香型铁观音，为了保持其鲜爽和滋味，放冰箱低温保存为好。焙火度较高的乌龙茶，注意防潮、避光和密封即可。

4. 红茶

1年茶口感最佳，可存2年以上的茶，年久会失香。

红茶干茶含水量不高，很容易受潮或失散香气，避免与不同种类茶叶的混合存放，密闭、保持干燥、避光避高温即可。

5. 黑茶

只要品质可靠、工艺到位的黑茶，都具有耐久藏的特点，后期陈化会逐渐趋于醇和厚滑。黑茶在常温状态下保存即可，黑茶保存需要通风、干燥、无异味的条件。特别注意的是，通风干燥，最好使用通透性较好的器皿进行保存，可用陶瓷瓦缸存放，封好缸口，做好防潮工作，注意避免过度高温或低温，保持无异味环境即可，也可在通风透气的木架陈放，注意避强光即可。

不同茶类有不同个性，对于茶叶来说，不仅需要精湛的工艺造就它，也需要环境优良的"家"去保护它。一份好茶来之不易，在正确的条件下存储，其品饮感受、养生价值以及收藏价值才能最大化。所以根据茶的特点提供良好的存放环境，是爱茶人必做的功课。喝好茶，也要存好茶。

文化践行

一、综合实践

（一）单选题

1. 西湖龙井属于我国六大茶类中的（　　　）。

　A. 乌龙茶　　　　　B. 黑茶　　　　　C. 绿茶　　　　　D. 红茶

2. 防止茶叶陈化变质，应避免存放时间太长，水分含量过高，避免（　　）和阳光直射。

  A. 高温干燥   B. 低温干燥   C. 高温高湿   D. 低温低湿

3. 神经衰弱者饮茶以（　　）为宜。

  A. 喝浓茶   B. 喝淡茶   C. 睡前饮茶   D. 绝对不饮茶

4. 茶叶中含有（　　）多种化学成分。

  A. 100   B. 200   C. 500   D. 600

5. 茶叶中的（　　）具有降血脂、降血糖、降血压的药理作用。

  A. 氨基酸   B. 咖啡碱   C. 茶多酚   D. 维生素

（二）多选题

1. 影响茶叶保存的因素主要有（　　）。

  A. 温度   B. 光线   C. 水分   D. 氧气

2. 下面属于我国茶区的是（　　）。

  A. 西南茶区   B. 江南茶区   C. 华南茶区   D. 江北茶区

3. 下列饮料不属于茶饮料的是（　　）。

  A. 老鹰茶   B. 茉莉花茶   C. 苦丁茶   D. 苦荞茶

4. 人类对茶叶药用的历程是（　　）。

  A. 饮用   B. 解毒   C. 治病   D. 保健

5. 下列情况下不宜饮茶的是（　　）。

  A. 空腹   B. 睡前   C. 醉酒   D. 客来敬茶

二、各抒己见

1. 简述影响茶叶变质的四大因素。

2. 根据所学，简述茶叶促进健康的科学原理。

三、生活实践

  不同茶类有不同的品质要求，不仅需要精湛的工艺造就它，也需要环境优良的"家"去保护它。请根据不同茶类的特点，为自己家中的茶叶分类并提供相应的储藏方法，用文字进行描述。

中篇　茶生命

第七单元 茶的第三次生命

其味甘，槚也；不甘而苦，荈也；啜苦咽甘，茶也。

——唐·陆羽《茶经》

单元导入

　　将茶叶置入壶中，缓缓注入清泉，茶叶慢慢浸润、翻滚、舒展、散发，茶与水融为一体，茶叶变得鲜活，茶叶在水中的绽放体现了茶的生命之美，茶叶的起起落落体现了茶的灵秀之美，茶叶的浮浮沉沉恰似人生的跌宕之美。

　　因为有茶人的赏识，茶迎来了生命中最为璀璨的时刻，适宜的投茶量、水温，搭配精美的茶器，变幻出不同的茶香与茶味，茶的第三次生命在茶客杯中徐徐绽放。

▌学习目标

知识目标：

1. 了解茶汤色彩的形成机理；

2. 理解茶汤香气迷人的奥秘；

3. 掌握茶汤滋味的形成原理。

能力目标：

1. 能够识别不同茶类茶汤汤色、香气、滋味的基本特点；

2. 学会理解茶汤品质与汤色、香气、滋味的关系。

素质目标：

1. 提升对茶汤的视觉、嗅觉及味觉之美的认识，涵养艺术审美能力；

2. 体悟人生如茶、苦后回甘的人生哲学，涵养坚韧不拔、勇往直前的意志品质。

✈ 美的视窗

　　风味轮作为一种分类描述样品风味特征的经典方法，目前是食品领域定量描述性分析标准化的重要手段，它是一种简洁明了的图形化术语框架结构，将人类感知到的感官特征进行系统归类，最终以轮盘的形式进行展现，有利地促进了感官特性的评定及感官评价的规范直观化，也是生产者及消费者进行感官分析和交流的较为可靠的依据。目前，白酒、红酒、啤酒、咖啡等饮品，均建立了风味轮。张颖彬等通过对中国茶叶感官术语的系统整理，并结合茶叶感官审评实际经验，基于中国茶叶感官审评术

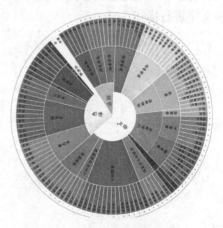

图 7-1 中国茶叶风味轮

语基元语素构建了中国茶叶颜色轮、滋味轮、香气轮与总风味轮（图 7-1），共包括 32 个颜色属性，13 个滋味属性，75 个香气属性，合计 120 个属性，为茶叶感官特征的分析与研究提供了较为全面和系统的描述语体系。有了风味轮就可以对茶叶中丰富多彩的感官品质进行系统的梳理和分类。

美的解读

专题一
茶颜观色：寻觅茶色之美

古人云：茶之美，美在其香、其味，亦美在其色。所谓美，是一种心境，一种气质，一种感受，它可以是抽象的，也可以是具体的，是一种相当主观的东西。倘若夏日炎炎，我们车马劳顿，口渴难耐，此时我们找到一处歇脚的地方，端起一杯粗茶一饮而尽，美吗？美！倘若天寒地冻，我们踏雪而来，进到茶舍，闻着沁人的芳香，围着炭火，品上一盏香茗，美吗？美！但前者之美与后者之美亦相去甚远。前者之美是一种诉求得到满足的畅快，而后者之美是一种身心愉悦的体验，它包括了对事物、环境，对身边的人，对当下的心境的综合感受。我们在谈及茶之美时，亦不能单独谈论茶的某一方面，需从茶的各个方面进行综合评价，包括茶的视觉、味觉、嗅觉、触觉等多种感知，甚至包括饮茶的环境、心境、周围的人和事。我们先从视觉，即茶汤的颜色说起，茶汤里的颜色有什么秘密呢？

一、观汤色，知其理

在多数人的印象中，色素是一种使用在食品中的添加剂，并且不健康。其实，色素分为天然色素与人工合成色素。所有植物中蕴含的带颜色物质，都叫作色素。茶叶中的色素是一类存在于茶树鲜叶和成品茶中的有色物质，是构成茶叶外形色泽、汤色及叶底色泽的成分，其含量及变化对茶叶品质起着重要的作用。在茶叶色素中，可以分为两类：一类是鲜叶中原本就存在的，称为茶叶中的天然色素；另一类是加工过程中产生的，一些物质经氧化缩合而形成。

茶叶色素通常分为脂溶性色素和水溶性色素两类，脂溶性色素主要对茶叶干茶色泽及叶底色泽起作用，主要包括叶绿素类和类胡萝卜素，不溶于水。例如，经过遮阴处理的茶树，叶绿素含量会特别高。日本抹茶一般在采摘前 20 天左右进行遮阴，长出来的茶芽以及制出来的茶会特别绿。

而水溶性色素主要对茶汤有影响。水溶性色素是能溶于水的呈色物质的总称。其中花黄素类属于黄色色素，是绿茶汤色的重要组分，花青素类属于紫色色素，对干茶、茶汤、叶底都有影响，还会增加滋味的苦涩度、鲜爽度。例如，紫芽茶和紫鹃茶就是花青素含量特别高的茶类，其芽叶呈现紫色，味会比一般茶稍苦，风格独特。在茶叶加工过程中会形成多种水溶性色素物质，其对构成茶叶品质特点及不同茶类的形成具有重要作用，茶多酚在生产加工以及后期的储存过程中会发生一系列的化学反应，氧化过程为茶多酚→邻醌→茶黄素→茶红素→茶褐素，这几者的关系互相牵制，即"你多我少"，呈色物质氧化后颜色加深，由黄到褐再到黑，汤色随着呈色物质比例的差异，呈现层次分明、颜色丰富的变化。

二、观茶颜，知其态

茶叶的色泽，给人一种质量的美感。茶色之美包括干茶的茶色、叶底的颜色以及茶汤的汤色三个方面。中国茶叶品种繁多，不同的茶类有着不同的汤色，就算是同一类茶，也会呈现不同的颜色，或金黄透亮或翡翠隐绿或红艳鲜明。

（1）绿茶：绿茶茶汤（图7-2）颜色由叶绿素、花黄素决定，其汤色主要为绿中带黄，清澈透明。其中花黄素为水溶性色素，对绿茶茶汤的颜色有很大的影响，花黄素类也就是黄酮类物质，是茶汤黄色素的主体物质，属于茶多酚代谢产物；而叶绿素属于脂溶性色素，与其他成分结合悬浮在茶汤中，对茶汤的绿色产生影响。陈旧绿茶的外观色黄暗晦、无光泽，泡出的茶汤色泽深黄。

（2）白茶：白茶属于微发酵茶，影响干茶及茶汤色泽的因素有鲜叶的老嫩程度，越幼嫩茶叶的茶汤色泽越浅。受年份影响，新白茶茶汤颜色较浅，陈年的老白茶经过陈化，汤色会逐渐加深，呈现橙黄色（图7-3）。

图7-2　绿茶茶汤　　　　图7-3　新白茶茶汤（左）和五年陈老白茶茶汤（右）

（3）黄茶：主要呈色物质为花黄素和茶黄素，其汤色为黄色。因为黄茶在制作过程中有一道闷黄的工序，在此过程中叶绿素被大量破坏和分解而减少，部分多酚类物质被氧化为茶黄素，再加上叶黄素显露，是造成黄茶黄汤黄叶的主要原因（图7-4）。

（4）乌龙茶：主要呈色物质为茶黄素，并伴有适量的茶红素和儿茶素及黄酮等，茶汤颜色为橙黄明亮。乌龙茶是一款非常能体现生产工艺的茶叶，它的颜色物质跨度较大，例如，同属乌龙茶的铁观音和大红袍，因发酵程度不同，其呈色物质的比例不相同而使茶汤颜色不同，发酵度低的铁观音颜色偏绿一些，发酵度高的大红袍颜色偏红一些（图7-5）。

图 7-4　君山银针茶汤

图 7-5　大红袍茶汤

（5）红茶（图 7-6）：主要呈色物质为茶黄素、茶红素和茶褐素，红茶汤色鲜红明亮。在红茶中有一种现象叫作"金圈"，主要影响物质是茶黄素，是红茶茶汤明亮的主要提供者，它的含量也直接决定了茶汤的鲜爽度。茶黄素和茶红素的比例是判断红茶品质的关键，比例过高，茶汤刺激性强，亮度好，但茶汤不够红浓；比例过低，则不够鲜爽，汤色也不明亮，黯淡无光。所以两者比例要协调。

（6）黑茶：发酵度较低的黑茶主要呈色物质和茶多酚及其氧化产物的比例有极大关系。以普洱生茶为例，随着年份的增加，普洱生茶的干茶色泽与冲泡之后的茶汤色泽会逐渐加深，主要变化规律为黄绿—橙黄—橙红—深红。发酵度较高的黑茶主要呈色物质为茶红素和茶褐素，茶汤红浓醇厚。以普洱熟茶为例，普洱熟茶（图 7-7）正常冲泡茶汤呈栗红色或红褐色，如果浸泡时间较长，会接近黑色。黑茶的色泽和亮度主要取决于茶红素和茶褐素的协调比例，合适的比例，茶汤的美观度高。

图 7-6　红茶茶汤

图 7-7　普洱熟茶茶汤

思考：请根据图 7-8 所示，判断哪个是普洱生茶，哪个是普洱熟茶。

图 7-8　普洱茶

中篇　茶生命

三、观茶色，鉴其美

（一）描述茶色之美

张颖彬等对《茶叶感官审评术语》（GB/T 14487—2017）中术语构成及语义的分析，提炼出茶叶感官术语基元语素，并结合茶叶感官审评实际经验，构建了中国茶叶颜色轮（图7-9），将其分为白色、黄色、绿色、红色、紫色、褐色、黑色7个色系，这7个色系即为颜色的主色调，共32个颜色属性。

对于具体茶叶色泽按审评专业术语（表7-1）有嫩绿、黄绿、浅黄、深黄、橙黄、黄亮、金黄、红艳、红亮、红明、浅红、深红、棕红、暗红、黑褐、棕褐等。

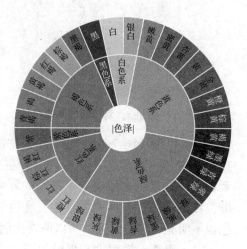

图7-9　中国茶叶颜色轮

表7-1　茶叶色系基元语素表

名称 Term	英文 English	用法说明 Definition	常用组合 Common combinations
白	White	外形／叶底	银白、灰白
黄	Yellow	外形／汤色／叶底	绿黄、深黄、杏黄、浅黄、橙黄、姜黄、灰黄、褐黄、棕黄、金黄、清黄、浅杏黄、青黄、蜜黄、绿金黄
绿（青）	Green	外形／汤色／叶底	浅绿、靛青（靛蓝）、黄青、深绿、银绿、绿艳、嫩绿、碧绿、杏绿、黄绿、翠绿、灰绿、墨绿（乌绿、苍绿）、砂绿、青绿、蜜绿、铁青
红	Red	外形／汤色／叶底	橙红、深红、栗红、褐红、微红、浅红、棕红、紫红、糟红、粉红、红、红艳
紫	Purple	外形／汤色／叶底	紫、微紫、红紫、青紫
褐	Brown	外形／叶底	红褐、绿褐、青褐、黄褐、灰褐、棕褐、栗褐、黑褐、乌褐
乌（黑）	Black	外形／叶底	乌、铁黑、褐黑

鉴赏茶的汤色宜用内壁洁白的素瓷杯或晶莹剔透的玻璃杯。在光的折射作用下，杯中茶汤的底层、中层和表面会出现三种色彩不同的美丽光环，十分神奇，很耐观赏。茶人把色泽艳丽醉人的茶汤比作"流霞"，把色泽清淡的茶汤比作"玉乳"，把色彩变幻莫测的茶汤形容成"烟"。例如，唐代诗人李郢写道："金饼拍成和雨露，玉尘煎出照烟霞。"乾隆皇帝写道："竹鼎小试烹玉乳。"徐夤在《尚书惠蜡面茶》一诗中写道："金槽和碾沉香末，冰碗轻涵翠缕烟。"

（二）欣赏茶色之美

茶汤的颜色是茶叶中水溶性色素氧化程度的呈现。在生活中，我们有过这样的经验，将一杯刚泡好的茶汤放置一会，汤色会逐渐加深，但茶汤中的内容物并未增加，汤色却变深了，原因就在于茶汤中的茶多酚类等物质在空气中被氧化成了深色的茶色素，如茶褐素等物质。而在功能性上，氧化程度低的物质具有更优越的功效，如维生素 C。在品饮性上，氧化程度低的物质更具有鲜爽清灵的滋味，例如，茶黄素就是茶汤鲜度的重要成分。

欣赏茶汤色泽要及时，且主要从色度、亮度、清浊度等方面辨别茶汤颜色深浅、正常与否，茶汤暗明、清澈或浑浊程度（表 7-2）。

表 7-2　茶叶色感基元语素表

分类 Category	名称 Term	英文 English	释义 Definition	用法说明 Directions	常用组合 Common combinations
光泽度 Glossiness	油/润	Glossy	干茶光泽好	外形	油润、光润
	枯	Sere	干茶缺乏光泽	外形	枯燥、枯暗、枯红、枯黄、青枯、灰枯
清澈度 Clarity	清/澈	Clarity	茶汤透明、光亮	汤色	清澈
	混/浊	Turbid	茶汤有悬浮物，透明度差	汤色	混浊、青浊、黄浊
明亮度 Brightness	明/亮	Bright	茶汤或叶底反光强	汤色/叶底	较亮、尚亮、较明、尚明、明亮、红亮、黄亮、绿亮、肥亮、软亮
	暗	Dark	茶汤或叶底反光弱	汤色/叶底	暗杂、暗绿、绿暗、红暗、暗褐、乌暗、黄暗、青暗、灰暗等
鲜艳度 Vividness	鲜/艳	Vivid	艳丽的色系	汤色/叶底	红艳、绿艳、鲜活、鲜亮
深浅度 Depth of colour	深	Deep	色泽深	外形/汤色	深红、深黄、深绿
	浅	Light	色泽淡	汤色	浅红、浅黄
均匀度 Evenness	花	Mixed	叶色不一	外形/叶底	花杂、花青

色相指颜色的种类，茶汤的颜色主要是绿与红之间的变化，这与茶的发酵程度有关，发酵愈少，汤色愈偏绿，发酵愈多，汤色愈偏红，其间就有黄绿、金黄、橘红等非阶梯式的变化。

明度是指颜色的明暗程度，这与茶的焙火程度有关，没怎么焙火的茶，汤色显得明亮，焙过火后，因焙火程度的加重，汤色变得愈来愈深。

彩度指颜色的饱和程度，这与茶汤内可溶物的多少有关，可溶物溶出愈多，茶汤的稠度就愈大，表现在汤色上就是彩度高。相反地，可溶物越少，茶汤就变得越清淡，汤色的彩度就愈低。

（三）探究茶色之因

茶汤颜色主要是茶叶所含的色素形成的，包括本身的颜色，或发生氧化、发酵等化学反应后的颜色。不同茶叶的茶汤会因茶叶的品种及制作工艺等原因的不同，而导致不同的茶汤颜色。而泡好的茶叶也会因水质、时间等因素呈现不同的汤色。

1. 鲜叶采摘标准

通常茶叶的鲜嫩度决定了多酚类含量高低。一般呈嫩叶高、老叶低的变化趋势。鲜

中篇　茶生命

叶中含量的高低，又因气温高低、光照强度、光照时间不同而变化。一般气温高、光照强度较强或光照时间较长，鲜叶的多酚类含量会增加。反之，则会降低。在相同制作工艺中，通常嫩度越高，茶叶色泽越浅。

2. 茶叶加工工艺

在茶叶加工过程中会形成多种色素物质，其构成茶叶品质特点及不同茶类的形成具有重要作用。例如，发酵是红茶特有色泽形成的关键步骤。研究证明，茶红素和茶黄素的含量与红茶品质呈正相关，有利于优异外形色泽及汤色的形成，而茶褐素含量与之呈负相关，导致汤色暗沉。

3. 存放时间

在许多老茶爱好者或煮茶爱好者眼里，茶叶的汤色越深越好，总感觉汤色越深，内含物质越丰富，滋味越厚重。

其实这是对茶汤颜色的构成有误解，固然白茶有越陈越香之说，白茶的汤色也是随着陈放逐渐加深，这也导致了许多茶友误以为汤色深品质高。

4. 冲泡方式

通常冲泡时间越长，茶汤颜色越深。从煮茶的角度，在煮茶的过程中，有物质析出，同时也有色素氧化，终究是煮越久汤色越深，只是汤色越深不一定滋味越好，煮茶还是煮到自己喜欢的滋味，适当就行，蒸煮过度有益物质反而大量氧化了。

正确认识茶叶汤色与品质的关系，茶叶汤色与品质有关系，但不一定汤色越深越好，也不代表汤色越浅越好，喝茶还是要回归滋味与香气，滋味丰富、香气自然，自己又喜欢就足够了，切莫迷信汤色代表品质的论断。

专题二
闻香识茶：捕捉茶香之美

常喝茶的人都知道，茶有红茶、绿茶、黑茶、黄茶、白茶和乌龙茶之分，每一种茶都有其别具一格的香气。每当你打开茶叶袋时，总会闻到一种愉悦的香气，特别是用热水冲泡茶叶时，茶香随着水汽的散发，更会让你感到沁人心脾、神清气爽。

茶香又被誉为"茶之神"，是茶叶品质形成的重要因素。在我国古代，茶又称作"香茗"，宋朝时"茗战"将茶香作为评比的重要标准，而在现行茶叶感官审评方法中茶香仍占据重要地位。茶香是什么？茶香是怎样产生的？茶香与茶叶品质的关系是怎样的？

一、闻香明理

茶叶中的香气物质是什么呢？那就是挥发性有机化合物（VOC），VOC在茶叶中的含量极低，一般只占茶叶干重的0.02%左右。迄今为止，VOC在茶叶中被发现并鉴定的共约700余种，包括碳氢化合物、醇类、醛类、酮类、酸类、酯类、内酯类、酚类、过氧化物类、含硫化合物类、吡啶类、吡嗪类、喹啉类、芳胺类等，这些物质在茶树生长中形成或在茶叶加工过程中产生，是茶叶的香气来源。

在此，以绿茶为例，介绍茶叶香气的产生：当茶叶还是一片树叶时，便有香气物质存在于其内了，如青叶醇和青叶醛具有青草气味，且在鲜叶中占 VOC 总量的 80% 左右，因而，鲜叶闻起来给人一股青草气；但是此类带有青草气味的 VOC 大多沸点较低，随着摊晾和高温杀青的进行，绝大部分会挥发逸散掉，此时，鲜叶中含量较少的花果香 VOC 的香气便会散发出来，两者相互协调，使绿茶在杀青后呈现出清香气味；之后随着干燥过程的进行，茶叶内的氨基酸类物质的氨基与蛋白质类物质的羰基在高温作用下发生美拉德反应，产生具有烘烤香气的挥发性香气化合物，并在香气物质总量上占据优势，所以成品绿茶具有板栗香或豆香的品质。

VOC 在茶树生长中合成，或在茶叶加工中产生，具有不同香气属性的挥发性香气化合物之间相互作用，此消彼长，构成了茶叶的迷人香气。

二、各有其香

在我国，茶叶被分为六大类，分别为绿茶、白茶、黄茶、黑茶、红茶和乌龙茶。不同的茶类具有不同的外观和工艺，同样也拥有不同的香气。

（一）清新怡人之绿茶

绿茶风味宜人，深受国人喜爱，是我国生产量和消费量最大的一类茶，绿茶的香气大致可分为清香、栗香、花香和嫩香等。

（1）栗香：类似于煮熟的栗子香气，其来源为高温干燥时发生的美拉德反应，栗香是优质绿茶的代表性香型之一，如在绿宝石、信阳毛尖、日照绿茶等绿茶中，栗香往往较为明显。

（2）花香：指茶叶具有天然花香，其中兰花香被认为是高档茶的标志，绿茶中的太平猴魁、舒城小兰花等都被认为具有兰花香。除了具备天然花香的绿茶产品外，在绿茶加工中使用乌龙茶品种并引入摇青工艺，往往可以制得花香绿茶产品。

（3）清香：即香气清新纯净，如雨花茶、恩施玉露、黄山毛峰等名优绿茶具有清香，清香型绿茶加工多采用较低温度杀青或蒸气杀青，较低温度的加工保留了部分低沸点的青草香气的挥发性有机化合物，让清香型绿茶得以展现出其清新自然。

（4）嫩香：即嫩茶所特有的愉悦细腻的香气，嫩香的出现，与鲜叶采摘标准有关，绿茶鲜叶采摘时，春季芽茶、一芽一叶或一芽二叶初展且制作工艺优异的绿茶，嫩香显，如蒙顶甘露和嫩香型径山茶。

▶小贴士：碧螺春的由来

相传，有采茶人上山采茶时，将刚采摘的茶芽放在胸口处的衣服里，受到体温的闷捂，茶叶开始缓慢蒸发水分，透出浓烈的香味，采茶人惊喜不已，差点被茶香"熏死"，结果为其起了个极为夸张的名字"吓煞人香"。康熙南下时，经过苏州，住在太湖附近，当地官员献上"吓煞人香"供康熙品尝，康熙品饮后大赞此茶香气，听闻名字后觉得"吓煞人香"这名不雅，便给此茶赐名"碧螺春"（图 7-10）。

图7-10 碧螺春茶

（二）简约淡雅之白茶

白茶与其他茶类相比，白茶的加工工艺相对精简，仅包括萎凋和干燥两道工序。白茶的香气包括毫香、花香、药香、枣香和陈香等。

（1）毫香：茸毫含量多的芽叶加工成白茶后特有的香气。制白茶的茶树鲜叶最大的特点就是多白毫，加之白茶不杀青、不揉捻，最大限度地保留了白毫，因此，白茶的毫香是最普遍的，而其中又以白毫银针的毫香最为典型。

（2）花香：花香白茶的出现是采用新茶树良种如丹霞1号、丹霞9号等研制而成的高香茶产品。

（3）药香、枣香和陈香：通常来说，白茶的药香、枣香和陈香多出现在陈年白茶中，是只有原料好、工艺好、保存得当的白茶才会呈现出的纯正香气，即老白茶。

（三）香韵优雅之黄茶

黄茶具有独特的"三黄"品质（干茶黄、汤色黄、叶底黄），具有多重健康功效，主要分为黄芽茶、黄小茶和黄大茶。

（1）嫩香：嫩茶所特有的愉悦细腻的香气，黄芽茶原料较嫩，因而闷黄时间较短，且干燥火候较轻以保持原料较好的嫩香。

（2）清香、花香：清新纯净或类似鲜花的香气，为黄茶典型香气特征之一，多出现在黄小茶中。

（3）锅巴香：类似锅巴的香，为黄大茶的香气特征。黄大茶原料较老，所需闷黄时间较长，且在干燥时温度较高，时间足，充分发展"火功香"，研究证实，在高温焙火的过程中，通过美拉德反应，会产生大量具有烘烤香属性的吡嗪类物质，从而诞生了黄茶的锅巴香。

（四）花香馥郁之乌龙茶

乌龙茶主要产于我国福建、广东和台湾等地，因其不同品种、产地和发酵程度，以及综合了绿茶和红茶的制法特点，形成了独特的香气特征。现主要按照产地将乌龙茶分为闽北乌龙、闽南乌龙、广东乌龙和台湾乌龙。

（1）清香：近年来，茶业界在吸收台湾乌龙茶轻发酵工艺的基础上，对传统闽南乌龙茶进行工艺革新，形成了清香型乌龙茶，其中以铁观音种为代表，具有绿茶的"三绿"特点，如冻顶乌龙。

（2）浓香：香气丰富，芬芳持久，是以传统工艺生产的乌龙茶，有"绿叶红镶边"的特征，包括凤凰单丛、铁观音等。

（3）陈香：以乌龙茶毛茶为原料，经过拣梗、筛分、拼配、烘焙、储存5年以上等独特工艺制成的具有陈香品质特征的乌龙茶产品，表现为香气清纯，陈香浓郁，如陈香型铁观音。

▶小贴士："鸭屎香"茶叶到底是什么味道，让无数茶友上头？

"鸭屎香"凤凰单丛，属乌龙茶类。产于广东省潮州凤凰镇凤凰山（图7-11）。

为何名为"鸭屎香"，是每一个入门茶友都会提到的问题。这个如此接地气的名字从何而来呢？主要有两种说法：一是这个品种的茶叶，栽种在当地一种黄土壤上，此土俗称"鸭屎土"，孕育出如此独特的口感品质特征，所以茶农直接以此命名；二是一茶农，在给乡里人喝过这茶后，被评价茶香气浓，韵味好，纷纷询问是什么名丛，是什么香型，而茶农怕别人偷去，便谎称"鸭屎香"。

图7-11　广东凤凰单丛茶

品质特点：干茶青褐呈条索状，汤色蜜黄明亮，花香明显，香气高扬持久，主要呈现金银花香、兰花香、花果香等复合香型，滋味醇正回甘，叶底完整有韧劲。

（五）浪漫甜蜜之红茶

红茶是中国六大茶类之一，是国际上销量最高的饮料之一，其销量占全球茶叶销量的80%左右，红茶的香气可分为松烟香、花香、果香和甜香。

（1）松烟香：即松树燃烧后的香味，提到松烟香，当属武夷山的正山小种，正山小种红茶在加工过程中，以武夷山当地黄山松熏制，故而制成的小种红茶在冲泡时，香气高长带松烟香。

（2）花果香：具有各种类似天然花果的香气，花果香红茶由一些特殊茶树品种制得，或采用乌龙茶品种并引入乌龙茶加工工艺制成，如坦洋工夫红茶、金骏眉、英德红茶。

（3）甜香：指香气有甜感，又分为焦糖甜香和玫瑰甜香，优质的工夫红茶要求香气甜香高浓，其中甜香显露是对工夫红茶香气的基本要求，如遵义红茶、昌宁红茶和祁门红茶。

（六）意蕴悠长之黑茶

黑茶属于后发酵茶，是中国六大茶类之一，也是中国特有的茶类，黑茶的香气可分为陈香、药香、菌花香等。

（1）陈香：指黑茶经过存放或渥堆而形成的独特香气，黑茶的最大特性就是"越陈越香"，原料好，存放妥当，数十年后仍是上品中的上品，更能体现黑茶的后发酵性。

（2）药香：中药香气，如人置身于药铺中闻到的中药香气一般，为黑茶陈化过程中表现出的香型。从经验上讲，黑茶原料越老，梗叶占比越多，更容易出现药香。

（3）菌花香：茯砖茶渥堆时会产生特有的金花，学名冠突散囊菌，其健康属性受到大众追捧，伴随着时间的转化，金花越发越多，进而使茯砖茶呈现出特有的菌香、干蘑菇香、菌汤香等。

三、闻香论质

为什么"茶香"是茶叶品质的担当呢？有人曾做过这样一个试验：一个人捏着鼻子吃蛋糕，吃的蛋糕味同嚼蜡，令他痛苦不堪；而当他松开鼻子吃蛋糕时，则大快朵颐，让其兴致勃勃，由此可见，气味是感受"美味"的前提。

茶作为一种饮品，其饮用价值主要表现在茶叶的色、香、味、形上，这是消费者直接消费的实体，也是消费者对茶叶最直观的体验。在各类茶品质感官审评中（表7-3），香气因素在整体审评中占比25%～35%，以下举例数类，因而茶香对于茶叶品质评判是至关重要的。

表7-3 各类茶香气审评因子评分系数

茶类	香气/%
绿茶	25
工夫红茶（小种红茶）	25
红碎茶	30
乌龙茶	30
黑茶（散茶）	25
紧压茶	30
白茶	25
黄茶	25
花茶	35
袋泡茶	30
粉茶	35

来源：国家标准《茶叶感官审评方法》（GB/T 23776—2018）

茶叶香气是对人体健康有益的，有研究表明香气具有减轻压力、缓解疲劳、维持注意力、镇痛、降低血压等功效，而这些功效与香气类型、浓度等性质紧密相关，因此，你喜欢某款茶的香气，也有可能是你的身体喜欢的香气；同时，了解到不同性别、年龄的人对气味有不同的偏好，且随着浓度增大，会产生更为明显的差异，所以不同的人喜欢不同香型的茶叶也就情有可原了。茶叶香气通过心理达到精神上有益于健康的作用，当我们嗅到好的香气时，则心旷神怡，反之，嗅到恶的香气时，则感到厌恶，茶香作为一种天然的香气，在喝茶的过程中可以让人心情愉悦、静心涤虑。

在目前的茶叶审评中，明确指出茶叶的香气有高下之分，并且与茶叶的品质息息相关。对于干茶，用双手捧起一把茶叶，放于鼻端，用力深吸茶叶的香气，感知香气的高低、纯正程度。凡香气高、气味正的必然是优质茶，反之则表明是粗老之茶或劣质茶。

对于湿茶，茶香优劣主要从类型、浓度、纯度和持久性四个方面去评定，凡闻之茶香清高纯正，香气持久，使人心旷神怡的，为好茶。评价湿茶的整体香气需以热闻、温闻和冷闻三项结合开展，热闻的重点是辨别香气的正常与否、香气的类型如何以及香气的高低；冷闻的重点是判别茶叶香气的持久程度；而温闻可较为正确地判断茶叶香气的优次，即叶底温度在 50～60 ℃时，其准确性最好。需特别提醒的是，闻香时要特别注意避免外界因素的干扰，如抽烟、喷香水、用香皂洗手、空气中有异味等，都会影响审评的准确性。

茶叶无香，好比饭菜无味，食之味同嚼蜡，喝茶如喝苦水。品质上乘的茶叶必定是茶香和茶味并重的，茶无香，则无韵可谈。

微课 21：闻香识茶

在茶叶品鉴过程中，首先给我们最直观的感知便是茶香，然而茶香稍纵即逝、难以捕捉。茶叶的香气从鲜爽清新的清香，到高长饱满的甜香，再到朴素典雅的陈香，总有一种香让你难以忘怀，学会了品香，品茶也就懂了一半。

专题三
挑逗味蕾：感知茶味之美

中国人饮茶已有上千年的历史，自中唐时期陆羽的时代开始，中国茶脱离中药的范畴转投饮品的怀抱，茶味成了共同的追求。三毛说："人生有三道茶：第一道茶苦若生命；第二道茶甜似爱情；第三道茶淡如清风。"一杯清茶，三味一生，人生犹如茶一样，或浓烈或清雅，都要去细细地品味，让我们一起走进茶汤的世界，感受舌尖上的美好。

一、苦尽甘来

我们对一杯茶的最高赞誉，莫过于回甘生津，苦尽甘来。那么何为回甘？为何会回甘？是哪些成分造成了这样奇妙的滋味？

所谓回甘，顾名思义，就是由初尝的苦味，与之后喉咙返回的甜味共同作用形成的特定滋味。茶入口舌，清甜微苦，在口腔回味绵长，随着时间的推移，甜味逐渐超过苦味，最终以甜味结束，在一口茶的滋味间，展现十足的反差与对比，对味蕾产生神奇的冲击。

（一）茶叶回甘的两种说法

（1）涩感转化说。浙江大学茶学系副主任王岳飞教授在《茶文化与茶健康》一书中表达了自己的观点："茶叶中含有茶多酚，它可以跟蛋白质结合，在口腔内形成一层不透水的膜，导致口腔局部肌肉收缩，形成涩感，当薄膜破裂时，口腔肌肉恢复，就会出现回甘生津的效果。"

（2）对比效应说。McBurney 和 Bartoshuk 教授于 1979 年发表的《不同口感品质与刺激物相互关系》一文中提出："甜味和苦味是一种相对的概念，当品尝蔗糖等甜味剂后你会发现水是有些苦的，而当你品尝了咖啡因和奎宁等苦味物质后你会觉得水是甜的，而这种现象就是一种对比效应。"简而言之，回甘是一种在苦味冲击下的口腔错觉。

（二）茶叶回甘的原理

我们可以用极为复杂的科学实验和长篇大段文字来分析解释，也可以只用一个算式来说明：36+4+4+3+3.5= 一次沁人心脾的回甘。

1. 茶多酚（36%）

多酚类物质在茶鲜叶中含量高达 18%～36%，呈现苦味和涩味，也是"不苦不涩不是茶"的主要原因所在。但同时根据研究表明，茶多酚的含量与茶汤回甘强度呈现了显著正相关，甚至有些茶苦味越盛，回甘越浓。茶多酚使这两种截然不同的味觉体验同生共长，息息相关。

2. 氨基酸（4%）

氨基酸是构成茶叶鲜、爽的主要成分，含量占总量的 1%～4%，春茶中氨基酸含量高于其他季节，因此品尝春茶时明显能感受到它的鲜味和回甘都更为浓厚悠长。

3. 黄酮（4%）

黄酮的回甘功效主要不是体现在茶上，但它被证实了是橄榄苦味和甜味的来源，黄酮的味觉表现十分特殊，初入口时为苦涩味，一段时间后却呈现自然甜味。研究发现橄榄所含的黄酮就是其能回甘的主要原因，而且黄酮含量越高，回甘就越明显，气味越醇厚。在茶叶中，黄酮占了总量的 4%。

4. 有机酸（3%）

有机酸，即具有酸性的有机化合物。在茶叶里大约占了总量的 3%，包含了苹果酸、柠檬酸、亚油酸等多种种类，并且在制茶过程中，其有机酸的含量还会增加。它通过刺激唾液腺的分泌，让人在喝茶时产生生津回甘之感。

5. 糖类（3.5%）

绿茶中，多糖类占了总量的 3.5%，它们名为糖却不甜，而是靠其一定的黏度在口腔滞留，通过唾液里的唾液淀粉酶催化成麦芽糖，正是催化过程产生的时间差，造成了苦而后甜的回甘效应。

这就是茶汤中甘味的来源。

二、暗含鲜味

我们常听到喝茶的人说，喝到了鸡汤味，那么他们是真的在茶汤中喝到了鸡汤味吗？不是的，他们所说的鸡汤味，其实是指茶汤中的鲜味。鲜味，与四大味觉（甜味、咸味、苦味、酸味）一样属于我们能感受到的基本味，这是一种极其重要的味道。1908年，日本的池田菊苗教授在海带中发现了一种极鲜的物质——谷氨酸钠，从而发明了味精，随后鲜味才被纳入第五味觉。我们认为，正是由于长期进化才使人类拥有了品尝鲜味的能力。鲜味很微妙，是一种微甜、清新的味觉体验，我们在吃蘑菇、竹笋、豆腐、海带等食物时常常能体会到这种感觉。

（一）茶汤鲜味的形成机理

在茶中，鲜味也是很必不可少的一味。茶汤中的那一缕鲜肉香、鸡汤味，主要来源于茶叶中的氨基酸。茶中氨基酸种类丰富，其中的茶氨酸是绝对的"含量大佬"。煮肉时，蛋白质中的谷氨酸和谷氨酰胺会从蛋白质中被释放出来，成为游离的谷氨酸盐。游离的谷氨酸盐会产生鲜味，这就是肉汤或者海带汤产生鲜味的原因。茶叶中的茶氨酸也是游离的，且在化学结构上，茶氨酸与组成蛋白质的谷氨酸和谷氨酰胺类似。因此也会产生和它们相似的鲜味。但茶叶中这一缕鲜香很容易被茶多酚的涩感和咖啡碱的苦味所掩盖，因此，鲜香明显的茶汤充分说明茶叶氨基酸的含量高且在各种成分中的占比高。茶叶中所含氨基酸有 30 多种，大多数是人体所需的，甚至有 8 种氨基酸是人体自身无法合成的。占到氨基酸含量 50% 的茶氨酸，就是茶叶中独有的一种氨基酸。茶氨酸，它呈白色、带有焦糖香，并且有鲜爽味，它不光是让茶叶生津润甜的主要成分，还有舒缓神经、令人愉悦的作用。另外，精氨酸约占 13%，天门冬氨酸约占 9%，谷氨酸约占 8.7%，这些氨基酸决定了茶叶的鲜爽滋味。

如果茶叶中氨基酸含量越高，茶汤滋味就越鲜爽。六大茶类中绿茶的氨基酸含量最高，安吉白茶目前是绿茶中氨基酸含量水平最高的品种，因此才有"鲜鸡汤"之说。春茶经过一个冬天孕育积累，再加上气温偏低，生长时间更长，氨基酸含量明显高于夏秋茶，滋味也就更加鲜爽。尤其鲜嫩的春茶，非常鲜美。一方面，这类茶采摘较嫩，茶氨酸的含量较高；另一方面，绿茶和白茶的工艺相对简单，保留了茶的原始滋味。而红茶虽然也有鲜味，但由于茶味较浓，鲜味就没那么明显。

（二）茶叶鲜味的改变

在茶叶的储存过程中，氨基酸总量变化处于起伏状态，储藏 1 年后，氨基酸总量基本持平，但其组成发生了变化。一方面，对鲜味起主要作用的茶氨酸含量直线下降，表现鲜味与甜味的谷氨酸、天门冬氨酸和精氨酸也被氧化，含量减少；另一方面，茶叶内的蛋白质会水解产生一些氨基酸，而这些蛋白质水解产生的氨基酸，不能改善茶叶的滋味，有的甚至带有苦味。所以绿茶储存不当或时间过长，其鲜爽味很容易失去。

三、津津有味

茶叶（干茶）的化学成分主要由 3.5% ～ 7.0% 的无机物和 93.0% ～ 96.5% 的有机物组成，其中有机物主要包括蛋白质、氨基酸、生物碱、茶多酚、糖类、有机酸、类脂、色素、维生素和芳香类物质，绝大多数非挥发性物质均参与了茶叶滋味的形成。

影响茶叶滋味的主要成分是多酚、氨基酸、生物碱、糖类和果胶类物质。茶叶滋味实际上是指茶汤中水溶性物质对人体感官味觉的综合作用效果，涩苦鲜甜是茶汤的本味，因此可以将茶叶中的呈味物质归纳为五大类，即苦味物质、涩味物质、鲜味物质、甜味物质和酸味物质。

（一）茶叶中的苦味成分

茶叶的苦味成分主要包括生物碱、氨基酸、茶皂素、多酚类物质，其中黄烷醇类、黄烷酮类、黄酮醇类、花色素类等多酚类物质同时具有苦味和涩味。

茶叶中的生物碱主要是嘌呤碱类，主要包括咖啡碱、可可碱和茶叶碱三种。含量最多的咖啡碱（占干物质含量的 2% ～ 5%）是单纯的苦味物质，易溶于水，茶汤浸出率可达 16 ～ 26 mg/100 mL。咖啡碱本身虽然是单纯的苦味物质，但可以同其他呈味成分起到协同作用。例如，在红茶茶汤中，咖啡碱可以与茶黄素、茶红素等缔合形成茶乳凝复合物，同时也可以与茶汤中的绿原酸形成复合物，从而改善茶汤的粗涩味，提高鲜爽度。咖啡碱与大量儿茶素形成氢键络合物，从而阻止儿茶素与唾液蛋白的结合，使茶汤呈味特性发生改变，提高鲜醇度，降低苦涩感。

天然蛋白质中的氨基酸都属 L 形，L 形氨基酸及其盐大多具有甜味或苦味，但部分氨基酸会因浓度的不同，而表现出不同的呈味特性，如脯氨酸在低浓度时呈甜味，高浓度时呈苦味。各氨基酸因阈值的不同，在茶汤中对滋味的贡献也不一样。

茶皂素由皂苷元、糖体、有机酸三部分组成。茶皂素味苦且辛辣。

（二）茶叶中的涩味成分

茶叶涩味物质主要是多酚类，多酚类物质在茶叶中含量高，浸出率大，是构成茶汤滋味和浓度的主要成分。茶叶中主要的多酚类物质包括黄烷醇类、黄烷酮类、黄酮醇类、花色素类、酚酸和缩酚酸类等，其中黄烷醇类约占多酚总量的 80%。

茶叶中的酚酸和缩酚酸类物质浓度高时产生苦涩感；单宁酸、绿原酸具有苦味和涩味，而且苦涩味强度随浓度增加而增强。

茶叶中的黄烷醇类主要是儿茶素类物质，其中酯型儿茶素是茶叶涩味的主体，非酯型儿茶素稍有涩味，收敛性弱，回味爽。儿茶素的氧化产物茶黄素具有干燥和收敛等口感。

茶叶中的黄酮苷和黄酮醇苷呈柔和涩感，原花色素具有苦味、涩味。茶叶中的水溶性色素对茶叶滋味具有一定影响，主要包括花黄素类、花青素类。

（三）茶叶中的鲜味成分

茶叶中的鲜味物质主要是氨基酸类、茶黄素、核苷酸及部分可溶性肽等，其中氨基酸被认为是构成茶汤鲜爽味的主体成分，茶黄素主要在红茶等发酵茶中起到调节滋味的作用。茶叶中呈鲜味的氨基酸主要是茶氨酸、谷氨酸和天冬氨酸，其中茶氨酸是茶叶中含量最多的氨基酸，被认为是绿茶鲜爽味的主要来源。研究表明茶氨酸的含量与茶叶品质呈显著正相关，不仅与丙氨酸、脯氨酸、谷氨酸和甘氨酸等协同增强茶汤鲜味，还可以抑制咖啡碱和茶多酚引起的苦涩味，是构成及调节茶汤滋味的重要因子。

（四）茶叶中的甜味和酸味成分

茶叶中的甜味物质主要是可溶性糖类和部分氨基酸类，可溶性糖如果糖、葡萄糖、蔗糖等，甜味氨基酸主要是 L- 丝氨酸、L- 丙氨酸、L- 脯氨酸、L- 羟丁氨酸等。糖类物质在茶汤中含量较少，而甜味氨基酸的阈值较大，所以甜味并不构成茶汤的主体滋味，只在调节茶汤滋味方面起到一定的作用。茶叶中的酸味物质主要有酸味氨基酸、抗坏血酸、没食子酸、有机酸等。

▶**小贴士：为什么有人是重口味？**

我们对味觉的感知主要是通过舌头上丰富的味蕾，吃到嘴里的食物首先会由味蕾先鉴别一下，"能不能吃？啥味的？好吃吗？"经过鉴别后，才会将信息传到大脑，决定要不要吃下去。舌头感受到的味觉（包括甜、咸、鲜、苦、酸），可以帮助身体鉴别和获取食物，吸收身体需要的营养物质，也能帮助我们排除那些有毒和对身体有害的物质。例如，我们可以感知到食物腐败后酸臭的味道，从而"劝退"吃掉它们的想法。但长期吃重口味的食物会让味蕾对味道的感觉变得迟钝，主要原因就是重口味的食物会对味觉感受细胞产生刺激，降低了它们对化学分子的敏感度，造成味觉细胞需要重口味饮食才能激发味觉感受的假象。时间长了，口味也就变得越来越重了。因此，评茶员应该保持饮食清淡，维持良好的味觉，才能更准确地进行茶叶审评。

（五）六大茶类滋味特征

经现代茶叶科学发现，茶叶中含有 600 多种化学成分，多种呈味物质相互配合，以其不同含量、不同配比，从而呈现有趣多样的茶味。张颖彬等建立了中国茶叶滋味轮（图 7-12），茶的滋味五味皆蕴，即"酸、甜、苦、涩、鲜"。

这些味道不会单一存在，通常混合于不同茶汤滋味之中，各种条件的良好平衡才能成为一杯好茶。不同茶类由于加工工艺不同，呈现不同的茶汤滋味（表 7-4）。

就绿茶而言，以鲜醇回甘为上，鲜是氨基酸的反映，醇是氨基酸与茶多酚含有量比例协调的结果。两者协调，醇鲜才更好体现。

作为绿茶姊妹篇的黄茶，由于增加了闷黄工艺，滋味便在鲜爽中多了些许甜醇。

不炒不揉的白茶，则以新茶清甜、陈茶醇厚的滋味受

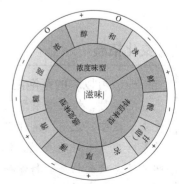

图 7-12 中国茶叶滋味轮

世人喜爱。

乌龙茶综合了红、绿茶初制的特点，则兼具绿茶之鲜爽、红茶之甜醇。

风靡世界的红茶，由于茶多酚大量氧化，滋味以鲜、浓、醇、爽为主。

后发酵的黑茶，由于微生物的参与，茶汤醇厚浓郁，带浓稠口感。

表7-4　六大茶类滋味特征

茶类	滋味特征	主要呈味物质
绿茶	鲜爽、回甘	氨基酸、茶多酚、咖啡碱
白茶	鲜醇、甘鲜、醇厚（老茶）	氨基酸、茶多酚、咖啡碱、可溶性糖、水溶性果胶
黄茶	甘鲜、醇爽、回甘	氨基酸、茶多酚、咖啡碱、可溶性糖
乌龙茶	鲜醇、醇厚	氨基酸、茶多酚
红茶	甜醇、醇爽	茶黄素、茶红素、咖啡碱
黑茶	浓厚、醇厚、浓醇	茶褐素、氨基酸、可溶性糖、水溶性果胶

学茶其实是有方法的，只要按照科学客观的审评标准，不断验证，就能融会贯通，以一通百。茶是体验性的，只有切实地亲身体验各种风格的茶品，来一场感官盛宴，感受红茶的"松烟香、桂圆汤"、碧螺春的清香、茶中香水凤凰单丛的高锐香气……才能深刻明白中国六大茶类各自存在的道理与意义。

当我们了解了茶叶科学的味觉密码，便可用舌尖去反复记忆并解读茶汤滋味。但想要成为品茶高手，还得需要眼、耳、鼻、舌、身、意的悉数调动与参与，好茶味，不是机械的产物，而是用心的内观、正念注入在茶汤里，体悟人生如茶、苦后回甘的人生哲学。

微课22：舌尖上的中国茶

自陆羽的时代开始，中国茶脱离中药的范畴转投饮品的怀抱，茶味成了古今茶人共同的追求。茶的滋味五味皆蕴，即"酸、甜、苦、涩、鲜"。这些味道不会单一存在，通常混合于不同茶汤滋味之中，各种条件的良好平衡才能成为一杯好茶。不同茶类由于加工工艺不同，呈现不同的茶汤滋味。

文化拓展

一、可以喝的茶泡泡

泡茶时，经常会看到茶汤表面浮着一层"泡泡"，同时前面两三泡的时候"泡泡"更多。这些"泡泡"是什么？有人认为那是农药残留或者茶叶里杂质的残余，认为那是茶叶质量不好的表现。但实际上，茶汤中泡沫的产生，主要是因为茶叶中存在一种叫作茶皂素的物质。科学研究表明，茶皂素具有抗菌消炎、镇痛等作用，所以不但对人体无害，反而有益。

（一）茶皂素是什么？

早在古代，人们关注到泡茶时出现的泡沫，并将这种"白沫"视为一种精华。我国晋代（265—420年）杜育所著的《荈赋》里就有诗云："惟兹初成，沫沈华浮。焕如积雪，晔若春敷。"形容初次冲泡茶叶后，细轻的汤花浮上来，光亮鲜明好像耀眼的积雪，华丽灿烂得像欣欣向荣的春花一样。

现代科学证明，能产生这种"白沫"的物质叫作茶皂素。茶皂素又名皂苷、皂角苷，因其水溶液以及振荡时能产生持久性的、似肥皂溶液那样的泡沫，故有"皂苷"之名。皂苷广泛存在于自然界90多科500多属的植物中。这些植物包括常见的大豆、油茶等油料作物，也有人参、党参、七叶一枝花以及甘草、沙参、白头翁等名贵中药材。茶皂素是山茶科植物中含有的一类天然糖苷化合物。

（二）茶皂素的应用领域

对于茶皂素的利用，我国古代劳动者很早就知道用茶籽饼泡水，用于洗衣服和洗头发。刊于1590年的《本草纲目》中就有"茶籽捣仁洗衣去油腻"的记载，而这说的正是茶籽饼粕中茶皂素的作用。从1931年被日本青山次郎首次分离发现后，茶皂素得到全面而深入的科学研究。现代医学研究表明，茶皂素具有溶血和鱼毒作用、抗虫杀菌作用以及抗渗透消炎、化痰止咳、镇痛、抗癌等药理功能，并且还有促进植物生长的作用。此外，茶皂素还具有良好的乳化、分散、润湿、去污、发泡等多种表面活性，是一种性能优良的天然表面活性剂。所以茶皂素广泛应用于洗涤、毛纺、针织、医药、日用化工、建筑行业等领域。

茶客在泡茶时看到茶汤表面的泡沫，并不是什么农药残留或者茶叶里的杂质，相反是对人类健康有益的茶皂素。所以大家在喝茶时看到这些"泡泡"，不必再担心和纠结了。有时候，当一壶热气腾腾的开水注入杯中时，欣赏那杯中飞舞的茶叶，"焕如积雪，晔若春敷"的泡沫，也不失为一种美妙感受。

二、找出茶叶不完美的评茶师

喝茶已经成为一种趋势，不少茶友都希望自己能成为一个知茶、懂茶、会喝茶的人。当我们遇见一款茶，如何去品鉴它、辨别茶的质量好坏，怎么形容它的色、香、味、形就成了很多茶友头疼的事情，但这个"难题"在专业的评茶师面前轻而易举。

评茶师是运用感官评定茶叶色、香、味、形的品质及等级的人员，广泛活跃于茶叶生产、加工、流通、贸易等领域，是茶叶行业发展不可或缺的技能型人才，是推动茶叶产业高质量发展的重要的人力资源。评茶师也是一种职业名称。按照《评茶员国家职业标准》的规定，评茶师有5个等级，分别为初级评茶师、中级评茶师、高级评茶师、评茶技师、高级评茶技师。只要满足相关工作年限，都可以进行申报，考试合格后可取得国家认可的职业技能等级证书。

学习感官审评方法的意义在于，正确的评定结果，对指导茶叶生产、改进制茶方式、提高产品质量、促进贸易发展，都具有现实意义。茶叶感官审评属于感官分析的学科，它要求评茶人员必须具备敏锐的感觉器官分辨能力、熟练掌握评茶基本功，加强评茶和制茶基础理论知识的学习，不断积累评茶经验，使评定结果能准确、客观地反映茶叶的品质情况。

文化践行

一、综合实践

（一）单选题

1.下列（　　）汤色是描述绿茶的汤色。
   A.黄绿　　　　　　　B.橙黄　　　　　　　C.橙红　　　　　　　D.红艳

2.关于白茶保存，说法不正确的是（　　）。
   A.常温　　　　　　　B.密封　　　　　　　C.无异味　　　　　　D.冷藏

3.决定乌龙茶品质最关键的工艺是（　　）。
   A.闷黄　　　　　　　B.做青　　　　　　　C.渥堆　　　　　　　D.杀青

4.下列（　　）是红茶的滋味描述。
   A.甜醇　　　　　　　B.鲜爽　　　　　　　C.甘鲜　　　　　　　D.鲜醇

5.（　　）是边疆少数民族地区人民营养物质的重要来源。
   A.黑茶　　　　　　　B.白茶　　　　　　　C.绿茶　　　　　　　D.红茶

（二）多选题

1.白茶的香气类型一般有（　　）。
   A.毫香　　　　　　　B.清香　　　　　　　C.花香　　　　　　　D.药香

2.绿茶汤色的描述一般有（　　）。
   A.黄绿　　　　　　　B.嫩绿　　　　　　　C.绿黄　　　　　　　D.橙红

3.茶叶外形审评主要是（　　）。
   A.色泽　　　　　　　B.嫩度　　　　　　　C.净度　　　　　　　D.匀整度

4.茶叶内质审评主要包括（　　）。
   A.香气　　　　　　　B.汤色　　　　　　　C.滋味　　　　　　　D.叶底

5.茶叶香气审评一般包括（　　）。
   A.热嗅　　　　　　　B.温嗅　　　　　　　C.冷嗅　　　　　　　D.干茶嗅香

二、各抒己见

1.根据所学，简述六大茶类的基本香气特征。
2.请简述影响茶叶汤色的主要因素。

三、生活实践

不同的茶有不同的特点，选取六大茶类中的几类进行盲评冲泡，请根据不同的汤色、香气及滋味判断茶叶所属类别。

下篇　茶生活

茶艺是一门生活艺术。

人美、水美、器美、艺美……美美与共，相得益彰，这些要素共同构成了茶事生活的美好画卷。

2022 年，中国传统制茶技艺及其相关习俗被列入联合国教科文组织非物质文化遗产名录。中华茶文化源远流长、博大精深，不但需要我们去学习传承，也需要我们去研习实践。

第八单元　人之美：茶艺最根本要素

茶之为用，

味至寒，

为饮，最宜精行俭德之人。

——唐·陆羽《茶经》

单元导入

　　自我们的祖先发现茶、利用茶、栽培茶，已有数千载。在长期的饮茶实践中，也形成了以茶待客、以茶祭祖、以茶联谊、以茶修身养性的习俗。

　　异彩纷呈的茶俗与各具魅力的茶艺，似雨后春笋般涌现，如白族三道茶、客家擂茶、藏族酥油茶等。而在所有别具一格的茶艺活动中，起到灵魂作用的便是人。

学习目标

知识目标：

1. 从习茶、制茶、品茶三个方面了解茶人的定义；

2. 掌握茶人的职业要求和基本素养；

3. 掌握行茶过程中的礼仪规范。

能力目标：

1. 能够从茶人的仪容、仪态要求等方面规范自己的行茶习惯；

2. 能够将茶事礼仪灵活运用到生活行茶过程当中。

素质目标：

1. 习得茶人的礼仪规范，涵养茶人精神的新时代内涵；

2. 从现代茶艺六要素涵养茶人与茶的和谐美感。

美的视窗

　　白居易之于茶犹如身之于影而时刻不离——早饮茶、午饮茶、夜饮茶，酒后索茶，睡下亦索茶。他一则好饮，一则好鉴。故其友常谓他作"别茶人"。

　　若论茶助文思、茶助诗兴，还是白居易道得最妙，"起尝一碗茗，行读一行书""或饮茶一盏，或吟诗一章"。书韵、诗韵自是回味绵长，又得茶韵相助，岂非丝帛更添繁花之美？

　　爱之深、味之切，乐天先生可谓是"茶人"之典范。

美的解读

专题一
笑迎天下客：茶人的自我修养

一、茶人的界定

习近平总书记在党的二十大报告中指出："全面推进乡村振兴，坚持农业农村优先发展，巩固拓展脱贫攻坚成果，加快建设农业强国。"一直以来，茶产业在我国农业生产中有着举足轻重的地位，与农村的发展、农民的生活息息相关。2021年3月，习近平总书记在考察武夷山燕子窠生态茶园时指出，过去茶产业是你们这里脱贫攻坚的支柱产业，今后要成为乡村振兴的支柱产业。习近平总书记的指示，为我国茶产业发展指明了方向，要推进乡村振兴，实现农业强国，就要坚持"茶品、茶旅、茶人"统筹，打好"茶品创新""茶旅融合""茶人培育"三张牌，促进茶产业高质量发展。

总书记的指示中着重提到了茶人。

那么，何为茶人？又如何界定茶人？下面将从习茶、制茶、品茶三个方面进行诠释。

茶人，原是指直接从事茶叶采制生产的人，继而又发展为从事茶叶产制贸易、教育科研事业的人。"茶人"二字，最早见于唐代诗人皮日休的《茶中杂咏·茶人》中：

> 生于顾渚山，老在漫石坞。
> 语气为茶荈，衣香是烟雾。
> 庭从颖子遮，果任獳师虏。
> 日晚相笑归，腰间佩轻篓。

诗人寥寥数语，便将深山中拄杖而行、满面盈笑的采茶人刻画了出来。

随着社会的发展，茶文化的不断弘扬，茶人队伍也因之扩大。故此，茶人的内涵也相应地变得宽泛起来。且观当下，其好茶者已然遍布世界各地。"小阁烹香茗"已是一种生活方式，"茶人"也不再是职业的专属。

（一）习茶之茶人

《红楼梦》第三回中，对黛玉初入贾府有这样一段描述：

寂然饭毕，各有丫鬟用小茶盘捧上茶来。当日林如海教女以惜福养身，云饭后务待饭粒咽尽，过一时再吃茶，方不伤脾胃。今黛玉见了这里许多事情不合家中之式，不得不随的，少不得一一改过来，因而接了茶。早见人又捧过漱盂来，黛玉也照样漱了口。盥手毕，又捧上茶来，这方是吃的茶。

这段文字，包含了诸多饮茶的学问和礼仪。饮茶本是怡养性情、益于体魄，但若不知饮茶之规，则反而不美。可见，对茶的研习确有必要。习茶的一言一笑、一举一动、

下篇 茶生活

一器一物、一景一观都要有序有度，要源自性，合乎礼。长期研习茶，于人可以正品行、知礼仪、美风姿，可以养清正之气、荡污秽之尘。

（二）制茶之茶人

"炒茶不仅是体力活，更是技术活。"碧螺春制作技艺传承人施跃文说，虽然已经炒了几十年的茶，但他从不敢怠慢，因为每道工序都要把握好火候、温度和力度，功夫不到家就做不出好茶。做茶除了需要过硬的手艺，还需要不急躁的心态。永远是由轻到重，好茶要靠手艺人的虔诚，要慢慢来，千万不能因为一时的成功就沾沾自喜。

但言炒制绿茶时"高温杀青"这一道程序：制茶人以双手于锅底不停掀起、抖落、翻炒茶叶，此时锅内温度已达 200 ℃，加以炒制时锅内散发出大量水蒸气，制茶人的手往往已麻木得失去知觉。树高千尺不忘根，水流万里当思源。饮茶时的唇齿留香，是每一位制茶人赋予的恩赐。

"匠心"是一个合格的制茶人的标配。守住匠心，方能吃得了苦、静得下心、耐得住性子、受得住寂寞。任他狂浪兼风雨，难动心中定海针。

（三）品茶之茶人

> 坐酌泠泠水，看煎瑟瑟尘。
>
> 无由持一碗，寄与爱茶人。

——唐·白居易《山泉煎茶有怀》

乐天先生言语虽简，却将制茶、沏茶、敬茶、品茶等茶文化娓娓道来。

品茶人人皆可为：择一暖阳午后，独坐帷下帐边；浅泡一壶清茗，细品繁复人间。察于眼，味于心——可会干茶之形，可观湿茶之貌；可体茶汤之色，可感茶气之韵；可玩泡茶之器，可悟茶名之意……一壶茶，随冲泡次数的增加，茶味由浓转淡，苦中有涩却回味甘甜。恰似人生，随光阴流转，绚烂之极而归于平淡。噫！盖一泡茶即一人生。

二、茶人的职业要求

了解了茶人的内涵之后，那么如何成为一名合格的茶人呢？

茶树，不论身处高山、僻野，不论置身酷暑、严寒，都傲然屹立。其一生生息不止，常采不败，源源不断地为人类提供新鲜芽叶，展现出傲骨坚毅的品格和无私奉献的精神。唐人韦应物《喜园中茶生》一诗云：

> 洁性不可污，为饮涤尘烦。
>
> 此物信灵味，本自出山原。
>
> 聊因理郡馀，率尔植荒园。
>
> 喜随众草长，得与幽人言。

诗人以茶喻己：既称赞了茶性情高洁不与世俗同流合污的高尚情操，也彰显出自己如茶一般的操守和品性。

作为茶人理应具有茶之精神品格——朴素谦虚、低调婉约、柔和舒缓、无私奉献、坚守自我、淡泊名利……而"茶人精神"也正由这种茶树风格、茶叶品性上升为"无私奉献，造福人类"的精神风范，是茶树品性在人的精神层面的升华。

于茶人而言，其应有的道德标准，早在千年前茶圣陆羽就有所释，即精行俭德——茶人应该严格按照社会道德规范行事，时刻恪守传统道德精神，正所谓："君子以俭德避难。"这既是中国古代茶的精神文化的开端和"茶德"的启蒙，也为"茶人精神"的建立奠定了基础。如今，陆羽之精行俭德的茶德思想和茶人精神也得到了茶界人士的广泛继承和发扬。其中，云南农业大学龙润普洱茶学院便是以"上善若水，精行俭德"为其院训，继承茶圣古训，勉励后辈学子。

纵观陆羽一生，一心事茶，一心为茶，他用行动践行着不求功名利禄、淡泊明志、克己修身、爱国奉献的茶人精神。而苏轼的《叶嘉传》以茶拟人、以茶化人，塑造了一位立志修德、忠君爱国、积极入世、崇尚自由、亲近自然、清白恬淡、淡薄佛性的茶人形象和精神追求，这不正是茶圣陆羽所提倡的茶人应有的道德品行和价值追求吗？

《道德经》有言："见素抱朴，少私寡欲。"当代茶圣吴觉农先生便是这句话最好的践行者。他曾这样描述茶人："我从事茶叶工作一辈子，许多茶叶工作者、我的同事和我的学生同我共同奋斗，他们不求功名利禄、升官发财，不慕高堂华屋、锦衣美食，没有人沉溺于声色犬马、灯红酒绿，大多一生勤勤恳恳、埋头苦干、清廉自守、无私奉献，具有君子的操守，这就是茶人的风格。"

1981 年，吴觉农先生的大弟子钱樑先生应邀到安徽农业大学茶业系作讲座，他作了《以身许茶，做个有茶人精神的大学生》的主题演讲，以茶树的精神勉励茶学专业的同学们：要拥有如茶一般无私奉献的精神和高尚品格，励志一生为茶、学茶、事茶，为茶事业奉献一生。这便是钱樑先生较早地讲述茶人精神的含义。

"茶人"除了应具备如茶一般无私奉献的精神，同时还要有爱国精神、创新精神以及为祖国茶事业振兴和为人类造福的理想目标。钱樑先生提倡的这种茶人精神，后被上海市茶叶学会概括为"爱国、奉献、团结、创新"，在上海乃至全国产生了广泛的影响。1992 年，著名科学家谈家桢教授亲笔题写了"发扬茶人精神，献身茶叶事业"，并将其赠予上海市茶叶学会，充分肯定了钱樑先生和上海市茶叶学会所倡导的这种茶人精神。

走进新时代，我们应努力学习并践行钱樑先生等老一辈茶人"默默地无私奉献，为人类造福"的茶人精神，不忘初心，牢记使命，开拓创新，坚定文化自信，传播弘扬优秀传统茶文化，为茶产业的振兴发展作出新的贡献。

三、茶人的基本素养

作为一名合格的茶人，茶人是品茶过程中最基本的要素，当具备相应的素养。那么茶人必修的基本素养有哪些？下面我们从文化、审美、专业技能、形象礼仪这四个方面来认识茶人的基本素养。

（一）文化素养

中国是茶的故乡，饮茶历史悠久，与之相生相伴的茶文化也有着深厚的历史积淀。茶人作为茶文化的传承者，要想准确传达茶文化的精髓，理应具备一定的文化修养。这

下篇　茶生活

种修养既包括对茶的品种特性，生长环境，加工方法，适宜茶具、水质和温度，冲泡品饮方法等茶叶科学知识的了解与判断，还包括对与茶相关的其他知识，如有关茶的历史典故、风俗人情、茶的保健知识、茶席设计的审美知识、茶艺表演的知识等的了解，并且能将这些知识融会贯通、有机结合起来传递给他人。我国历史悠久、地大物博，茶区幅员辽阔。茶树的生长环境千差万别，茶叶品种包罗万象，与茶有关的历史典故、优美传说数不胜数，而各个民族的饮茶习俗更是千差万别。茶的文化知识丰富多彩，做一名合格的茶人，非加强文化修养而不能胜任。

首先，茶之于人类，在抚慰心灵、享受品茗乐趣的同时，也传播着一门文化。只有敏锐地洞察茶文化，才能更深入地理解它，将它真正付诸实践。

其次，茶人应当崇尚传统。以抱朴守拙的态度、耐心聆听的心态来尊重古老的文化，以典雅优美的诗文、深谋远虑的态度来实现古茶文脉的传承。

再次，茶人还应如诗人一般，在品茶的过程中，拥有把茶趣凝成诗词的把握度。秉因一叶再现春山之篇，生情一句挥洒彩云之思，来将茶的情感融入那字里行间。

最后，茶人还应具备临场变通的本事。根据不同的人和场合，用不同的茶品来搭配情调，将绝伦之美的茶文化植入当下的氛围。此外，茶人应该有情趣、热爱生活，尤其爱有茶的日子。邀三五茶友，品一泡难得的好茶，来一场深入的交流，乘兴而来，尽兴而归，岂不快哉！

（二）审美素养

《庄子·知北游》载："天地有大美而不言。"品茶之时，茶人沉浸在美的享受中。此时，于眼下一切，既非实用的态度，也非科学的态度，而是审美的态度。

茶人的审美素养，修于内而显于外。茶席之上，一件拙朴的器具，置放于恰切的环境中，往往透露出迷人的古意与禅境。于茶人而言，一个茶席的设计无声地流露了茶席主人受过的教育、读过的书籍、走过的路途、看过的风景。能欣赏茶席的设计美、茶艺的展示美，理解茶的礼仪、茶道的内涵，知道什么是下里巴人、什么是阳春白雪，知道什么是形而下的浅、什么是形而上的深。茶之美，在袅袅的茶香水汽中，蕴涵着茶文化的美，净化着品茶者的心灵。

其美各异：

第一是"人之美"，即由外在的形体美和内在的心灵美构成茶人之美；

第二是"茶之美"，我们在茶艺中欣赏了茶之美，不仅是欣赏茶的色、香、味、形之美，而且欣赏茶的名之美；

第三是"水之美"，水以"清、轻、甘、冽、活"五项指标俱全，方称得上是水之美；

第四是"器之美"，好茶具的工艺美术效果则会令人叹为观止；

第五是"境之美"，茶艺要求在品茶时做到环境、艺境、人境、心境四境俱美；

第六是"艺之美"，主要包括茶艺程式编排的内涵美和茶艺表演的动作美、神韵美、服装道具美等诸多方面。

审美素养，以文化素养为基础，又得到进一步升华。

（三）专业技能

当茶人坐定，开始煮水泡茶时，便是无声力量的传递。笃定，是茶人应有的气质。提壶注水，水入茶盅，分茶，传递茶汤，每一个动作都坚定、利落，没有丝毫多余。进行一个步骤时，对下一步骤的细节已了然于心，如同一种自然形成的习惯。放松，是历练过后的坦然。身体的语言传达的是内心的声音，对不熟悉的场景、人的紧张情绪，透过一个细微的肢体语言就能见出。常言道：欲速则不达。往往，当你越珍视眼下的时刻，越想表现好时，肢体的不协调就越是明显。但假以时日，让心专注于一杯茶汤，就会与茶融为一体。不刻意、不做作，渐渐地浑然天成，这就是沏茶的美妙境界。懂茶，传承传统，将茶之情注入书面语言，搭配茶人宴，这就是茶人应具备的素养。而随着素养的不断提升，必将为茶文化的发展增加底气，最终可将茶文化传承千古，唤醒人们对茶文化的记忆，才是茶人最大的价值所在。

一杯茶汤里，蕴含着历史、文化、科学与审美，值得我们用一生时间去探索。学习无止境，永远在路上。

茶人还应该有担当，暂不说那最大的家国情怀，至少在茶面前，应该有所担当：推广茶的文化，科普茶的知识。当下茶文化大兴，各种茶大师出没，茶概念纷飞，普通大众眼花缭乱，无所适从。作为茶人，有责任、有义务，正茶之本、清茶之源。力所能及地引领大众科学地认识茶、科学地饮茶，让茶回归她的本真。

（四）形象礼仪

《礼记·曲礼》载："人有礼则安，无礼则危。故曰：礼者，不可不学也。"孔子亦道："不学礼，无以立。"茶人习茶礼是有必要的。

礼仪是指生活中，以一定的约定俗成的程序方式来表现律己敬人的过程，是我们在生活中不可缺少的一种能力。礼仪是一门学问，有特定的要求。在家庭、学校和各类公共场所，礼仪无处不在。中国人讲究以茶待客，这便形成了相应的茶事礼仪。

1. 发型整齐

茶人要求头发应梳洗干净整齐，发型发色以端庄为宜（图8-1）。

发型除了要适合自己的脸型和气质外，还要和茶席主题色彩相协调。如果是长发，泡茶时应将头发束起，避免头部向前倾时头发散落到前面来，会挡住视线影响操作；如果是短发，要求在低头时，头发不要落下遮住视线。在泡茶过程中，也不可用手去拨弄头发，否则会破坏整个泡茶流程的严谨性。同时注意头发不能掉落到茶具或操作台上，以免给茶客留下不卫生的印象。头发也不能有明显味道，以免影响茶客的嗅觉。

图8-1 发型整齐

下篇 茶生活

2. 面部干净

茶是淡雅之物，女性茶人作为主泡招待宾客时，可化淡妆，但忌浓妆艳抹，尽量不使用味道浓烈的化妆品，如香水、护手霜等。茶叶有自己独特的香气，使用有味道的化妆品容易污染茶叶茶具，破坏茶香，影响人们对茶叶真香本味的感知；男性茶人作为主泡招待宾客时，要将面部修饰干净，不留胡须，以整洁的姿态面对客人。

茶人平时要注意面部的护理和保养，保持清新健康的肤色。招待客人时面部表情要平和放松，面带微笑。

3. 手部修饰

手部是人际交往中人的"第二面孔"，茶人的手更是极为重要。女性茶人最好要有一双纤细、柔嫩的手，男性茶人则要求干净即可（图8-2）。

在泡茶开始前，茶人一定要将双手清洗干净，不能让手沾有香皂味，更不可有其他异味。洗过手之后不要碰触其他物品，也不要摸脸，以免沾上化妆品。另外，指甲不可过长，更不可涂抹颜色浓艳的指甲油。

平时注意适时的保养，随时保持清洁，指甲要及时修剪整齐，保持干净，不留长指甲。手上不要带饰物，如果佩戴太"出色"的首饰，会有喧宾夺主的感觉，显得不够高雅。

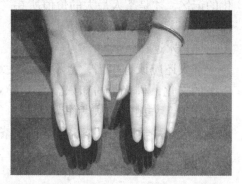

图8-2　手部干净

4. 服饰礼仪

《左传》有云："中国有礼仪之大，故称夏；有服章之美，谓之华。"中国自古就被称为"衣冠上国、礼仪之邦"。服装是一种文化，反映着一个民族的文化素质、精神面貌和物质文明程度；能折射出人们的文化品位、审美意识、修养程度和生活态度等。

品茶需要一个安静雅致的环境、平和的心态。在泡茶过程中，如果服装颜色、式样与茶具环境、茶席主题不协调，"品茗环境"就不会是优雅的。在泡茶时服装不宜太鲜艳，要与环境、茶具匹配。如果泡茶者的服装颜色太鲜艳，就会破坏和谐优雅的气氛，使人有躁动不安的感觉。

服装式样以中式为宜，长袖有袖胜于无袖，但袖口不宜过宽，否则会沾到茶具或茶水，给客人不卫生的感觉。服装还要注意保持清洁整齐。在行茶过程中不宜佩戴太贵重的首饰，会有喧宾夺主的感觉，显得不够高雅，而体积太大的戒指、手链也容易敲击到茶具，发出不协调的声音，甚至会打破茶具，所以泡茶期间以不戴或少佩戴首饰为好。

5. 仪态礼仪

举止不仅是指大的动作和表情，日常生活中的举手、投足、一颦一笑都可概括为举止。举止是一种不说话的"语言"，在泡茶过程中一举一动尤为重要。当你看到一个人微笑、端正地冲泡着茶，还没有喝就已经感受茶人健康、端庄的气息。

泡茶时，茶的味道虽重要，但泡茶人得体的服装、整齐的发型、优雅的动作也会给人一种赏心悦目的感觉，使品茶成为一种真正的享受。

微课 23：什么样的茶师才是一个合格的茶师？

茶艺是茶文化的灵魂，融合了茶文化的经典，茶师是茶艺的传承者，也是茶文化的传播者。

茶师的基本素养关系到茶文化的传播和大众对茶文化的正确认识。那么什么样的茶师才是一个合格的茶师呢？

专题二
生活艺术家：不可不知的茶事礼仪

一、交往礼仪

（一）鞠躬礼

鞠躬是对他人表达敬意的重要礼节。鞠躬礼分为真礼、行礼、草礼三种。每一种鞠躬礼都可以使用站式、坐式和跪式行礼。

草礼幅度为 15°（图 8-3）。通常表示一般性问候。

行礼幅度为 30°（图 8-4）。常用于客人与客人之间，同学和同学之间。

真礼幅度为 60°（图 8-5）。常用于主人与客人之间，老师和学生之间。

图 8-3　草礼　　　　　图 8-4　行礼　　　　　图 8-5　真礼

行鞠躬礼时要面对受礼者，身体端正挺立，面带表情，双手可自然下垂贴于双腿两侧，也可相握放于小腹前，同时以腰部为轴心。当上身倾斜到位后，保持此姿势 1～2 s 后回复原来的站立姿态。需要注意的是，鞠躬应在距受礼者两米左右进行；鞠躬时，要先注视对方眼睛，然后鞠躬，视线要随着身体的弯曲自然下垂，不能向上翻眼睛或东张

下篇　茶生活

西望，之后致欢迎语或欢送语。礼毕时，双目再次有礼貌地注视对方。不能边鞠躬行礼边随意走动；鞠躬时除了礼貌用语，尽量避免说话；表达歉意时，手上不要拿有物品，动作宜缓宜深。

（二）迎客礼

"出迎三步，身送七步"，这是我国迎送客人的传统礼仪。接待客人的礼仪要从平凡的举止中自然地流露出来，这样才能显示出主人的真诚。

客人在约定的时间按时到达，主人应提前去迎接。如果是客人来到家中，可以跟随父母一起起身迎接。见到客人，主人应热情地打招呼，主动伸出手相握，以示欢迎，同时要说"欢迎光临""您好"等寒暄语。对长者或身体不太好的客人应上前搀扶，以示关心。客人离开时也应起立送到门外。

（三）交谈礼

茶事活动中，交谈音量要适中，符合茶室平和的氛围。为客人敬茶后，可向后退一步，轻声说句"请您喝茶"。在我们与他人说话时，不仅需要交流应答，还要学会聆听别人的说话。聆听是一门艺术，也是交谈中尊重他人的表现。聆听需要集中注意力，用目光注视说话者，保持微笑，恰当地点头示意。身体微微倾向说话者，表示对说话者的重视与尊敬。

二、冲泡礼仪

（一）斟茶礼（图8-6）

45°角斟水法可避免公道杯底的茶汤滴落到客人的品茗杯中，此方法同时适用于泡茶过程中所有的倒水环节。斟茶时七分满即可，暗寓"七分茶三分情"之意。俗云："茶满欺客"，二则也便于握杯啜饮。

（二）奉茶礼（图8-7）

奉茶时要注意先后顺序，首先依据年龄的长幼，先长后幼；其次要先客后主奉茶。

双手奉茶，将品茗杯放置杯垫上，双手平端杯垫将品茗杯放置在客人的右手边，以表示尊敬。

图8-6　斟茶礼　　　　　　　　图8-7　奉茶礼

（三）伸掌礼（图8-8）

伸掌礼表示"请"客人品茶的意思。分为两种形式：人多时（五人以上）即从腰间伸出右手手掌，掌心向上，从左至右，缓慢挥臂，表达请大家喝茶；人少时（五人以下）先伸出左手放置于腹前，离腹部一拳距离，伸出右手，搭在左手之上，然后鞠躬60°，表示请大家喝茶。

图8-8 伸掌礼

（四）叩手礼（图8-9～图8-11）

品茶之乐除了茶汤的香气和滋味带来的乐趣外，品茶的氛围更是一种享受。因此，品饮的礼仪便显得尤为重要了。主人斟茶汤时，客人可行"叩手礼"，是对敬茶者表达敬意和谢意的方式。

传说乾隆皇帝微服私访在茶馆喝茶时，乾隆想要体验一下"凤凰三点头"，就提起水壶给大臣一一斟茶，皇帝给官员倒茶，这在正常情况下是需要谢跪行礼的。但是微服私访又不能行礼，情急之下有官员灵机一动，"手"代替"头"，五指弯曲表示跪地，指头轻叩几下表示"叩首"，权代行了三跪九叩的大礼，既保了密又不失礼数，于是这一习俗就这么流传下来。当前，叩手礼仍广泛运用于茶事活动中。

叩手礼也是分长幼的。

1. 晚辈向长辈

五指并拢成空拳，拳心向下，五指同时敲击桌面，相当于五体投地行跪拜礼，一般敲三下即可（图8-9）。

2. 平辈之间

食指中指并拢，敲击桌面，相当于双手抱拳作揖，敲三下以示尊敬（图8-10）。

图8-9 晚辈向长辈的叩手礼

图8-10 平辈之间的叩手礼

3. 长辈向晚辈

晚辈如果给长辈斟茶倒水，出于礼貌，长辈们会用食指或中指敲击一下桌面，相当于"点头"示意。如果长辈遇到特别欣赏的晚辈，可以轻敲三下，以表达对晚辈的欣赏（图8-11）。

下篇 茶生活

图 8-11　长辈向晚辈的叩手礼

（五）寓意礼（图 8-12）

凤凰三点头：在冲泡时，持壶向杯中注水，壶身三起三落，象征对客人的三次鞠躬，表示尊敬和欢迎。主要用于冲泡绿茶和长嘴铜壶的茶艺表演。

水壶与茶壶的嘴都不能正对他人，否则表示请人离开。此外，水壶的嘴对着别人，在水开时水蒸气喷出容易伤人。

茶具的图案面向客人，表示对客人的尊重。

七分茶三分情，即斟茶只斟七分满，留下三分表示对客人的情谊。

图 8-12　寓意礼：茶具图案面向客人

（六）回旋礼（图 8-13）

单手回旋冲泡法：右手提随手泡，手腕逆时针回转，令水流沿杯口内壁注入杯中。

双手回旋冲泡法：如果开水壶比较沉，可用此法冲泡。双手取茶巾置于左手手掌内，右手提壶左手执茶巾部位托在壶底，右手手腕逆时针回转，令水流沿杯口内壁注入杯内。

逆时针方向，类似于招呼手势，寓意"来、来、来"表示欢迎，反之则变成暗示挥斥"去、去、去"了。

图 8-13　回旋礼

微课 24：茶事礼仪是茶师的必修课

当今社会，随着人们对健康的日益重视，饮茶逐渐成为一种新的风尚。茶人人都可喝，但讲到喝茶的礼仪，却并非每个喝茶的人都会懂得。那么，在饮茶过程中，我们需要注意哪些礼仪礼节呢？

文化拓展

茶事礼仪原则

1. 遵守与自律的原则

在茶事活动中，每一位参与者都必须自觉遵守礼仪，用礼仪去规范自己的一言一行、一举一动。我们还要自我要求、自我约束、自我反省。

2. 敬人与宽容的原则

孔子曾经说："礼者，敬人也。"尊重他人是赢得他人尊重的前提。礼仪的本身从内容到形式都是尊重他人的具体体现。在茶事活动中既要严于律己，更要宽以待人。

3. 平等与从俗的原则

对任何参与茶事活动的对象都必须一视同仁，给予同等程度的礼遇，体现"在茶面前人人平等"的原则。还必须坚持入乡随俗的习俗。

4. 真诚与适度的原则

要言行一致、表里如一、诚心诚意。所谓适度，就是要求应用礼仪时，为了保证取得成效，须注重技巧，合乎规范，还要认真得体，不卑不亢。

文化践行

一、综合实践

1. 泡茶招待客人，如何决定选什么茶叶？（   ）

   A. 有什么茶就泡什么茶

   B. 按自己的喜好来选择即可

   C. 询问客人的喜好，并拿出自己的茶让客人选择

   D. 随机选用

2. 从茶叶罐中取茶，以下哪种方法是错误的？（   ）

   A. 用茶匙把茶叶舀出　　　　　　　　B. 轻轻旋转或抖动茶叶罐，倒出茶叶

   C. 动作要轻，避免一下子倒出太多茶叶　　D. 直接用手抓取

3. 待客时，如何奉茶给客人？（   ）

   A. 双手奉茶，一手托杯底，一手扶杯壁的 1/2 以下

   B. 双手奉茶，只要不烫自己的手即可

   C. 单手奉茶，这样自在些，氛围更随和

   D. 单手奉茶，方便客人接

4. 给每个客人分茶时，应如何把握茶量？（   ）

   A. 每位客人茶水水量一致，且都能喝到，包括主人自己

   B. 一泡茶的水量有限，没分到的客人只能等下一泡

   C. 每位客人茶水水量随机不一致，但兼顾到每一个人

   D. 随机分取

下篇　茶生活

5. 倒茶倒几分满更合乎礼仪？（　　　）

　　A. 十分　　　　　　　B. 九分　　　　　　　C. 七分　　　　　　　D. 五分

6. 给客人续茶，以下哪种做法是正确的？（　　　）

　　A. 根据时间来续茶

　　B. 所有客人的茶杯都空了再一块续茶

　　C. 等客人提示有需要时，再续茶

　　D. 客人茶杯里的茶喝完，尽量及时续上

7. 茶壶该如何放置？（　　　）

　　A. 顺手想怎么放就怎么放，不碍事就行

　　B. 询问客人意愿，决定如何放置

　　C. 注意壶嘴避免正对他人，避免不必要的误解

　　D. 放在客人面前，方便倒取

二、各抒己见

1. 茶具预先清洁过了，是否可以直接泡茶？

2. 主人泡茶接待时，可不可以不喝茶？

第九单元 水之美：茶之道，水知道

茶者，水之神；

水者，茶之体。

非真水莫显其神，

非精茶曷窥其体。

——明·张源《茶录》

单元导入

　　老子言："上善若水，水利万物而不争，处众人之所恶，故几于道。"意思是说，最高境界的善行就像水的品性一样，泽被万物而不争名利，水为至善至柔之物，与人无争却又容纳万物。人生之道，莫过于此。中国古代的哲人一直将水作为理想人格的化身。水为生命之源，亦是茶之基质。古往今来，但凡提到茶事时，总是将茶与水联系在一起。

学习目标

知识目标：

1. 了解水资源类别与分布；

2. 了解中国名泉的特点；

3. 理解冲泡不同茶类时不同水质、水量、水温的选择。

能力目标：

1. 学会辨别、选择和处理泡茶用水；

2. 能够根据不同茶类的特点运用合适的水量与水温泡茶。

素质目标：

1. 感受古人对泡茶名泉的极致追求；

2. 树立起正确的饮用水安全与健康观念。

美的视窗

　　茶圣陆羽一生对茶的研究极为透彻，在其生平经历中，发生过许多与茶有关的趣事，在唐代张又新的《煎茶水记》中，记述了一件与陆羽评水有关的故事：唐大历元年（公元766年），御史李季卿出任湖州刺史，路过扬州时遇见陆羽，便相邀同行。船抵扬州驿时，泊岸休息。李季卿早闻陆羽善于煎茶，又知扬子江南零水又殊绝，便向陆羽提出用南零水煎茶，"二妙千载一遇"。当日风急浪大，南零水又处在长江旋涡之中，军士遵命划船取水而归。哪知，陆羽舀水即一口咬定此是江边"临岸之水"，又将瓶中之水倒掉一

下篇 茶生活

半，再次舀水说："这才是南零之水。"军士闻听其言，不禁大惊，才从实相告。原来因江面风浪大，上岸时因小船颠簸，瓶水晃出大半，便在江边将水加满了。对此，李季卿佩服不已，恳请陆羽对曾品尝过的水一一作评，于是陆羽提出"楚水第一，晋水最下"，并把天下宜茶水品，点评分为二十等级。后在北宋欧阳修的《新唐书》"陆羽传"中，对此事亦有记载。

美的解读

专题一
饮水思源：名泉赏析

水乃维持生命不可或缺的灵性之物，是生命的源泉，是人类赖以生存和发展不可缺少的最重要的物质资源之一。在地球上，哪里有水，哪里就有生命的孕育。一切生命活动都起源于水，而在人类的生活轨迹中，水的来源也是多样化的。明朝李时珍在《本草纲目》中，对水进行了极为精细的划分，书中共收水43种，其中"地水"30种，如泉水、流水、井水、地浆等；"天水"13种，如雨水、露水、冬霜、雪水等。古人为品饮名茶，不辞辛劳，走遍祖国千山万水寻访品茗用水。

一、了解茶与水的关系

泡茶离不开水，水之于茶，有"水为茶之母"之说。茶圣陆羽著《茶经》，就明确提出水质与茶汤优劣的密切关系，认为"山水上，江水中，井水下"。中国人历来讲究泡茶用水。若想泡出好茶，水质十分关键。

明代文人张大复在《梅花草堂笔谈》中写道："茶性必发于水，八分之茶，遇十分之水，茶亦十分矣。"明代熊明遇《罗岕茶记》也说："烹茶，水之功居大。"这两句话都表达了一个意思：用好水泡次一点的茶，茶性会借由水充分显现出来，变为好茶；反之，倘若用差的水泡好茶，茶反而变得平庸了。

明代文人田艺蘅在《煮泉小品》中言"茶，南方嘉木，日用之不可少者，品固有嫉恶，若不得其水，且煮之不得其宜，虽佳弗佳也。"此书中，对水论述得十分详细，分为"源泉、石流、清寒、甘香、宜茶、灵水、异泉、江水、井水、绪谈"十节，被称为古代品水之代表作。许次纾于《茶疏》中说："精茗蕴香，借水而发，无水不可与论茶也。"文人张源《茶录》中也曾写道："茶者水之神，水者茶之体，非真水莫显其神，非精茶曷窥其体。"

水的功能如此重要，茶的色、香、味等内在品质与泡茶用水的选择息息相关。茶与水的关系，就像鱼和水的关系一样亲密。离开了水，茶的品质与韵味则无从体现。水中不仅承载着茶的色、香、味、韵，还蕴含了茶道的精神内涵、文化底蕴和高雅深沉的审美情趣。

微课 25：什么样的水泡茶才好喝呢？

当今社会，我们对于泡茶用水的认识和选择具有多样性。我们应在建立现代科学技术和知识的基础之上，对古人的方法加以继承和精进。只有选用理想的、合适的水泡茶，才能获得最佳的冲泡效果和品质。

二、认识历史上适宜泡茶的天下名泉

中国地大物博，泉水分布广泛、种类丰富，数量多达十万。自唐代伊始，饮茶之风盛行，评茶论水亦为风尚。其中被称为天下第一泉的就有 7 处：庐山康王谷谷帘泉、镇江中泠泉、北京玉泉山玉泉、山东趵突泉、四川玉液泉、云南安宁碧玉泉、甘肃月牙泉。而本书所谈及之泉，仅是我国数万计的清泉中的一部分，均与茶相关。

（一）北京玉泉山玉泉

北京玉泉位于西郊玉泉山上（图 9-1），水从山间石隙中喷涌而出，淙淙之声悦耳。下泄泉水，艳阳光照，犹如垂虹，自金代起就被列为"燕京八景"之一。明清两代，均为宫廷御用水源。明代诗人王英在诗中描写玉泉"山下泉流似玉虹，清冷不与众泉同"。

玉泉出水量大，平均约为 4 600 t/h，有"京郊海眼"之称。又因其水头颇高，有"玉泉趵突"之美称。玉泉水水质优良，为品茗、酿酒、灌溉

图 9-1　北京玉泉山

等提供了便利。北京名酒"莲花白""绿豆烧"，以及京都品茗茶事等都得慧于玉泉，皆以醇香和润、晶莹澄洁著称。故乾隆皇帝特地撰写《玉泉山天下第一泉记》，赐名玉泉为天下第一泉。

（二）庐山康王谷谷帘泉

此泉位于江西省著名风景旅游区庐山南山中部偏西，又称三叠泉、三级泉，在庐山东谷会仙亭旁。茶圣陆羽，当年在游历名山大川，品鉴天下名泉佳水时，曾登临庐山，品评诸泉，为该泉题写了气势雄浑的联句："泻从千仞石，寄逐九江船"，将谷帘泉评为"天下第一泉"，名扬四海，为嗜茶品泉者推崇乐道。

宋时精通茶道的品茗高手苏轼、陆游等都品鉴过谷帘泉之水，并留下了品泉诗章。如苏轼在《元翰少卿宠惠谷帘水一器龙团二枚仍以新诗为》中叹味不已，诗曰："岩垂匹练千丝落，雷起双龙万物春。此山此水俱第一，共成三绝景中人。"苏轼还在咏茶词中称赞："谷帘自古珍泉。"陆游亦曾到庐山汲取谷帘泉之水烹茶，他在《试茶》中有"日铸焙香怀旧隐，谷帘试水忆西游"之句，并在《入蜀记》写道："谷帘水⋯⋯真绝品也。甘腴清冷，具备众美。"

（三）无锡惠山泉

惠山泉为唐大历元年至十二年（公元 766—777 年）无锡令敬澄所开凿。惠山的得名是因为古代西域和尚慧照曾在附近结庐修行，古代"慧""惠"二字通用，便称惠山。泉水位于江苏省无锡市西郊惠山山麓锡惠公园内，相传经茶圣陆羽亲品其味，经乾隆御封为"天下第二泉"，故另名陆子泉。泉水无色透明，含矿物质少，水质优良，甘美适口，系泉水之佼佼者。其原因是惠山夺石地层乌桐石英砂岸村下水从地层中涌向地面时，水中杂质多数已在渗滤过程中除去。

相传唐武宗时，宰相李德裕很爱惠山泉水，曾令地方官使用坛封装，驰马传递数千里，从江苏运到陕西，供他煎茶。到了宋朝，泉水的声誉更高。苏东坡向人推荐："雪芽为我求阳羡，乳水君应饷惠泉。"宋代张邦基《墨庄漫录》所载："无锡惠山泉水，久留不败，政和甲午岁（公元 1114 年）赵霆始贡水于上方，月进百樽。"惠山泉水自泉壁石雕的"龙头"（螭首）中流出，叮咚作响，清脆悦耳。泉畔建有"二泉亭"，泉池旁的大石上，镌刻着"天下第二泉"五个大字，是元代著名书法家赵孟頫（赵子昂）所题，至今仍完好地保存在泉亭后壁上。

（四）杭州虎跑泉

虎跑泉（图 9-2）位于浙江杭州市西南大慈山白鹤峰下慧禅寺（俗称虎跑寺）侧院内，距市区约 5 km。其来历，还有一个饶有趣味的神话传说。相传，唐元和十四年高僧性空云游至此，见这里风景灵秀，便住了下来。但苦于无水，便准备迁往别处，一夜忽然梦见神人告诉他说："南岳有一童子泉，当遣二虎将其搬到这里来。"第二天，他果然看见二虎跑（刨）地作穴，清澈的泉水随即涌出，故名为虎跑泉。

图 9-2 "虎跑梦泉"石雕

虎跑泉有"天下第三泉"之美称，其地处群山之低处，地下水随岩层向虎跑渗出，由于水量充足，因此虎跑泉大旱不涸。泉水表面张力大，矿化度不高，水质甘冽醇厚，与龙井茶叶合称为西湖双绝，也有"龙井茶虎跑水"之美誉。古往今来，凡是来杭州游历的爱茶之人，都以能身临其境品尝一下以虎跑甘泉之水冲泡西湖龙井之茶为幸事。

（五）镇江中泠泉

中泠泉也叫中濡泉、南泠泉（图 9-3），位于江苏省镇江市金山寺外。此泉原在波涛滚滚的江水之中，由于河道变迁，泉口处已变为陆地，现在泉口地面标高为 4.8 m。据记载，以前泉水在江中，江水来自西方，水势曲折转流，分为三泠（三泠为南泠、中泠、北泠），而泉水就在中间一个水曲之下，故名"中泠泉"。

图 9-3 镇江中泠泉

"绿如翡翠，浓似琼浆"，泉水甘冽醇厚，特宜煎茶。唐朝陆羽品评天下泉水时，中泠泉名列全国第七，陆羽之后的唐代名士刘伯刍品尝了全国各地沏茶的水质后，将水分为七等，中泠泉依其煮茶味佳列为第一等，因此被誉为"天下第一泉"。

（六）云南安宁碧玉泉

碧玉泉位于云南昆明市西南，安宁市西北的螳螂川峡谷间的玉泉山麓，又名安宁温泉，誉称"天下第一汤"。泉水的形成是周围山区的雨水和地表流水顺着岩石的裂隙、孔洞向下渗透，再汇集成流的结果。它的开发、利用，历史久远。

明洪武三十一年（公元 1398 年），著名地理学家徐霞客周游全国名山大川后，来到云南安宁，当他考察了当地碧玉泉后，在他的游记中写道："余所见温泉，滇南最多，此水实为第一。"明代诗人杨升庵，前后流放云南 40 多年，根据他的长期实践，在他的《浴温泉序》中，认为碧玉泉有七大特点，为此，在碧玉泉畔，杨升庵亲题"天下第一汤"五个大字，并题《温泉诗》一首，以作纪念："泉水澄清，天然石凹，浮垢自去，不积污垢，温凉适宜。可以沏茶，可以烹饪。"

值得注意的是，在中国古代文人咏泉的诗词歌赋中，鲜有单独出现描写某一泉水的，咏泉常与烹茗相结合。从唐代的《茶经》到明代的《煮泉小品》，这流淌山涧中的自然之水借助茶与文人笔墨，产生了诸多有关宜茶名泉的文字题写与传说故事，也使其成了如今的名泉胜迹，不难看出中国的名泉景观是由茶、文人、水三者赋予意义的艺术。

专题二
择水有道：品茗用水

一、正确的择水标准

常说"水为茶之母"，这不仅是因为水对茶来说是必要的存在，更是因为泡茶的过程少不了合适的水的"加持"。古往今来，鉴水用茶无不入微。水是泡茶时茶叶滋味和内含有益成分的载体与激发体，水可以将茶内的营养物质萃取出来，茶的色、香、味也都要溶于水后才能释放出来，因此，水的好坏可对泡茶的质量产生直接影响。

（一）古人择水观："清、轻、甘、冽、活"

山厚者泉厚，山奇者泉奇，山清者泉清，山幽者泉幽，皆佳品也。不厚则薄，不奇则蠢，不清则浊，不幽则喧，必无佳泉。

——《煮泉小品》

自饮茶之风盛行，由于地域环境各异、用茶角度不同以及品评人的阅历和客观性具有一定局限，因此，对水品的要求产生了不同的审视点。产生了诸如"天下第一泉"的争论，形成了茶泉文化的多元性，也造就了茶泉文化的趣味性。

不同时代的茶人评鉴烹茶之泉有着不同的标准。"茶圣"陆羽倾向于泉水的"活"

下篇 茶生活

与"洁";唐代张又新则在《煎茶水记》中记载了他在实践体会中所得的经验,指向泉水的"清""冷""口感佳",并配合水质以"轻"为上。宋代诗人梅尧臣以泉水的"清""冷""甘""滑"为标准。明代的许次纾《茶疏》中择水篇也是以"清""甘""冽"为标准。概略来说,古人对宜茶之水主要从水质和水味两方面来给予评价,好水的水质必须清、轻、洁、活,水味必须甘、冽。

清,是相对浊而言的,指泉水澄澈,质地洁净,水中杂质少。烹茶用水应澄澈无垢,清明不淆,方能彰显茶的色泽。宋徽宗主张"水以清轻甘洁为美",以"清""洁"并举,并指出"不洁之水,虽甘不取"。

轻,指水体质量轻。唐代僧人允躬与宰相李德裕首创以轻重评比泉水,独钟无锡惠山泉。最著名的例子就是乾隆以银斗量天下泉水,他命人特制一种银质量斗,用以称量全国各地送来的明泉水样,并亲自将之同北京玉泉水进行比较。结果显示"玉泉水重一两,唯塞上伊逊水尚可相埒,济南珍珠、扬子中冷皆重二三厘,李山、虎跑、平山则更重,轻于玉泉唯雪水及荷露"。玉泉水以最轻、含杂质最少被乾隆评为"天下第一泉"。泉水之轻、重类似于今人所说的软水、硬水。硬水中含有较多的钙镁离子和铁盐等矿物质,故而增加了水的质量。

甘,指甘甜,为烹茶首选。古人品水觅泉,尤崇甘、冽。这种水一入口,舌尖顷刻便有甜滋滋的感觉,颇有回味。宋代蔡襄首举茶泉需"甘",并在其所著的《茶录》中言:"水泉不甘,能损茶味。"

冽,就是冷、寒,为评泉的另一重要标准,宋徽宗《大观茶论》更是将其首列为评鉴指标之一。古人记述烹茶之泉常以"甘冽""清冽"并称。古人认为寒冷的水,如冰水、雪水,滋味较佳。田艺蘅在《煮泉小品》中说:"泉不难于清而难于寒。"泉甘而能冽,证明该泉水是从地表深处沁出,水质特别好。

活,指流动的活水,而不是静止的死水。泡茶用水要鲜活,死水是各种细菌容易繁殖的地方,不能食用。陆羽在《茶经》中有提出:"其山水,拣乳泉石池漫流者上。"苏轼在《汲江煎茶》中也有言:"活水还须活火烹,自临钓石取深清。大瓢贮月归春瓮,小杓分江入夜瓶"。水虽贵活,但是瀑布、湍流一类的流水气盛而脉涌,缺乏中和醇厚之气,故而被认为和主静的茶旨不和,也不适宜用作烹茶之水。

微课26:古人选择什么样的水来泡茶?

水,是自然之源,是生命之源,也是茶的重生之地。水,赋予了茶生命的温度,也延展了茶生命的长度。茶叶必须通过沸水的浸泡,才能为人们所饮用。不同的水质直接影响了茶汤的品质,所以国人历来都非常讲究泡茶用水的选择,因而才有"水为茶之母"一说。

(二)现代择水方法

在当今生活中,泉水取用并不是特别便利,所以经过处理的再加工水就成了日常饮茶用水的另一选择。常见的便是各类成品包装的矿泉水、纯净水,这些也是泡茶时不错的选择。

1. 品茗用水基本要求

（1）透明度好，无异味，无肉眼可见悬浮物；

（2）重金属、细菌、真菌等指标符合国家饮用水标准；

（3）硬度适中，低于25°。

2. 自来水沏茶前处理

由于环境污染及各类因素，古代文人茶客喜欢汲取煮茶的雨雪露珠、江河湖泊等水源，现在一般不会直接饮用，都是饮用经过消毒杀菌后的自来水。用自来水沏茶时，应注意以下几点：

一是避免晨起接水。因为夜间用水较少，自来水在水管中停留时间较长，会含有较多的铁离子或其他杂质，如晨起接水，最好适当放掉一些水再接水饮用。

二是可以用水缸养水。将自来水放入缸内，放置一昼夜，让氯气挥发殆尽后，更适宜煮水泡茶。

三是可采用磁水器、纯水器等净水设备，让自来水经过过滤和净化后再进行泡茶饮用。

3. 水质对茶汤的影响

水的硬度与茶汤的品质密切相关。硬度为 0～60 ppm 的水称为软水，10°以上的水称为硬水，如果水的硬度是由所含的碳酸氢钙或碳酸氢镁引起的，则称为暂时硬水。软水中含其他溶质少，茶叶有效成分的溶解度高，故茶味浓；而硬水中含有较多的钙、镁离子和矿物质，茶叶有效成分的溶解度低，故茶味淡。而暂时硬水通过煮沸，所含的碳酸氢盐进行分解，生成不溶性的碳酸盐而沉淀，平时我们用铝壶煮水，壶底上的白色沉淀物就是碳酸盐，经过这样煮沸处理的水就变成软水了。

水的硬度还影响茶叶有效成分的溶解度。如水中铁离子含量过高，茶汤就会变成黑褐色，甚至浮起一层"锈油"，无法饮用，这是茶叶中多酚类物质与铁作用的结果。如水中铅的含量达 0.2 ppm（1 ppm=10^3 mg/m^3）时，茶味变苦；镁的含量大于 2 ppm 时，茶味变淡；钙的含量大于 2 ppm 时，茶味变涩，若达到 4 ppm，则茶味变苦。由此可见，泡茶用水以选择软水或暂时硬水为宜。

水的酸碱度对茶汤的影响。用 pH=7 的水泡茶，茶汤自然酸度 pH 值为 4.8～5.0，这时，绿茶的汤色黄绿明亮，红茶的汤色黄艳明亮；当茶汤的 pH 值大于 5 时，汤色加深；达到 7 时，茶黄素就倾向于自动氧化而变晦暗；当茶汤的 pH 值大于 9 时，茶汤呈暗黑色；而当茶汤的 pH 值小于 3 时，茶汤中出现浑浊沉淀物。因此，泡茶用水以选择酸碱性适中，接近中性或弱酸性的水为宜。

二、合理的泡茶水量

泡茶水量的多少与所泡茶类及所泡茶量有关。

一般来说，红茶、绿茶、花茶类，每克茶叶以冲泡 50～60 mL 水量为宜，用乌龙茶、普洱茶泡茶，同样的茶壶或茶杯，每克茶可冲泡 20～30 mL 水量。如果用于煮茶，如少数民族煮砖茶，或者日常生活煮白茶，根据所喝浓度，每克茶加水 150～250 mL 水量为宜。

生活泡茶，茶与水的用量并没有固定的比例，因个人习惯和嗜好而异，茶多水少则味道浓郁；茶少水多，则味道清淡。但是在茶叶的感官审评中，各类茶冲泡的茶量与水量，都应严格按照审评标准执行，才能做相对标准的评判。

三、科学的冲泡水温

自古以来，人们对泡茶水温就十分讲究，控制水温似乎是泡茶的关键，水温通过对茶叶成分溶解程度的作用来影响茶汤滋味和茶香。宋代蔡襄在《茶录》中说："候汤最难，未熟则沫浮，过熟则茶沉，前世之谓蟹眼者，过熟汤也。沉瓶中煮之不可辨，故曰候汤最难。"他们认为少水泡茶，要大火急沸，不要文火慢煮。以刚煮沸起泡为宜，用这样的水温来泡茶，茶汤香味俱佳。水沸腾太过，即古时所称"水老"，溶于水中的二氧化碳挥发殆尽，泡茶鲜味大为逊色；未沸腾的水，称为"水嫩"，茶中有效成分不易泡出，香味低淡，茶叶浮水面，饮用不便。一般来说，泡茶水温与茶叶中有效物质在水中的溶解度呈正比，水温愈高，溶解度愈大，茶汤就愈浓；反之，水温愈低，溶解度愈小，茶汤就愈淡，一般 60 ℃温水的浸出量只相当于 100 ℃沸水浸出量的 45%～65%。

茶叶分为六大类，由于属性不同冲泡温度也有不同。

绿茶或黄茶冲泡过程中，由于原料细嫩，一般不用刚烧开的沸水，而是将沸水经过一定时间放置后（约 80 ℃）再进行冲泡。因为 100 ℃的高温沸水会使茶叶中高含量的维生素 C 等对身体有益的营养成分被破坏或氧化分解，从而使其清香和鲜爽味降低，叶底泛黄，破坏了其色香味的完美呈现。如茶叶原料偏成熟，可适当增加茶叶冲泡水温。

白茶原料从细嫩芽头到成熟叶片均可选择，茶叶的内含成分也会随着存放年限的增加而产生氧化和转变，所以在冲泡的过程中需要根据茶品的具体情况来调整水温。原料细嫩的新茶可用 85 ℃左右的水温冲泡，随着原料粗老程度的提高以及茶叶存放时间的延长，可适当提高冲泡温度至 90～100 ℃。而年份偏老的白茶即使用沸水冲泡，也很难将其香气和滋味激发出来，则可用沸水持续煎煮，进行饮用。

各类青茶与黑茶，由于原料选择的是较为成熟的叶片，则建议用 100 ℃的沸水直接冲泡。高温冲泡的前提下，更有利于茶叶馥郁的香气以及饱满滋味的析出。而在冲泡茶叶的过程中，为了保持和提高水温，泡茶过程中还可以选择点碳烧水、铁壶煮水、泡茶前烫洗茶具、紫砂壶冲泡、冲泡过程中淋壶增温等方式辅助泡茶，以得到更好的茶汤品质。

择水有道之"道"体现了古人对"水"这一客观事物在意象层面所蕴含的精神内核的不懈追求。《道德经》中老子认为至善之人如水一般，滋养万物有利于其生成，而又不与万物相争，保持自身的平静，处在人人都厌恶的低下地方，拥有至高无上之善的人定会拥有利他之思，也无疑是在倾囊相授为人处世之方，世间万物唯有水方能做到源源不断施益于他物，不争不抢，不向外索取。

📖 文化拓展

《茶经·五之煮》（节选）

其水，用山水上，江水中，井水下。[原注：《荈赋》所谓"水则岷方之注，挹彼清流。"] 其山水拣乳泉、石池漫流者上；其瀑涌湍漱，勿食之。久食，令人有颈疾。又水流于山谷者，澄浸不泄，自火天至霜郊以前，或潜龙蓄毒于其间，饮者可决之，以流其恶，使新泉涓涓然，酌之。其江水，取去人远者。井，取汲多者。

其沸，如鱼目，微有声，为一沸；缘边如涌泉连珠，为二沸；腾波鼓浪，为三沸，已上，水老，不可食也。初沸，则水合量，调之以盐味，谓弃其啜余，[原注：啜，尝也，市税反，又市悦反。] 无乃 [卤舀][卤监] 而钟其一味乎，[原注：[卤舀]，古暂反。[卤监]，吐滥反。无味也。] 第二沸，出水一瓢，以竹环激汤心，则量末当中心而下。有顷，势若奔涛溅沫，以所出水止之，而育其华也。

📖 文化践行

一、综合实践

1. 中国人饮茶讲究用水，一般认为用（ ）泡茶最好。

　　A. 江河水　　　　　B. 自来水　　　　　C. 泉水　　　　　D. 井水

2. （ ）通过称重来评定泡茶用水水质的高低。

　　A. 乾隆　　　　　　B. 宋徽宗　　　　　C. 陆羽　　　　　D. 老子

3. 现代泡茶用水在符合《生活饮用水卫生标准》（GB 5749—2022）的基础上再从（ ）方面考量。

　　A. 软硬度　　　　　B. 酸碱度　　　　　C. 温度　　　　　D. 水源

4. 古人对泡茶水温十分讲究，认为"水嫩"，茶汤品质则会呈现（ ）。

　　A. 茶浮水面，香味低淡　　　　　　B. 茶浮水面，香味清高

　　C. 茶叶下沉，香味低淡　　　　　　D. 茶叶下沉，香味馥郁

5. 在冲泡茶的基本程序中，（ ）的主要目的是提高茶具的温度。

　　A. 将水烧沸　　　　　B. 煮水　　　　　C. 用随手泡　　　　D. 温壶（杯）

二、各抒己见

1. 自来水是在日常生活中使用频率最多的水资源，请浅谈自来水对茶汤品质的影响，如果需要使用自来水泡茶，应该如何处理？

2. 六大茶类的色香味形均有所差异，请分别描述其适宜的茶水比例与冲泡水温？

3. 解读《茶经》，学习并描述陆羽的择水观。

三、生活实践

在我们生活中分布着各类如自来水、山泉水等不同的水资源。调查并分析自己所在城市的水源及山泉分布情况；进行样品采集，用不同的水品冲泡茶叶，观察、记录茶的色香味差异，并分析其对茶品质的影响。

第十单元 器之美：茶之道，器之道

"喝好茶，是要用盖碗的，于是用盖碗。果然，泡了之后，色清而味甘，微香而小苦，确是好茶叶。"

——鲁迅《喝茶》

单元导入

器为茶之父，器之重要可见一斑。

纵观茶叶种植、制作的历史以及中国的饮茶文化史，茶器也是茶文化发展的各个阶段里尤为重要的标志。在当代，人们了解和学习茶艺必然要对茶之器有比较系统的梳理，从茶之器的历史传承、功能价值、材料工艺、造型审美等内容加以研习，能了解茶器背后的时代印迹、工艺技艺和文化传承，在茶艺实践中流畅使用各类茶器，在茶艺文化传承和传播中，讲述茶器的审美价值和艺术价值。以茶入器，慕古思今，识器见美。

▌学习目标

知识目标：

1. 了解茶器与茶具的基本概念；

2. 了解唐代以前及唐代茶事的时代特征，梳理唐代越窑及邢窑的陶瓷艺术；

3. 熟悉宋代点茶所需器具尤其是宋代建盏的艺术价值和意义，了解宋代"五大名窑"的基本特点；

4. 了解青花瓷艺术的发展历程，熟悉彩瓷类茶器及宜兴紫砂壶的造型及纹饰的美学特征；

5. 学习当代茶器的分类、功能及日常运用和搭配规律。

能力目标：

1. 能够梳理中国古代饮茶方式与茶器特征发展之间的密切关系，并以此建立本单元的学习、思维逻辑；

2. 能够品鉴唐、宋、明、清以来中国陶瓷类茶器的造型及纹饰特征；

3. 能够辨析当代茶器的分类及审美特征。

素质目标：

1. 通过学习茶器分类和特征，以及古今不同时代的饮茶方式，涵养审美素养；

2. 通过学习古今能工巧匠高超的制器技艺，提升工匠精神，强化精益求精的职业素养。

✈ **美的视窗**

随着茶文化的不断普及，爱茶人越来越多，由爱茶进而对各类茶杯的迷恋、收集的群体也越来越多，在茶友圈这个群体有一个响亮的名称叫作"杯子控"。每一名"杯子控"都是茶之美的传播者，他们的茶桌上有各种造型、釉色、纹饰的茶杯。例如，青瓷、白瓷类茶器是基础，建盏兔毫、鹧鸪都得有，汝窑、哥窑品茶养杯曾流行，青花杯从明清仿到元，粉彩、斗彩、珐琅彩等彩瓷的杯子则更丰富，人物纹、鸟兽纹、花果纹，各类纹饰都得有，近几年流行的侘寂风、设计感的杯子也得有……

"杯子控"们的茶桌上，林林总总的这些茶杯，其背后是什么样的茶器制作的？设计的历史背景是什么？茶杯的造型、釉色和纹饰又有怎样的器物审美发展历程呢？作为一名"杯子控"，我们有必要进入茶器的历史、文化及审美梳理里，系统地了解和学习。

☕ 美的解读

专题一
精雕细琢：茶器与茶具

一、茶器与茶具的区别

饮茶、品茶所需器具，千百年来人们习惯性称为茶器或茶具，从语义上看，茶器和茶具这一对概念就是茶之器具的细分表达，但从实际运用习惯看，这二者又常常被运用在不同的茶事语境里，所以，茶器和茶具到底有区别吗？

茶圣陆羽在其著作《茶经》里对茶具和茶器这一对概念，根据当时的饮茶社会背景从概念上做了比较清晰且严谨的定义。他将茶之器具细分为两类，茶器是炙茶、碾茶、煮茶等形成茶汤，再品饮茶汤所用的器具，列入茶经四之器；茶具则泛指茶叶加工制作过程中运用到的各类器具，如采摘鲜叶用到的籝（曰篮、曰笼或筥），还有茶叶制作成型这一过程中需要的器具，如焙茶所需的"焙、贯"等，这些器具在《茶经·二之具》这一章节有述。陆羽在《茶经》中设计了二十四种完整配套的茶具，并强调："城邑之中，王公之门，廿四器缺一，则茶废矣。"对茶之器具的完整和制茶、品茶的审美有了较为明确的表达和规约，也将茶之器具的文化符号和精神属性散播开来，原本用来烹煮、品饮茶汤的日常器物也在器物运用的规约及仪轨中获取了超越器物物质属性的精神升华。

在现代，人们在习茶、事茶之时，习惯性将茶之器具定格在泡茶、品茶、赏茶这一层面，无论是茶器还是茶具，通俗地说都特指泡一杯茶、喝一杯茶所需器物。同时，在从古至今的茶艺传播过程中，为突出茶艺审美性以及民族、地域文化特殊性，人们也时常将茶空间、茶席布置所用器物，如花器、席布、屏风、艺术摆件等笼统称为茶之器。

事实上，了解这些细微的概念区别，其意义和价值更多在于完善茶艺学习者的知识积累，让其对一片树叶到一片茶叶的千年传承有一份敬畏心，对茶事过程中一切美的感受和传播有一份细腻而清晰的认知状态，因此，在日常品饮及习茶过程中，将事茶器具称之为茶器或茶具皆可，为便于统一话语，本专题将茶之器具所涉及陶瓷类茶器具统称为茶器。

二、唐前茶器简要

唐代以前，茶饮文化发展不够平衡，从上古到魏晋南北朝饮茶习俗、饮茶风尚还未在社会上全面普及，一般人对茶饮的接受程度还不高。加上出土文物及文献记载有限，有关茶文化的记录更多集中在汉代及以后时期，加上茶叶与食用、药用结合较为紧密，少有茶事器物使用记载，因此商周至两汉时期的茶器发展呈现出较为模糊的状态。总体来说，这一时期饮茶方式多为烹煮，因此茶器与食器、酒器难免有一定的功能重叠。从云南一些少数民族地区至今都保留的烤茶煮茶习俗来看，人们使用简单的粗陶罐在柴火上烤焙茶叶后添水熬煮，再用陶盏盛茶汤饮之，这种饮茶习俗代代相传，陶器在茶文化萌芽的早期依然扮演着重要的角色。当然茶事器物的材质在这一时期也比较多样，青铜器、铜器、漆器、陶器都有所涉猎。这一时期的金属工艺也有了较大的发展，除了祭祀用的大型器物以外，日常生活所用的铜壶、铜罐也承担着盛水、注水、煮茶的使用功能。还有那时的漆器，尤其是便于存储食材、药材的器型，也可用于茶叶的存储。

饮茶在两汉时期已初步形成了一种生活习俗，西汉王褒在《僮约》中，明确记录了僮仆的日常事务里就有"烹茶尽具"和"武阳买茶"两条。"烹茶尽具"是说煮茶所需器物要提前清洗完备，虽然这里的"具"，没有描述具体是指什么材料形式及造型设计的茶具，但此处特别强调了用于烹煮且需要提前准备的事茶器物，已表明对茶器运用的重视程度。"武阳买茶"表明了茶叶的获得是需要到集市专门采购，这一茶叶买卖的商品化、市场化行为已经形成，可见汉代巴蜀地区茶叶商品化已达到一定成熟的程度。那么如何界定这一时期哪些器物属于茶器类型呢？从文博研究的规律看，特定器物的确定要么是通过器物的铭刻标识来确定，要么是通过器物分布的具体地域范围和器型类型、功能等分析来考证。从汉代饮茶的文献记录看，茶更多以食用、药用、饮料及相互结合的方式存在，因此表现在器物上少有专门的茶器，更多表现为一器多用。20世纪90年代浙江湖州市博物馆在一座东汉晚期的砖室墓中，发掘出一只完整的青瓷贮茶瓮，其肩部铭刻一个醒目的"茶"字，这是民间贮茶具出土文物，确凿无疑地表明，汉代已有专用茶器具。在汉代画像石的考古研究里也发现不少涉及茶文化领域的"神农"相关画像，除了画像中的神农，作为烹煮饮用的茶，可能出现于汉画中的庖厨图和宴饮图。饮器、食器是炊煮、宴饮图像中必不可缺的重要器物和标识。由前所述的汉代茶器实物非专用，且目前的汉画像题记尚未有茶字，因此在画像上茶的食用和饮用的器物也非特定茶器。

较之两汉，魏晋南北朝时期关于茶的史料、文学作品等文献记载丰富起来，更直观地展示了茶在当时人们生活中的不可替代。这一时期是一个社会大动荡的时期，战乱和分裂、人口的迁徙也带动了工业技术力量逐渐向南方转移，这便为茶叶原材料聚集的南方地区带来了饮茶器具的工艺技术。三百多年的混乱局面，战争的烟火、徭役的压迫、百姓精神的苦闷促进了佛教在各地的兴起和传播，这一时期的茶文化开始倾向于精神化，饮茶不仅是满足生理上的需求，更多的是满足人们精神上的寄托和表达。这一时期，中国的陶瓷发展经过商周的原始瓷器，到了汉代后期，瓷器烧制工艺已进入相对成熟阶段，烧制的瓷器坚固耐用、洁净耐腐、便于洗涤，加上釉层细腻、温润的质地，类似玉的审美满足，大大提高了器物的使用价值。茶器也更多地由之前的一器多用渐渐过渡到瓷器类专用茶器居多，尤其是当时的青瓷色泽秀丽、青翠，造型及纹饰取材宗教和大自然形象较多，便自然而然和趋向于精神追求的饮茶风尚融为一体。

<h2 style="text-align:center">专题二
大唐风华：南青北白齐并进</h2>

一、兼容并蓄唐茶器

唐代是中国封建制度时期中最为浓墨重彩的一个时代，政治上恢弘强盛，经济上繁荣富足，文化上灿烂包容。在这一背景之下的饮茶风尚，上至宫廷，下至平民百姓，都呈现出五彩纷呈的气象，事茶器物的选择也呈现出多样化的特点。唐代茶器具，从材料及工艺角度看，主要分为金银器和瓷器两类器物，这一时期的金属加工工艺和瓷器烧造工艺也超越前朝，达到了技术控制上、艺术表达上的最高峰。金银器多为王宫贵族使用，1987年法门寺出土了一套唐代宫廷茶具，这套茶具完整体现了唐代饮茶的体系化特征，从干茶烘焙、研磨、过筛等器具，再到生火、煮水、烹茶器具一应俱全，是文物考据里最好的案例。这套金银茶器具质地之贵，做工之精，造型之美，价值之高，堪称茶器中的国宝，它是唐代宫廷茶器具选用的集中表现，也是唐代茶文化兴盛的综合体现。

唐代所用瓷器类茶器多为当时的越窑青瓷及邢窑白瓷，俗称"南青北白"。陆羽《茶经》有述："碗，越州上，鼎州次，婺州次，岳州次，寿州、洪州次。或者以邢州处越州上，殊为不然……"。陆羽重视饮茶的综合感官体验，于是对选择什么样瓷质、釉色的茶碗更有利于茶汤色泽的视觉呈现非常重视。如果茶汤原本是呈现"红白之色"，越瓷是青色，红色茶汤置入其中便利于茶色呈现出茶叶新鲜生命状态时的绿莹莹状态，而"邢瓷白，则茶色红；寿瓷黄，茶色紫；洪州瓷褐，茶色黑；悉不宜茶"。客观来说，选用不同釉色的茶碗与品饮茶汤的实际口感差别不大，但不同色泽的茶汤呈现却能给人不一样的视觉感受，由此带来不一样的精神体验与满足。唐代越窑和邢窑茶器，在当时既有宫廷显贵使用，也有寺庙、官宦及平民百姓使用。法门寺出土的唐代茶器具中，也有一系列瓷质茶器秘色瓷茶器，这批茶器有碗有盘，皆是事茶器物，这些器物的造型和瓷质釉色温润，代表着唐代瓷器类茶器的艺术巅峰。唐代瓷器类茶器以其独特的造型和材质、釉色呈现出端庄柔美的视觉体验，再配以唐代饮茶习俗和方式，唐代煎茶法使用的主要器物具是茶碗，唐人用一只越窑青瓷碗或邢窑白釉碗，便可以静享一碗茶的意趣盎然，茶与器的融合就这么直接简练。

二、独领风骚越青瓷

（一）唐代越窑青瓷茶器的瓷质之美

唐代陶瓷各窑口里，青瓷是主流，其中最著名且有代表性的是越窑。"越"是指现今的浙江地区，唐代时称越州，是我国青瓷的主要产地。越窑茶器因陆羽评为"越窑上"以及"古瓷尚青"等因素，深受唐代各层人民喜爱。陆羽《茶经》里记录："越瓷类冰""越瓷类玉"，如冰似玉，是对越窑茶器瓷质感比较客观的描述。玉在历代中国人的心目中都是德行高洁的美好象征，君子比德以玉。越窑瓷器的瓷质感天然就有玉的特征，加上魏晋以来到唐代，饮茶风尚里的至纯至洁的精神追求也被文人雅士效仿，一只像玉一样质感的青瓷茶碗必然会被世人追捧。

（二）唐代越窑青瓷茶器的造型之美

唐代越窑青瓷茶器产品主要有碗、瓯、杯、执壶、盏、盏托等数种，造型设计上大多以器之所用为标准。陆羽《茶经》有注，饮茶之器，"口唇不卷，底卷而浅"，由此可知越窑青瓷茶器在造型要求上首要满足的是使用功能。一只茶碗首先是好用，宜盛茶，宜端持，既满足了茶人之需，也是制瓷人的制瓷首要标准。因此，越窑青瓷茶器造型简单，大方耐看，外形之美更多体现在"掠翠融青"的釉色及瓷质感上。

茶器在使用过程中，难免逐渐融入饮茶人的生活雅趣之中。晚唐时期越窑青瓷茶器在造型审美上也在原有"好用"的基础上增加一些仿生设计，增添品茶趣味。同时，吸收金银器制作工艺的造型特点，不断尝试将佛教文化、异域文化融入茶器造型设计中。孟郊诗云："蒙茗玉花尽，越瓯荷叶空"，越窑青瓷茶器在造型上趋向于用荷花、荷叶、海棠等植物花卉之形来修饰。唐越窑青瓷荷叶盏、托，为浙江宁波出土的一件唐代珍贵文物，是越窑茶具的精品之作。青瓷荷叶盏、托由一盏一托组成，盏的造型是一朵荷花，敞口、深腹，便于盛茶饮茶，盏托做成了荷叶卷边的造型，既便于盏的日常陈列搁放，也易于端盏奉茶防止盏烫。

越窑青瓷茶器的外在装饰较少，唐代晚期有一些刻花、划花、印花、堆贴等装饰手法。刻化纹饰也多为一些龙凤、鸳鸯、鹦鹉、双鱼、牡丹、莲花、卷草等题材。这些刻化纹饰一般在茶碗、盘的内壁，或者执壶外表等处，纹饰也比较简单，线条简洁明快。

三、邢窑白瓷技艺高

陆羽在《茶经》中虽然对越窑青瓷极为认可，但同时也提及了"或者以邢州处越州上"，这里的"邢州"便是唐代白瓷最具有代表性的窑口邢窑所在地。陆羽在评价茶碗选择时，为什么话锋一转，又力挺邢窑呢？从《茶经》的各章节叙述里可以看出，陆羽对茶事的程序性和综合感官体验比较重视。邢窑白瓷因"类银""类雪"的洁白色泽，在衬托特定茶汤时更能呈现出茶汤的真实客观汤色，这或许便是陆羽选择邢窑的原因之一吧。

邢窑白瓷器物的器型规整，常见的器型有碗、盘、盒、瓶、壶、罐等，一改魏晋时期器型的繁复，造型简洁，多为实用。例如，白瓷茶碗以敛口、浅腹敞口造型居多，从使用功能看，便于饮茶时茶汤降温适口；茶碗的底足多为玉璧底，这也是唐代陶瓷圈足的一个代表性符号。唐代诗人元稹在诗中写到"雕镌荆玉盏，烘透内丘瓶。"这一"透"字，即形容器物透影之感。唐代诗人皮日休在《茶瓯诗》记载"圆似月魂堕，轻如云魂起。"称赞邢窑白瓷的造型规整如月，质地轻薄如烟。邢窑白瓷在胎质上十分讲究，淘洗精炼，胎体厚薄皆有，有一定厚度的造型稳重，薄胎轻盈乖巧。从出土的诸多标本来看，邢窑白瓷的胎质整体相当致密，杂质较少。邢窑白瓷釉色以"白如雪"为其主要特征，施加细腻的化妆土，釉面光洁、釉层均匀，追求釉色玉质感的视觉体验，手感细腻滑润，如脂如玉。邢窑白瓷日常用品少有纹饰，以突显釉质之美，突显朴素淡雅的风格。

专题三
宋人风雅：极致精巧与朴实简约

一、"十二先生"

提及宋代点茶，不得不说一说这一套点茶器具，南宋即有《茶具图赞》一书，图文并茂。作者为"审安老人"，该书将宋代点茶所需的各类茶器具统编为册，总括为十二种器具，用拟人化手法，每种器具各赐以姓氏、官称与名、字、号，合称"十二先生"。宋代点茶"十二先生"之名便由此而来，传之千古。十二件点茶所需之器，十二个有名有姓的"先生"，每一位"先生"均具有一定的人格思想，由此可见《茶具图赞》通过点茶之器的描绘，表面上是在描述茶之器，实际上也在暗喻或寄托人之品。这十二位"先生"的名称及器之功用特点依次如下所述。

（一）茶炉及罩

韦鸿胪，名文鼎，字景旸，号四窗间叟。姓韦，表示由坚韧的竹篾编成；鸿胪为执掌祭礼机构。胪与炉、鸿与烘均谐音双关；文鼎，是指器物壁的编纹；景旸，其意是可以保温。四窗间叟指茶炉开有四窗，可以通风与出灰。

（二）茶臼（碎茶用具）

木待制，名利济，字忘机，号隔竹居人。姓木，表示木制品；待制为官职名，以备顾问之意。其由槌、杵、臼组成，宋代饮茶多用饼茶，饮茶前需用此器具将饼茶拆碎。

（三）茶碾

金法曹，名研古，字元锴，号雍之旧民。姓金，表示用金属制成，法曹是司法机关，饼茶杵碎了之后，还须经过金属碾子碾极细才可用于点茶，其由底座、圆碾及配件组成。

（四）茶磨

石转运，名凿齿，字遄行，号香屋隐君。姓石，表示用石凿成，转运是宋代负责一路或数路财物之长官。

（五）水勺

胡员外，名惟一，字宗许，号贮月仙翁。姓胡，暗示由葫芦制成，员外是官名，"员"与"圆"谐音，员外暗示外圆，旧时习惯以老葫芦中剖，即为两只水勺。

（六）筛子

罗枢密，名若药，字传师，号思隐寮长。姓罗，表明筛网由罗绢敷成，枢密使是执掌军事之官员，枢密又与疏密谐音，和筛子特征相合，疏密指罗质经纬间的孔大小。

（七）茶帚

宗从事，名子弗，字不遗，号扫云溪友。姓宗，表示用棕丝制成。从事为州郡长官的僚属，专事琐碎杂务，弗通拂，不遗是其职责，号扫云者禅茶也。

（八）盏托

漆雕秘阁，名承之，字易持，号古台老人。复姓漆雕，表明外形甚美。秘阁为官家藏书之地，宋代有直秘阁之官职，茶汤烫手，以盏托承之自然便捷安全。

（九）茶盏或称茶碗

陶宝文，名去越，字自厚，号兔园上客。姓陶，表明为陶瓷。宝文之文通纹，表示当时点茶所用之器建盏上有天然釉纹。

（十）汤瓶

汤提点，名发新，字一鸣，号温谷遗老。姓汤，即热水，提点为官名，含提举点检之意，即汤瓶可提而点茶，发新指茶味，一鸣指沸水之声。

（十一）茶筅

竺副帅，名善调，号希点，号雪涛公子。姓竺，用竹制成。善调指其功能，雪涛指茶筅调制后之微沫。

（十二）茶巾

司职方，名成式，字如素，号洁斋居士。姓司，表明为丝织品。职方是掌管地图与四方之官名，借指方形之茶巾。如素，其色素。洁斋，用以清洁茶具也。

二、"三件半"遗珍

（一）宋代建盏的审美特征与艺术价值

宋代点茶的事茶形式，不仅丰富了品茶、饮茶的方式，也推动了饮茶的形式艺术及精神内核的发展，点茶、斗茶活动演变成宋代皇室宫廷、市井平民都乐于参与和围观的饮茶风尚——斗茶。斗茶活动促进了点茶所需的茶器具快速发展，适用于点茶的茶器具，首要得到发展和关注的便是宋代建盏。

在斗茶的结果判定里，茶汤白为上，为了衬托汤色，就需要有视觉对比感的茶器具来衬托白色的茶汤，宋代建盏的黑釉茶盏因此便有了更好的黑白对比的观赏效果。

宋代建盏整体造型简洁，茶盏大小规格合适，适宜茶水饮量。茶盏口径较大，可以满足点茶时出现的更多茶汤泡沫，口沿与腹部交接处的内壁设计有一圈线条，从外观看有敛口形状，既可以为点茶注汤参照容量，还可以作为观察茶汤咬盏的标准线。从使用角度看，宋代茶盏的造型由上而下逐渐收缩线条，便于点茶时手握及扶盏，宋代建盏底部相对于唐代瓷器的玉璧底圈足较小，便于点茶时茶汤沉淀，盏的胎体厚实，滚水倒入茶杯要不易烫手。宋代建盏的这些造型特点都在实用性上满足了点茶、斗茶的各个环节。

宋代建盏的烧制工艺是建盏的工艺难点，烧制后呈现的各类建盏，充分体现出陶瓷烧制中土与火的自然天成之美。

宋代建盏之所以为后人追捧，与其釉色光华四溢、精彩异常有关，也与其工艺难度极大，精品留存世间较少故而稀缺有一定关系。宋代建盏以黑色釉色为底色，在高温下形成的结晶体，在不同光线下呈现出罕见的光芒和纹理，这些变幻莫测、绮丽多彩的斑纹又很少烧制成功。建盏的釉质层是非常具有质感的结晶釉，无论哪一种纹饰，都没有人工雕琢，全部是依靠釉料的配方变化，调节窑内的烧成温度和气氛，不经意产生出的"可遇而不可求"的视觉效果。建盏釉色虽以黑色为主体釉色，但因窑变而产生的自然纹样又将建盏分为兔毫盏、鹧鸪盏、油滴盏、曜变盏。兔毫盏的特征是在黑色釉层中透露出长短不一、分布不均的线型纹样，这些纹样像兔子身上的毫毛一样纤细柔长，根据颜色的不同还有金兔毫、银兔毫之分。油滴盏的主要特征是釉面的花纹为不规则的圆点，圆点要比窑变与鹧鸪斑小，像夜空中的点点繁星，也像水面上漂浮的油珠，有金油滴、银油滴之分。鹧鸪盏顾名思义，盏的釉面花纹如鹧鸪鸟胸部羽毛的斑点，常连成一片。曜变盏的典型特征是釉质层在窑变后形成圆环状的斑点，斑点边缘呈现以蓝色为主的七彩的光晕，盏体也多呈深蓝色辉光，如深邃天空中点缀着大小星辰。

（二）"三件半"遗珍

据史料记载，有日本僧人漂洋过海来到中国浙江临安的天目山寺院修行，回国时，带回在寺院内学习到的茶道技艺和茶器，所以他们把这类建盏统称为"天目碗"。后来他们把从中国带走的这些曜变茶碗，也叫作"曜变天目茶碗"。不知道是不是宋代极简的审美社会氛围下，曜变盏这样变幻莫测的颜色没有得到当时的认可，后续便没有再制作曜变建盏，以至于存世的曜变建盏屈指可数，目前宋代曜变天目茶碗仅存三只均在日本，收藏于日本静嘉堂文库美术馆、藤田美术馆与大德寺龙光院。2009 年，杭州某建筑工地上出土了不少宋朝的瓷器残片，其中就有一些曜变天目茶碗的碎片。经过拼凑修复后，却只拼出半只，无法复原为完整的曜变盏，现珍藏在浙江杭州古越会馆。杭州出土的这半只曜变天目茶碗，虽不完整，但是圈足几乎全部保存，茶盏的原型也很清楚，碗内壁的曜变斑纹清晰可见。杭州南宋官窑博物馆副馆长邓禾颖曾在媒体采访时表示，目前公认的曜变盏就三只半，关于杭州出土的这半只残盏，她曾在《东方博物》上发表的文章里作了相关介绍，并详细介绍了于同处出土、值得探究的其他品种的标本。2014 年，中央电视台拍摄大型纪录片《隐身东瀛的瑰宝》时，特地将这只残盏录入。宋代建盏的烧制，尤其是那些偶然天成的绚烂纹饰是宋代斗茶文化繁荣下诞生的意外之宝，随着茶文化的不断发展，宋代斗茶形式逐渐退出历史舞台，建盏的需求也渐渐冷淡，建盏的烧制工艺技术也失传近千年之久。近年来国内外均有陶瓷烧制团队不断研发，力图恢复曜变天目茶碗宛如宇宙星云般深邃绚丽之美，以弥补这"三只半"遗珍之憾。

三、"五大名窑"的艺术巅峰

宋代茶文化是宋代文化、艺术及审美的一部分，宋代茶器之美不仅仅体现于斗茶所需的建盏中，也体现在宋代瓷器的隽永里。我国陶瓷工艺发展到宋代，达到了技术上、审美上都相得益彰的成熟阶段。受宋代文化艺术的影响，宋代两朝三百年间制瓷行业兴盛，瓷器审美极具时代特点，经典作品层出不穷，出现了以官窑、哥窑、汝窑、定窑、钧窑为代表的"五大名窑"，既奠定了宋代瓷器烧制的艺术高峰，也为后续陶瓷艺术的发展呈现了新的审美篇章。

（一）官窑

关于宋代官窑的概念界定，研究者根据各类文献资料的记载，分为北宋官窑和南宋官窑。根据叶寘在《坦斋笔衡》里提到的"政和间，京师自置窑烧造，名曰官窑"。京师便是北宋都城汴京，因此北宋官窑也被称为汴京官窑，南宋官窑有修内司官窑和郊坛官窑之别。北宋的汴京官窑窑址至今未有考古发掘发现，南宋官窑的窑址均在浙江省杭州市。北宋和南宋官窑都有紫口铁足的特征，所谓"紫口铁足"，是因为胎土含铁量高，高温烧制过程中，釉有一定流动性，器物口沿或突出部分在釉自然往下流的过程中留存的釉较薄，呈现出深褐的胎色，故称"紫口"。所谓"铁足"，则是指圈足底部，胎土含铁量高加上没有施釉，故而在器物烧制后呈现出黑褐胎色。宋代官窑的器物少有外在纹饰修饰，釉面大部分有开片纹，形成各种纹理，与釉色相得益彰，成为官窑器的又一特征。从器型造型来看，有仿古青铜造型尊、壶、簋等，也有大量的碗、盘、瓶、炉、洗、文房、茶器、香具等品类，北宋官窑较为厚重，南宋官窑更轻巧。官窑名词的界定在后续文献记载里有一些模糊和混淆，和汝窑及哥窑都有器型和瓷质感类似的现象，有学者提出官窑不单单指某一类瓷器的烧制窑口，而是作为官办、官造及御用瓷器的窑口。

（二）哥窑

哥窑与官窑很接近，有紫口铁足和开片的共同特征，在文献记载里和官窑也有混淆，是五大名窑里疑团较多的窑口。史书上关于哥窑的窑址记载比较模糊，有人说窑址在河南，和汝窑窑址接近，有人说在杭州，哥窑就是杭州的修内司官窑，也有人说哥窑在龙泉，相传南宋时有兄弟两个人，老大叫章生一，老二叫章生二，哥哥烧黑胎青瓷，叫哥窑，弟弟烧白胎青瓷，叫龙泉窑。目前所见的传世哥窑主要收藏于北京故宫博物院、台北"故宫博物院"、上海博物馆等。造型丰富，碗、盘、碟、洗、瓶、罐等，胎土颜色深的烧制后有紫口铁足，施釉为乳浊釉，釉色灰青、米黄皆有，釉面有大小不等、形状各异的开片纹，开片纵横交错、变幻莫测。为了突出开片纹的视觉艺术效果，还用墨汁、茶水等着色剂涂抹釉面，使釉质表层裂缝着色。由于釉裂有深有浅，深的裂纹色料渗入较多因而色调较深，叫"铁线"。浅的裂纹色料不容易渗入，着色也很浅，加上时间长了便会氧化成黄色的线条，叫"金丝"。同一釉面，着色后便有深浅不一颜色的开片纹相互衬托，形成金丝铁线的视觉对比效果。虽然哥窑烧造年代以及地点学界尚未有定论，但哥窑的金丝铁线这一外在视觉特征是被公认的，哥窑在宋以后盛行于元、明两代，尤其在文人雅集中作为茶器、花器、香器的用途也有大量史料记载。

（三）汝窑

汝窑是宋代北方第一个著名的青瓷窑，北宋初期在原唐代越窑的基础上发展而来。汝窑的窑址在河南省宝丰县，过去称为汝州。宋代叶真在《坦斋笔衡》有述，"本朝以定州白瓷器有芒不堪用，遂命汝州造青窑器"，汝窑多为宫廷烧造瓷器，也就是陶瓷历史研究里所说的官窑汝瓷。北宋官方使用汝窑的时间较短，汝窑烧制的时间便很短，所以传世作品较少。

后世对汝窑制作的材料选择及烧制工艺有很多考证和研究，也都以文献记载和现存的为数不多的汝窑作品及古瓷片作为研究样本。汝窑作品的胎多为香灰胎，土质细腻，胎骨坚致，釉质厚而润泽，釉色在文献中记载有天青、天蓝、粉青、豆青、月白等，胎釉整体呈现的质感玉润纯洁，釉质莹润，光泽内含。汝窑器物的装饰以釉色见长，在烧造过程中因胎釉膨胀系数不匹配而使釉产生裂纹，釉面开片，形成天然的裂纹纹饰，被称为蟹爪纹、鱼鳞纹。为呈现器物的整体玉质感，汝窑器物在烧制时多采取裹足烧，器物表面和底部施满釉，以支钉的方式烧制。汝窑现存作品器型主要是盘、碗、洗、瓶、盏托之类，台北"故宫博物院"、北京故宫博物院、英国大英博物馆、英国大威德基金会都有汝窑收藏和陈列。宋代饮茶方式为点茶，茶盏与盏托配套使用，所以当时有各种材质的盏托，各大名窑中烧制的盏托以汝窑最为稀少名贵。

（四）定窑

定窑在今河北曲阳灵山镇附近的涧磁村和燕山村，这里古称定州，因此窑口被称为定窑。关于定窑烧瓷的历史，根据考古和文献记载，定窑从唐代开始便烧制白瓷，这也是宋代五大名窑里唯一的白瓷窑口，宋人所谓"定窑颜色天下白"，就说明当时定窑白釉瓷器在全国都通行。从瓷器烧制工艺技术来看，白瓷的烧造比青瓷难度高，白瓷提纯的过程在千年以前是一个技术上的难题。定窑的釉色不是纯白，是莹润的牙白，配上刻花、划花、印花等装饰手法，纹饰布局严谨、层次分明、繁密有致，纹饰题材多来自当时的纺织工艺和金银器工艺图案，深受当时人们的喜爱。瓷器烧制时一般是以器物底足在下，口沿在上的方式摆放入窑，北宋中期时，定窑烧制调整了工艺，改为覆烧。覆烧便是将原有器物入窑的摆放方式倒扣过来，这样的工艺可以满足器物底部施满釉，但口沿没有釉，是粗糙的胎土，被称为芒口。于是在器物口沿上镶嵌一圈金属边，金银铜皆可，镶口便成为一种时尚，也称为定窑独特的风格。北宋时期，定窑就被引入宫中，成为宫廷用瓷。现存定窑作品里，大量底下刻款"官"字，表示是官方制造。由于定窑白瓷流行的时间比较长，存世的数量也很多，以碗、盘、茶盏、茶托陈设器具等生活用器为主。

（五）钧窑

钧窑的窑址在河南禹州境内，禹州在宋代称为钧州，明代为避万历皇帝朱翊钧的讳，才改钧州为禹州，钧窑之名源于钧州。钧窑出现以前，瓷器烧制工艺都是以铁为呈色剂，经过还原烧工艺烧制而成，瓷器釉色多为青绿色，宋代以前，青瓷是我国陶瓷烧制的主流。北宋时期，钧窑瓷器突破了单色青瓷、白瓷的传统釉色，以铜为呈色剂，当时的工匠已经能充分掌握铜元素的还原技术，在高温下烧出红色、紫色等釉色，形成青中带红、红里泛紫、紫中藏青或红、蓝、紫相间，这在中国乃至世界陶瓷史上都是了不起的贡献。钧窑的釉是乳浊釉，具有一定的覆盖性，因此在施釉工艺及烧制工艺上便于多层施釉和窑温窑氛的灵活调整，钧窑釉层的海棠红与玫瑰紫，和器物本身原有的天蓝、月白等底色相互辉映，呈现出瑰丽多彩的特色。古人曾用"入窑一色，出窑万彩""钧瓷无对，窑变无双"来形容钧瓷窑变色彩的变幻莫测，也用"绿如春水初生日，红似朝霞欲出时"和"夕阳紫翠忽成岚"等诗句来描绘钧瓷釉色的五彩绚丽之美。根据窑址出土的瓷片和传世钧窑器物分析，北宋末年钧窑的工艺技术日臻完善，器物按照宫廷的不同需要设计，仅花盆就有葵花式、莲花式、海棠式等多种造型。各式各样的花盆、盆托，种植了宫廷喜爱的菖蒲、水仙等四季的应景植物，瑰丽堂皇，相得益彰。钧窑的研究，目前仍然有很多分歧，它和哥窑一样，被定为五大名窑都是明代人的说法，宋代文献中并没有记载。但考古发掘工作在北宋地层中出土了大量钧瓷残器，加上钧窑胎体、釉色与汝窑等青瓷系相比，也能辨别出宋瓷的特征。钧窑器物因其釉色之美被后世追捧，掀起了瓷器艺术收藏之风，在茶事运用中有茶盏、盏托、香器、花盆等器型点缀其间。

专题四
多彩明清：景瓷宜陶名远扬

一、青花瓷之美

青花瓷是我国的瓷器创作者率先烧成的，在我国陶瓷烧制历史里具有划时代的意义。青花瓷是以钴料作为原料，用毛笔在白瓷器物的素胚上描绘纹饰，在画好纹饰的胎体上罩一层透明釉后，于高温一次烧成的釉下彩绘瓷。据史料考证，青花瓷始于唐代，成熟于元代，兴盛于明清时期。

元、明、清三代的青花瓷在我国陶瓷烧制历史里具有里程碑的意义，其钴料选用、器物造型和纹饰都呈现了各个时期的文化特点，将瓷器实用价值和艺术价值上推向了各自的高峰。在不同时期的对外文化交流中，青花瓷也成为中国陶瓷文化的代表性符号，使用和收藏中国青花瓷在海外已成为一种社会风尚。当然，青花瓷在我国这三个朝代的茶事用器里也扮演着重要的角色，茶杯、茶盏、茶碗、壶、盘、瓶、盖盒、香道器等器型比较常见，尤其是青花纹饰上多采用岁寒三友、山水自然、吉祥瑞兽等传统纹饰，表达茶事的文雅之风，烘托饮茶、品茶的清雅氛围，以此将青花瓷之美融入风雅自在的茶事之美里。

二、2.8 亿港元的天价鸡缸杯

2014 年 4 月 8 日香港苏富比的拍卖会上，一件明代成化时期的杯子"成化斗彩鸡缸杯"拍卖出了 2.8 亿港元的价格，刷新了当时中国瓷器的世界纪录。一下把世人对中国陶瓷烧制历史的关注，聚焦到了明、清彩绘瓷这一段里，尤其关于"成化"这一历史时期的瓷器、"斗彩"这一瓷器装饰艺术手法、"鸡缸杯"这一器物造型等。这一拍卖事件之后，掀起了鸡缸杯仿古作品及文创作品的创作热潮，收藏鸡缸杯的藏家刘益谦在自己所创办的上海龙美术馆定制了限量的"鸡缸杯"仿古作品，作为美术馆文创设计作品进行分享，以此作为一个艺术符号加以渲染，继续提升个人及美术馆的社会关注度。

三、阳羡名壶天下知

中华茶文化发展到了明代，在茶叶制作、饮茶方式上发生了历史性的改变。明代初期，朝廷废除了福建建安团茶进贡，倡导茶叶制作改繁就简，茶叶制作形态以散叶茶为主。由此一改自唐、宋以来的团茶、末茶的饮茶方式，点茶也渐渐退出文人仕士的视野，取而代之的是适应于散茶的冲泡、饮用方式。茶叶散茶的制茶形态和茶饮方式的改变也推动了明代茶器的变化，投散茶入壶或碗，沸水冲泡的方式一直沿用至今。宜兴紫砂壶，由此而进入历史的舞台。

紫砂壶的原材料是一种色泽紫红的紫砂泥，同样用于制作的陶泥还有白泥、绿泥、大红泥等，位于江苏宜兴的丁山和蜀山镇的宜兴窑使用较多，这类陶土深藏于岩石层下，呈石块状，经风化后研磨成泥块，以待制作成各种器物，器物上不施釉，1 000 多摄氏度的高温烧制而成。紫砂陶泥的使用自古便有文献记录，北宋梅尧臣在《依韵和杜相公谢蔡君谟寄茶》诗中所云："小石冷泉留早味，紫泥新品泛春华。"诗句里的紫泥便是指这类紫砂陶泥。20 世纪 70 年代中期，位于宜兴的龙窑窑址被发掘，考古工作者从该窑址中发现了大量紫砂陶器的残片，后经考古论证考证，该处窑址建于宋代。明清时期，紫砂陶泥制作茶器进入到高速发展时期，这与明代饮茶方式革新后新兴的泡茶器皿多为茶壶有密切联系。明代以后的泡茶法，茶壶是冲泡茶叶的核心器皿，茶壶的材质和造型直接关系到泡出的茶汤好坏和使用的便捷。宜兴紫砂壶所使用的紫砂陶泥和不施釉的烧制方式，使得茶壶材质有一定的透气性，有利于泡茶。文震亨在《长物志》有提"茶壶以砂者为上，盖既不夺香，又无熟汤气"。紫砂壶由此自明代以来便成为泡茶、饮茶首选，也因其制作艺术成为历代文人雅士收藏对象。

（一）紫砂壶的造型设计

紫砂壶在明清得以快速发展，一方面与器物实用功能在茶事中得以发挥，器物需求量大有关；另一方面与不同材质的手工工艺技艺已发展全面成熟有关。因此，紫砂壶造型设计可以发挥的空间也比较大。从明清时期存留至今的紫砂壶实物及文献、绘画作品中的紫砂壶造型看，结合当下紫砂壶制作及使用的普遍现象，紫砂壶的造型来源可以分为以下几类。一是塑型几何体，这是从陶器制作的历史中传承而来，从球形、方形、长方形及其他几何形状衍生设计出来，如圆壶、扁壶、扁圆壶、扁腹壶、四方壶、六方壶等。这些几何壶形外形简洁，点线面相对比较简单，便于制作成形，烧制后壶把、壶嘴、壶盖与壶身的协调度也比较高，是宜兴紫砂壶中最常见的造型。二是仿形大自然，从大自然的动植物形象及日常生活中寻找造型的来源，提取仿形要素，结合泥料特征和实用需求设计，仿其形状特征或美好寓意，制作出造型上有熟悉感又有创新性的紫砂壶形。如瓜棱壶、菊瓣壶、竹节壶、莲子壶、葫芦壶、南瓜壶、桃式壶、凸雕百果壶、包袱壶、龙柄凤首壶等。

（二）紫砂壶的纹饰设计

文人雅士在饮茶过程中对紫砂壶的把玩和追捧到了清代又上一层，这个时期紫砂壶制作的高手层出不穷，紫砂壶的制作在前朝基础上又多了一项装饰艺术。紫砂壶制作者通过使用在壶身上篆刻、雕塑、镶嵌、描金填彩等技法，把书法、绘画和其他传统艺术融入紫砂壶的装饰中，将紫砂壶推向了又一艺术巅峰。康熙时期，紫砂壶的文雅艺术表达得到了皇族官宦的青睐，特命宫廷匠人把宜兴进贡的紫砂壶进行装饰艺术再加工，乾隆以后紫砂挂釉的器物也多见起来，紫砂壶也成了宫廷用品。从现存实物可以看到，清代文人、书画家在紫砂壶上题诗、刻字的比较普遍，代表人物首推清嘉庆、道光年间的文士陈曼生。他与其他紫砂名工合作造壶，用竹刀在壶坯上题写诗文、雕刻、绘画，这些极具文雅之风的壶身装饰，就是后世所称的曼生壶。曼生壶是文人学士与陶艺家相互结合创造出来的紫砂艺术品，将传统装饰艺术与紫砂造型艺术结合得恰到好处。

专题五
承古拓新：当代茶器审美与运用

一、当代茶器的认识

茶器作为茶事活动中的物质化载体，是中华茶文化的重要组成部分。由古至今，饮茶风尚几经变化，从烹煮到煎茶、点茶，再到散叶冲泡的瀹茶，围绕茶事以及所处时代政治、经济、文化等背景的变迁，茶器也不断加以调整和完善，以备事茶所需。饮茶方式的改变、时代文化的差异，都带来了不一样的茶器制作、使用、鉴赏的社会文化风潮，由茶器传递出饮茶风尚丰富的文化内涵。

从饮茶的实际需要和茶器的加工制作角度出发，当代茶器可从以下两个角度分类。

（一）茶器使用的不同种类及功能

1. 核心类茶器

从明代以来，散茶茶叶冲泡的方式便一直流传至今，简单概述，便是投茶入器，再注沸水入器，茶叶浸泡于水，共存于一器之中，形成茶汤，再允茶汤入杯品饮。因此，核心类茶器主要是指承载了茶以及水的各类器物，主要包括煮水器、泡茶器、公道杯、品茗杯这四类器物。

（1）煮水器。泡茶常用的煮水器（图10-1）有两类，有自带电热设备加热煮水的，以适应当代社会快捷生活节奏，我们常称之为随手泡或电热壶；也有单一盛水的壶，需要燃烧炭火或使用电陶炉加热煮水，常用的有金属类铁壶、铜壶、银壶，或者陶壶、玻璃壶。煮水器的壶，造型设计的核心在于壶把、壶嘴以及壶身比例、质量的衬手性。自带加热功能的煮水器壶把多为贴壶身的侧把，便于手持，也有少数电水壶设计为提梁壶把。需要额外加热的煮水器壶把常为提梁壶把，便于壶身加热时隔热。

图 10-1 煮水器组图：电热煮水壶（左上）、银壶（右上）、陶壶（左下）、玻璃壶（右下）

（2）泡茶器。泡茶器是入茶、闷茶、泡茶的核心器物，明清以来至当代，日常饮茶中常用的泡茶器有壶、盖碗、闷茶碗。

泡茶的壶（图10-2）包括紫砂壶、瓷壶、陶壶等各类陶瓷类壶，金属类材质的金壶、银壶、铜壶，还有琉璃、玻璃材质壶。泡茶的壶，尺寸比例通常比煮水壶小，容量大多为 60～300 mL。泡茶壶的造型多样，造型设计结合其实用功能主要在壶把、壶身、壶盖、壶嘴几个关键部位展开。泡茶壶适用于我国六大茶类各类茶，泡茶壶的壶把等结构构造可相对避免冲泡过程中高温烫手，因而特别适用于需要泡茶时间较长的老茶或紧压茶，如黑茶类。

图10-2　泡茶壶组图

　　泡茶的盖碗（图10-3）常见的有两种造型，一种盖碗造型设计源自清代康熙年间，茶盅上加盖，专供饮茶所用。另一种盖碗造型有三个部件，"盖、碗、托"，上配盖，下配托，中间是茶盅，也常称盖盅。这种造型设计源自民国时期，沿用至今最为常见，被人们称为"三才碗"。"三才"其名是指盖为天，盅为人，托为地，表达了茶饮中人与天地自然和谐共存的美好期待。盖碗碗托的出现，其作用类似于古代的盏托，可以在持碗饮茶时隔热防烫。盖碗造型的优化设计，也给后来的盖碗茶饮茶风尚流行提供了器物物质条件。特别说明的是，在北京、四川等地的老茶馆流行的盖碗茶，是冲泡器与品茗器合二为一，盖碗里冲茶，一手端着碗托，一手轻抚碗盖刮沫并拨开茶叶，持碗而饮。为迎合现代生活快节奏，盖碗造型也有创新设计，比如在盖盅圆形平滑的口沿上增加了出水嘴，或者增加了手持部位的隔热材料，从整体造型上看，依然是泡茶的茶碗加上一个盖子的传统形制。泡茶盖碗的容量大多为120～300 mL，六大茶类皆可用盖碗冲泡，尤其在茶叶品评对比时，因盖碗出汤流畅且一致，更能体现茶叶及制作状态的客观属性，便多用盖碗冲泡品评。

图10-3　盖碗组图：三才盖碗

泡茶的闷茶碗（图10-4），是当代茶饮借由宋代点茶所用茶盏的创新运用，也是针对特定季节或特定茶品冲泡的灵活运用。使用方法是用一只口沿直径较大的茶碗作为泡茶器，茶叶入水静泡，待茶叶内含物质析出于水后，用一茶匙盛茶汤入品茗杯饮用。用茶碗闷泡时，可以非常直观地观察到注水时茶叶与水的交融旋转过程，也可以观察到茶叶静止、茶汤颜色变化的过程。这样的冲泡方式，适用于绿茶尝鲜的特定品饮时期，也适用于夏季冷泡、冷萃泡茶。当然，除了需要高温沸水持续浸泡的茶叶以外，其他茶类也可用这样的方法冲泡，茶友们习惯将这样的冲泡方式称为"碗泡法"或"静泡法"。

图10-4 闷茶碗闷茶图

（3）公道杯。公道杯（图10-5）是茶叶在冲泡器浸泡成茶汤后，盛接茶汤再倒入品茗杯的专用器物。公道杯，顾名思义，是为了让茶事现场每一位都有茶量相对一致的茶汤。这是现代饮茶方式的创新，主要运用于饮茶人数较多的各类社交场合。公道杯的作用除了匀茶，还可以用于观赏茶汤，融合茶汤。公道杯造型上分为有把和无把两种，材质选择多样，容量因冲泡器容量而异，搭配时公道杯容量是冲泡器容量的 1.5～3 倍较为适宜。公道杯不是茶叶品饮时必须使用的器物，潮汕工夫茶冲泡方式里就不需要公道杯，茶汤泡好后直接从壶或盖碗循环注入品茗杯中，这一分茶汤环节被称为"关公巡城"。当然，有茶友喜欢用大杯喝茶，尤其独饮时，泡好的茶汤直接注入自用的大杯品饮，也可以不需要公道杯这一中间环节。

下篇 茶生活

图 10-5 公道杯组图

（4）品茗杯。茶叶冲泡好后，享用茶汤时盛茶汤的器物称为品茗杯。品茗杯（图 10-6）沿用了明清时期酒杯的使用习惯，因此材质和造型上多受酒器影响。杯型多样，装饰方式也丰富多彩，既是饮茶过程中唯一入嘴的器物，也是茶友时常把玩欣赏的器物，也是茶器入门里，最吸引茶友的茶器类别之一。品茗杯因使用人的不同分为主人杯与客杯，主人杯可以与客杯一致，也可以与众不同。品茗杯在造型设计上主要考虑实用性和艺术性两个特点，实用性上主要看器型与品茶诉求的搭配，比如敞口杯便于茶汤降温，铃铛杯便于聚香；艺术性主要侧重于工艺技艺和艺术设计上，可以发挥的空间比较大。品茗杯的容量有小有大，小到拇指杯，轻啜一小口茶，大到手握杯，满足于大口饮茶。

图 10-6 品茗杯组图

2.辅助类茶器

在饮茶过程中需要使用的核心器物以外的器物，则统称为辅助类茶器。这些辅助类茶器在不同的饮茶场景和冲泡方式里，有不同的使用价值和使用频率，从这些器物与"茶、水、器"三个要素相关联为线索来梳理，大致有如下器物。

与茶有关的，存茶、醒茶的茶叶罐，撬茶用的茶针（茶刀），泡茶前盛茶及赏茶用的茶荷，泡茶时拨茶入壶用的茶则，放置茶则的则置；与水有关的，存水、醒水用的水罐（瓶、缸），煮水用的电陶炉、炭炉及周边用品，便于茶桌上盛废水用的水洗（水盂），便于桌面盛水、排水的茶盘（茶海）；与器有关的，煮水壶隔热用的壶垫，茶桌上放置壶盖、杯盖用的盖置，放置盖碗、壶的壶承，放置品茗杯的杯托，放置所有器物的茶席布，擦拭器物的洁巾，营造茶席审美的花器及香道器物（图 10-7）。

图 10-7　茶席组图

（二）茶器制作的不同材质及工艺

根据制作材质和工艺不同，茶器可分为传统材料工艺类茶器和新材料新工艺类茶器。传统材料工艺类茶器主要包括陶瓷类茶器、金属类茶器、竹木类茶器，新材料新工艺类茶器主要指玻璃、塑料、亚克力等材料在新型压制、融合工艺下形成的各类器物。

1.传统材料工艺类茶器

传统材料里，陶瓷类茶器是从古至今使用最为普遍的类型，器型多样，壶、碗、盏、杯、盘皆可，是茶器的首选制作材料。无论是唐宋还是明清，抑或是当代，在中国陶瓷的日用器物里，茶器一直是陶瓷文化的外在表现形式，成为陶瓷文化的名片。金属类茶器在当代茶器器型里，较多以煮水壶、泡茶器、杯托的形态存在，一些茶则、则置、水洗、花瓶、香炉也用金属材料，如银制茶则、铜瓶、铜炉等。竹木类茶器主要指以竹子、木材为原材料，表面通过切割、打磨或髹漆的方式制作的器物，运用于茶盘、杯托、壶把、茶荷、茶笔、茶则等器物，一些漆器类器物多用于茶点摆放的盘、盏、盒，也有一些创新设计，把竹木材料与陶瓷、金属材料融合运用。

2.新材料新工艺类茶器

新材料新工艺出现后，其工艺技术和流水线生产流程能相对降低生产成本，这对于茶文化的普及和推广有一定的促进作用。这些新材料，有的材质具有透光、透色的特点，运

下篇　茶生活

用于茶事中，能增添饮茶的视觉新感受，尤其是玻璃壶、玻璃公道杯、玻璃品茗杯等盛茶汤的器物，在观赏茶汤色泽上有先天优势，可以增强赏茶趣味性。一些食品级塑料制品，从成本及使用便捷角度，也更适用于快消类茶饮消费。一些新的工艺，还能将不同材料运用于一件器物中，比如同样是陶壶，在陶壶的壶把和盖子盖钮上添加新型隔热材料，烧制成型后外形上壶把与壶身没有视觉差异，使用起来却能同时满足加温和隔热。随着时代的进步，新材料、新工艺层出不穷，茶器制作所需材料的创新也不断呈现，无论是玻璃、塑料还是合成金属，在加工工艺方面也有了很大的提高，以适应茶文化的多样表达。

二、茶器的挑选与搭配

在茶艺学习中，由于茶器类别丰富，造型多样，因此在具体的茶事活动中，如何选择茶器及搭配茶器是一个老生常谈的话题。厘清这一问题的逻辑是先要回到茶器的功能层面上，茶器有哪些功能？茶器是用来泡茶的事茶器物，是可以作为艺术鉴赏、陈列的装饰器物，也是可以作为个人情趣、审美、文化展示的媒介，是连接人与人之间的茶文化物质符号，是一个人、一个茶空间乃至一个民族在茶文化认知上的精神符号。因此，回到茶器功能的辩证分析里，建议在茶艺学习中从以下 5 个知识点入手，便能在茶器的挑选和搭配中找到自己的方向。

（一）掌握核心茶器的使用方法

无论是居家、办公或旅行，有一只茶碗或茶杯便可以喝上一杯茶，能完成泡茶这一行为的最简化器物便是如此。再进一步了解和熟悉煮水壶、冲泡器、公道杯、品茗杯这四类核心茶器，在冲泡实践中不断去摸索和总结自己的使用习惯和方法。熟悉和掌握核心的几件器物使用的方法、技巧，这是茶器选用、搭配的基础，在此基础上再去延伸了解其他茶器便能达到事半功倍的效果。

（二）熟悉饮茶场景的各自特点

学习茶艺，需要梳理和总结人们日常饮茶的场景，从独饮到社交乃至展示，饮茶场景不一样，饮茶空间、器物、茶叶的选择也不一样。简单概述一下，常见的饮茶场景有以下几类：独饮自乐型、友朋茶聚型、商务社交型、茶艺展示型。结合具体的饮茶场景，举例示范茶器的选择和搭配该怎么做。比如在家里独饮，选择什么样的茶器，首先看茶器和茶叶的适配度，选择有利于茶叶浸泡的器物便可，其次考虑饮茶环境的气候、光线及空间风格，选择质感、色彩适宜的器物，泡一杯茶，悦心悦己足矣。如果是有社交、商务、茶艺表演的饮茶场景，首先需要考虑饮茶空间的整体美学风格、品茶氛围与茶器外形和装饰的适配度，其次还需要考虑参与者尤其是客人的个人喜好和特定诉求，比如商务社交时，在品茗杯的选择上，主人杯与客杯最好保持一致，品茗杯容量宜小不宜大。

（三）熟悉传统茶器的文化符号

中华茶文化源远流长，很多茶器的造型和装饰有一定的文化背景，比如"三才"盖碗的文化寓意，紫砂壶上诗词篆刻的文风雅意，品茗杯上"岁寒三友""三多纹"等纹饰的情感寄托等。在茶艺学习中，要对传统茶器的来源、造型、纹饰等时代特征、文化背景深入学习，熟悉茶器里蕴藏的中国文化符号，在事茶实践中以茶器为媒介，积极传承和传播中国传统文化。

（四）了解当代茶器的美学特征

近些年，随着茶文化的普及，传统茶文化也不断融入当下时尚流行的社会风尚里，从茶品、冲泡方式到饮茶空间，都呈现得五彩纷呈。新材料、新工艺茶器也层出不穷，这些茶器，普遍具有"关注细节、表达情感、聚焦文化"的当代美学特征。无论是单用还是和传统茶器搭配使用，都普遍以材质和造型带来极具冲击力或疗愈感的视觉感受，吸引了不少年轻一代的消费者进入茶圈，大家更热衷于把酒文化、咖啡文化等都市化、年轻化的消费文化融入茶文化里，新型的茶馆、茶室等茶空间在各城市也应运而生。

（五）了解事茶流派的方法技巧

回顾中华茶文化发展历程，由古至今，完成一道茶的冲泡有多种流派。古时唐代的煎茶、宋代的点茶、明清的瀹茶，现今北京盖碗茶、潮汕工夫茶、兰州三炮台、大理三道茶、四川长嘴壶茶艺等饮茶及冲泡的事茶流派，都在茶器选择上有各自的约定俗成和个性化特点。例如，学习潮汕工夫茶，备器、择器也需一番讲究，至少要具备潮州工夫茶四件茶器，分别是烧炭的红泥炉、煮水的玉书煨（砂铫）、泡茶的紫砂小壶孟臣壶和若琛瓯（品茗杯），俗称"潮汕工夫茶四宝"（图10-8）。学习茶艺的过程中，在学会基本的简单冲泡流程后，可以多接触和了解煎茶、点茶、工夫茶等事茶流派的事茶流程和方法，由此为茶器的选择和搭配打开更为广阔的视野。

图10-8　"潮汕工夫茶四宝"器物

下篇　茶生活

📖 文化拓展

一、唐·陆羽《茶经》摘选

茶经二之具：籝、灶、釜、甑、杵臼、规、承、檐、芘莉、棨、扑、焙、贯、棚、穿、育；茶经四之器：风炉（灰承）、筥、炭挝、火筴、鍑、交床、夹纸囊、碾拂末、罗、合、则、水方、漉水、囊、瓢、竹筴、鹾簋揭、碗、熟、盂、畚、札、涤方、滓方、巾、具列、都篮。

二、"湿泡"法与"干泡"法

"湿泡"法与"干泡"法：当代茶饮冲泡里流行"干泡"和"湿泡"两种，所谓"湿"，是指泡茶过程中使用了可以承接、导流的茶盘（茶海），泡茶过程中溢出来的茶水、醒茶水以及淋壶、养壶的沸水可以直接流洒在茶盘上，再经由设计好的导流管流到废水桶。而"干"刚好相反，是指泡茶、饮茶过程中，没有茶盘这一专用器物，仅可承接少量的废水，茶水不能随意流洒在茶桌上，茶桌相对洁净清爽。干泡法的优势是可以督促泡茶人静心、专注事茶，完成泡茶的同时才能保持茶桌的清爽。从审美趋向于简洁的角度看，茶桌上少了一块茶盘后，茶器搭配、茶席审美的变化则更加多样。湿泡法的优势是泡茶过程简便易行，避免沸水烫手，也有利于在茶盘上轻松自在地淋壶养杯，增加把玩茶器的乐趣。

三、书单分享

（1）关于中国陶瓷发生、发展的历史，陶瓷文化传播相关内容，可阅读如下书籍：《中国陶瓷史》（叶喆民著）、《中国陶瓷史》（中国硅酸盐学会编）、《中国工艺美术史》（田自秉著）、《中国古陶瓷图典》（冯先铭主编）、《李辉炳陶瓷论集》（李辉炳著）、《瓷器中国》（陈克伦著）、《中国陶瓷研究》（汪庆正著）、《中国陶瓷文化史》（赵宏著）、《中国陶瓷美学》（程金城著）、《恰如灯下故人——聆听中国瓷器妙音》（霍华）、《古瓷之光》（涂睿名著）、《中日陶瓷茶器文化比较研究》（王子怡著）等。

（2）关于茶器造型及纹饰设计的相关内容，可阅读如下书籍：《陶鉴——历代陶瓷形、质与瑕伪通考》（冯雷，龙扬志译著）、《宋代官窑瓷器》（李辉炳著）、《宋瓷之美》（李纪贤著）、《宋瓷笔记》（刘涛著）、《瓷之色》《瓷之纹》（马未都著）、《历代茶器与茶事》（廖宝秀著）、《中国茶器》（周滨著）、《茶器之美》（李启彰著）、《青花瓷鉴定》（李辉柄著）、《中国钧瓷艺术》（晋佩章著）、《唐宋瓷器装饰艺术研究》（陈杰著）等。

🏛 文化践行

一、综合实践

1.唐代陆羽在《茶经》里提及，唐代饮茶所用茶碗首推的是（　　　）。（单选）

    A.邢窑白瓷　　　　　B.越窑青瓷　　　　　C.秘色瓷碗　　　　　D.金属茶碗

2.宋代点茶"十二先生"是指（　　　）。（单选）

    A.茶书作者　　　　　B.点茶人　　　　　C.点茶器具　　　　　D.品茶茶客

3."开片"是中国陶瓷釉裂工艺的通俗表达语言，以下（   ）瓷器通常没有"开片"这一外部特征。（多选）

A. 宋代哥窑　　　　B. 宋代汝窑　　　　C. 明代斗彩　　　　D. 元代青花

4. 宋代建盏因窑变而产生的自然纹样有（   ）。（多选）

A. 兔毫纹　　　　B. 油滴纹　　　　C. 鹧鸪纹　　　　D. 曜变纹

5. 当代茶器选用及搭配，要注意（   ）。（多选）

A. 掌握核心茶器的使用方法　　　　B. 熟悉饮茶场景的各自特点

C. 熟悉传统茶器的文化符号　　　　D. 了解当代茶器的美学特征

E. 了解事茶流派的方法技巧

二、各抒己见

1. 请简述陶器与瓷器的区别与联系。

2. 请简述中国古代不同时期饮茶习俗对茶器制作及使用的影响。

三、生活实践

1. 以多种审美风格的茶空间为调研对象，了解茶空间的茶器种类，以及茶器使用、陈列现状，梳理不同茶器的造型及纹饰的美学特征。

2. 结合本单元学习内容，布置简单的茶席，尝试选用和搭配适宜的茶器，泡一道茶给自己。

下篇　茶生活

第十一单元　艺之美：品茗的最高境界

习茶有道，
泡茶有方。
简单的事情重复做，
重复的事情用心做。

单元导入

　　茶汤，是茶叶在生命历程中的最隆重绽放，也是其价值的最直观体现。一杯茶汤：汤色或深或浅，香气或浓或淡，滋味或甜或苦……这万象杯水皆出自行茶者的一招一式，它既包含了对茶的认知、对美的诠释，也是生活中的一场小小仪式，这便是"艺"的精湛绝美之处。

▌学习目标

知识目标：

1. 了解茶叶冲泡的基本原理和通用方法；

2. 掌握泡茶过程中各个环节的冲泡要点；

3. 掌握不同茶器的使用方法，并掌握其使用技巧；

4. 了解不同茶类的品鉴要点。

能力目标：

1. 能够完整演示不同器具的冲泡程序；

2. 能够根据不同茶类的特点搭配与之相合的茶器；

3. 能够灵活运用各茶类的茶水比例、冲泡水温、浸泡时间，实现茶叶香气、汤色和滋味的最佳表达；

4. 能够正确分析不同茶类的汤色、香气和滋味，从而判断茶叶品质的高低优次。

素质目标：

1. 通过泡茶、品茶和赏茶等环节的综合学习，提升专注力、理解力、鉴赏力；

2. 通过茶艺知识和茶艺技能的实践学习，体悟"茶"与"艺"有机结合的内涵，涵养品茗的思想境界和文化修养，感受茶艺这一生活艺术的灵性与美感。

✈ 美的视窗

　　艺可载道。应将茶道精神始终融于茶艺实践中，方能将中华茶文化的礼仪之范、和谐之美、高雅之姿融于实际的茶事生活中，从而将中华茶文化发扬光大。

一杯茶汤之美，不仅仅美在茶人的杯中，还美在茶师的手中。一个简单的动作，优雅地重复，最终呈现出美妙的茶汤，对品茗的人而言，整个过程都是美的历程。

美的解读

专题一
能工巧匠：茶的冲泡技艺

茶桌上，一直流传着一个"灵魂拷问"：同样的茶叶，同样的水，同样的杯碗，为什么我泡出来的茶，味道没有别人泡的好喝呢？

"泡茶不好喝"，究其原因主要还是没有掌握好泡茶过程中的各种技巧和细节。冲泡一杯好茶除了需要有好茶、好器、好水以外，还需要好的泡茶技术，这就需要我们认真仔细地学习观察，反复练习，并且与茶友们广泛交流。假以时日，我们泡出来的茶汤就会越来越美妙。一杯好喝的茶，就是通过无数次试验性的冲泡后，反复修正练习得到的满意成果。

一、泡茶的基本流程

不同地区的茶叶品类不同，茶叶特点不同，人们的冲泡习惯不同，在茶叶的冲泡流程上会有一些细微的差异，但基本的程序是一样的。茶叶冲泡过程大约有以下十个基本程序：备器、煮水、赏茶、洁具、置茶、润茶、冲泡、分茶（斟茶）、奉茶、品茶。

（一）备器

首先将清洗干净的茶具擦干摆放在茶盘中，称之为备器（图11-1）；把茶盘中的茶具有序地摆放到席面上，称之为布具；泡茶席面要求整洁大方。不同的茶类对于茶具的要求是不同的，适宜的茶具对于泡好一壶茶是非常重要的，可以真实地反映茶叶品质的优次。

图11-1　备器

下篇　茶生活

（二）煮水

按照前面单元所讲水的标准，取用适宜的水（山泉水、纯净水等）烧开备用（图11-2），注意水开的程度以二沸为宜，不要过老或太嫩，也不要多次反复烧开。

（三）赏茶

用茶匙将茶叶从茶叶罐中拨入赏茶荷，茶量为一次冲泡所需的茶叶即可。将赏茶荷里的茶叶向客人展示，便于客人观赏茶叶的外观形状（图11-3）。

图11-2 煮水   11-3 赏茶

（四）洁具

用开水将准备好的茶具清洗一遍（图11-4），当面清洁茶具，既是对客人礼貌，又可以使茶具预热（图11-5～图11-7），更好地激发出茶香。

图11-4 洁具

图11-5 温具

图11-6 温杯（一）

图11-7 温杯（二）

（五）置茶

置茶也叫投茶，用茶匙将赏茶荷中的茶叶轻轻拨入泡茶器中（图11-8）。

图 11-8 置茶

（六）润茶

将开水注入茶杯中，注水量没过茶叶即可。开水注入时，注意不要将开水直接冲淋在茶叶上，应将开水冲在容器的内壁上，避免烫坏茶叶（图11-9）。轻轻旋转晃动杯身，使茶器中的茶叶和水能够缓缓融合，达到浸润茶叶的目的（图11-10）。

图 11-9 润茶（一）

图 11-10 润茶（二）

茶叶经浸润后，茶芽舒展，茶香容易挥发，为正式冲泡打下基础。如果茶叶较嫩，浸润泡的水可以不倒掉继续冲泡；若是茶叶较老，我们可以将润茶的水倒掉再重新冲泡，起到洗去茶叶里杂质的作用。

（七）冲泡

继续向茶杯中注入开水，使茶杯中的水量达到整个容器容量的七分左右，轻轻盖上盖子，让茶叶和水充分融合（图11-11）。

（八）分茶

分茶又称斟茶（图11-12、图11-13），将泡好的茶

图 11-11 冲泡

汤先倒入公道杯中，再用公道杯将茶汤依序均分到各个品茗杯中，每个品茗杯倒七分满即可。我们中国人素来有"斟茶斟至七分满，留下三分是情谊"的说法，"茶斟七分"是泡茶者向品茶者表达的一种敬意。经由开水冲泡的茶汤是非常烫手的，如果将茶杯里倒满了茶汤，我们就没办法端杯品茶，这被看作是对品茶者的一种不敬的举动。

图 11-12　分茶（一）　　　　　　图 11-13　分茶（二）

（九）奉茶

双手将泡好的茶送到客人面前，先行奉茶礼，再奉茶（图 11-14）。双手托举杯垫，若没有杯垫，则双手托住品茗杯靠底部位置，轻放在方便客人取放的位置，请客人品茶。

图 11-14　奉茶

（十）品茶

品茶一般分为三步：看汤色、闻香气、品滋味。端起茶杯先观赏茶汤，茶汤清澈明亮为佳（图 11-15）；再嗅闻茶叶冲泡之后散发出的香气，香气馥郁高长为好；最后再品啜茶汤滋味，感受茶汤鲜爽甘醇的万般变化（图 11-16）。

图 11-15　观汤色　　　　　　　　图 11-16　品茶味

微课 27：认识茶具

正所谓"水为茶之母，器为茶之父"，想要诠释一杯好茶，自然少不了茶具的承载。那么，中国工夫茶有哪些茶具？它们都有什么用处呢？

▶小贴士

想要泡好一壶茶，首先要静心、专注。专注在当下的这杯茶里，不需要繁杂的过程，没有一个多余的动作，干脆利落、踏踏实实，因为成就一杯好茶的重点在于茶，一招一式都只为茶而生，简单的十个步骤即可泡出香、清、甘、活的美妙茶汤。

▶小贴士：茶与茶器的搭配

俗话说："好马配好鞍。"对于我们泡茶来说也是"好茶须得好器配"。一套精致且适宜的茶器（图11-17～图11-19），配以一款色香味俱全的好茶，可谓是视觉与味觉的双重享受，令人赏心悦目。茶类与茶器搭配适宜，则茶香更浓、茶味更美妙。

绿茶——玻璃杯、白瓷盖碗

黄茶——玻璃杯、白瓷盖碗

白茶——瓷器盖碗

红茶——瓷器盖碗

青茶——紫砂壶

黑茶——瓷器盖碗、紫砂壶

花茶——瓷器盖碗（以青花瓷为佳）

图11-17 玻璃茶器　　　　图11-18 盖碗茶器　　　　图11-19 紫砂茶器

二、玻璃杯绿茶冲泡法

玻璃茶具是我们常用的泡茶器具，主要有玻璃杯、玻璃壶、玻璃盖碗等。玻璃茶具质地致密、晶莹剔透，用其泡茶可使茶的清香、嫩香充分显露出来，也便于我们欣赏茶叶的形态和茶汤的颜色。因此，玻璃茶具特别适合冲泡颜色鲜活、形态秀美的茶叶，如名优绿茶、工夫红茶、针形白茶等。

在使用玻璃茶具泡茶的过程中，玻璃杯又是我们用得最多的玻璃茶具，接下来我们就以绿茶为例，一起来学习用玻璃杯冲泡的基本冲泡流程和技法。

（一）备水、备器、备茶

我们要首先把泡茶器具清洁完备，泡茶场所布置整洁，当然还包括泡茶之人自身的身体清洁，妆容整洁，心情放松。其次将清洗干净的茶具擦干摆放在茶盘中，把茶盘中的茶具有序地摆放到席面上，泡茶席面要求整洁大方（图11-20）。

玻璃杯泡绿茶所需准备的器具有玻璃杯、茶叶罐、赏茶荷、煮水器、茶匙、茶巾、水盂。席面上茶具的摆放尽量遵循右手使用的茶具放右边，左手使用的茶具放左边，主泡具放中间的原则。首先是以实用为主，其次才是美观，泡茶操作最方便的位置摆放才是最适合的摆放方式。

泡茶时，主泡的个人礼仪形态也需时刻注意。落座时，应先整理裙边再缓缓落座，坐板凳的二分之一到三分之二的位置，头正身平、腰背挺直；女士双腿合拢，男士双腿打开与肩同宽。双手轻轻地搁在茶桌上，双肩自然下垂，尽量不要出现太明显的低头、歪头，或者偏身的现象。

（二）赏茶

用茶匙将茶叶从茶叶罐当中轻轻拨出，放入赏茶荷供客人观赏干茶的外形色泽及感知香气等（图 11-21）。根据需要，可以用简短的语言介绍一下即将冲泡的茶叶的品质特征及其文化背景，用以引发品茶者的兴趣。

图 11-20　备水、备器、备茶　　　　图 11-21　赏茶

（三）洁具

依次往玻璃杯中注入三分之一的开水，然后从右侧开始清洗玻璃杯杯身（图 11-22）。右手扶杯身，左手托杯底，轻轻旋转杯身一周，使杯中的开水尽量清洗整个玻璃杯的内壁（图 11-23），最后将洗杯的水依次倒入水盂（图 11-24）。

（四）投茶

用茶匙将赏茶荷中的茶叶依次投放到玻璃杯中。玻璃杯冲泡绿茶的茶水比约为每 50 mL 水投放 1 g 绿茶（图 11-25）。

图 11-22　洁具（一）　　　　图 11-23　洁具（二）

图 11-24　洁具（三）

图 11-25　投茶

（五）浸润泡

将开水壶中适宜温度的开水注入玻璃杯中，注水量为玻璃杯容量的四分之一左右。开水注入时，注意不要将开水直接冲在茶叶上，应冲在玻璃杯的内壁上，以避免烫坏茶叶。

随后轻轻端起玻璃杯，同样右手扶杯身，左手托杯底，旋转晃动玻璃杯，使玻璃杯中的茶叶和水能够缓缓融合，达到浸润茶叶的目的（图 11-26）。

（六）冲泡

提起开水壶，以高冲注水方式，使杯中的茶叶上下翻滚，有助于茶叶内含物浸出，茶汤浓度达到上下一致。此时，可以使用"凤凰三点头"寓意礼向客人表示礼貌欢迎，同时还需注意杯中的开水量应大约为整个玻璃杯总容量的七分（图 11-27）。

图 11-26　浸润泡

图 11-27　冲泡

（七）奉茶

双手将泡好的茶送到客人面前，放在方便客人取放的位置（图 11-28）。茶杯放好后，向客人伸出右掌，做出"请"的手势，或者配以语言说"请品茶"（图 11-29）。

图 11-28　奉茶

图 11-29　请茶

下篇　茶生活

（八）谢客

茶叶冲泡完成，将泡茶席面整理好，最后起身行礼谢客。

▶**小贴士：绿茶的三种冲泡方法**

由于不同绿茶的外形特点及制作方法有所差异，玻璃杯泡绿茶的投茶方法也有所不同。主要分为三种：上投法、中投法、下投法。

1. 上投法

先往玻璃杯中冲水至七分满，然后投茶，待茶叶缓缓下降至玻璃杯底即可（此种投茶方法适用于嫩度好的绿茶，如碧螺春）（图11-30～图11-32）。

图 11-30　上投法（一）　　　　　　　　图 11-31　上投法（二）

图 11-32　上投法（三）

2. 中投法

先往玻璃杯中冲水至三分满，然后投茶，轻轻旋转杯身待茶叶慢慢吸水舒展后，再将开水冲至七分满即可（此种投茶方法适用于大部分的名优绿茶）（图11-33～图11-36）。

图 11-33　中投法（一）　　　　　　　　图 11-34　中投法（二）

| 图 11-35 中投法（三） | 图 11-36 中投法（四） |

3. 下投法

先将茶叶投入玻璃杯中，再往杯中冲水至三分满，然后轻轻旋转杯身待茶叶缓缓浸润后，再将开水冲至七分满即可（此种投茶方法适用于大部分的名优绿茶）（图 11-37～图 11-40）。

| 图 11-37 下投法（一） | 图 11-38 下投法（二） |

| 图 11-39 下投法（三） | 图 11-40 下投法（四） |

微课 28：玻璃杯冲泡技法

玻璃杯的普及性高，并且观赏性强，茶叶遇水而舒展，其中千姿百态、上下浮沉皆可尽收眼底，是冲泡绿茶、黄茶的绝佳选择，其技法如何呢？

三、盖碗红茶冲泡法

盖碗又称三才碗、三才杯，是一种上有盖、下有托、中有碗的常用茶具。其中盖为

下篇 茶生活

天、托为地、碗为人，暗含天地人和之意。常见的盖碗一般有两种形制：一种是带托的盖碗，是现代茶馆中最常见的标志性盖碗茶具，被茶人们称为三才碗（图 11-41）；另一种是带盖不带托的小碗，流行于清代，仅由碗和盖两件组成，叫作两才碗（图 11-42），近年来也越来越常见。

图 11-41　三才碗

图 11-42　两才碗

制作盖碗的材质有瓷、紫砂、玻璃等，以各种花色的瓷盖碗为多，各大类的茶叶均可冲泡，因此盖碗也有"万能茶具"的称号。之所以将盖碗作为主泡茶器，主要是由于用盖碗冲泡茶叶，既能看到茶汤，又能观赏茶叶冲泡后的状态，盖碗作为冲泡器使用，是目前比较普遍的一种泡茶方式。

接下来我们就以红茶为例，一起来学习用盖碗的基本冲泡流程和技法。

（一）备水、备器、备茶

泡茶之前，提前准备好冲泡所需的水、茶具和茶叶（图 11-43）。

（二）赏茶

用茶匙将茶叶从茶叶罐当中轻轻拨出，放入赏茶荷供客人观赏干茶的外形色泽及感知香气等。根据需要，可以用简短的语言介绍一下即将冲泡的茶叶的品质特征及其文化背景，用以引发品茶者的兴趣（图 11-44）。

图 11-43　备水、备器、备茶

图 11-44　赏茶

（三）洁具

首先揭开碗盖，将碗盖从六点钟方向由里往外揭开，然后往碗中注入三分之一的开水，再从十二点钟方向由外往里盖上碗盖。

接下来，开始清洗盖碗，右手的拇指和中指扶盖碗的杯沿，食指按住碗盖的盖钮，碗盖和碗身之间留出一条细缝，方便清洗盖碗的水倒出。右手扶杯身，左手托杯底，以逆时针方向缓缓旋转盖碗碗身一周，使碗中的开水能够尽量清洗整个盖碗的内壁，再将清洗盖碗的水倒入公道杯，同样用旋转法清洗公道杯，最后将水依次注入品茗杯中。

当面清洁茶具，既是对客人礼貌，又可以让盖碗预热，更好地激发出茶香（图11-45、图11-46）。

图 11-45 洁具　　　　　　　　　图 11-46 温具

（四）投茶

用茶匙将赏茶荷中的茶叶轻轻投入盖碗中（图11-47）。

图 11-47 投茶

（五）浸润泡

将开水注入盖碗中，注水量没过茶叶即可。开水注入时，注意不要将开水直接冲在茶叶上，应冲在盖碗的内壁上，避免烫坏茶叶（图11-48）。随后轻轻拿起盖碗，右手扶杯身，左手托杯底，旋转晃动碗身，使盖碗中的茶叶和水能够缓缓融合，达到浸润茶叶的目的（图11-49）。

如果茶叶较嫩，浸润泡的水可以不倒掉继续冲泡；若是茶叶较老，我们可以将润茶的水倒掉再重新冲泡，起到洗茶的作用。

下篇　茶生活

图 11-48　浸润泡（一）

图 11-49　浸润泡（二）

（六）冲泡

提起水壶，继续向盖碗中注入开水，使盖碗中的水量达到整个碗容量的七分左右，轻轻盖上盖子，让茶叶和水充分融合（图 11-50）。

图 11-50　冲泡

（七）温杯

依次清洗品茗杯（图 11-51、图 11-52）。

图 11-51　温杯（一）

图 11-52　温杯（二）

（八）出汤

将泡好的茶汤倾倒入公道杯中，此时可以通过公道杯观赏茶汤的颜色（图 11-53）。

（九）分汤

将公道杯中的茶汤依序均分到各个品茗杯中，每个品茗杯倒七分满即可（图 11-54）。

图 11-53　出汤

图 11-54　分汤

（十）奉茶

双手将泡好的茶送到客人面前，放在方便客人取放的位置。茶杯放好后，向客人伸出右掌，做出"请"的手势，或者配以语言说"请品茶"（图 11-55）。

（十一）谢客

茶叶冲泡完成，将泡茶席面整理好，最后起身行礼谢客。

图 11-55　奉茶

▶**小贴士：盖碗泡茶的不同注水手法**

想要泡出一壶好茶，好茶、好具、好水是必不可少的要素。除此之外，冲泡茶叶时的注水方式对茶的口感也会有一定的影响。这是因为注水的方式是在泡茶过程中唯一需要人为控制的环节，不同的人注水的快慢，水流的缓急，水线的高低、粗细和走势都会有差异，所泡出的茶汤也会表现出不同的口感。

现在介绍五种盖碗注水方法，基本可以满足所有茶类的冲泡。

（1）螺旋覆盖低冲（图 11-56）：适合容易浮在水面上的茶。

将开水从盖碗边缘向中心螺旋划圈的走向注水，此类茶叶容易漂浮起来，从茶面螺旋覆盖冲淋可以让中间的茶也能充分接触茶水，使茶和水更好更快地融合。注水时也可以按照循序画"N"方式，确保所有的茶叶都能被冲泡到。

用此类手法冲法细嫩的茶叶时，可以将开水稍作静置，降温后再进行冲泡。

（2）定点环圈低冲（图 11-57）：适合碧螺春、金骏眉这类细嫩芽茶。

将水壶壶口放低，靠近碗口，水柱沿着盖碗边缘流入，环绕盖碗边缘一圈，使水量刚好达盖碗容量标准即可。热水经过盖碗壁流下，温度进一步降低，水量缓缓上升浸没茶叶。这样使茶叶都能得到润湿，并且不会烫伤嫩芽茶。

下篇　茶生活

图 11-56　螺旋式低冲

图 11-57　定点环圈低冲

（3）沿边定点高冲（图 11-58）：适合铁观音、凤凰单丛等香气高扬的乌龙茶。

提高水壶注水，落水点在茶碗的边沿处，水流从高处落下冲击力大，使茶叶在碗中上下翻滚。

茶和水在第一时间接触的相对高温下浸出率大、融合度高，使得香气能够快速激发，扑向鼻尖沁人心脾。

（4）正心定点低冲（图 11-59）：适合砖型、饼型等紧压茶。

将壶口尽可能地靠近盖碗，落水点在盖碗正中的茶上面，使得茶叶尽快舒展开来，这样茶香和内含物会从内部逐渐扩散开来。

图 11-58　沿边定点高冲

图 11-59　正心定点低冲

（5）沿边定点低斟（图 11-60）：适合碎散茶、投放量多的茶、滋味较重的茶。

水壶口尽可能地靠近碗口，落水点固定在盖碗边缘一个地方，沿碗壁缓慢注水，这个方法也是最温柔的注水手法，可以让茶水慢慢融合，冲泡出来的茶叶会更温和一些。

这种注水方法一般是为了避免内含物浸出过快、过多而产生苦涩味，如果茶叶投放量过多或者茶叶较碎，可以使用沿边定点低斟注水，并且快速出汤。

图 11-60　沿边定点低斟

所谓的定点，就是固定在茶具的某一个位置进行注水，水冲击茶碗的位置保持不变，变的是注水时手与茶杯的距离与注水的速度与力度。

注水的手法对茶汤口感会有一定的影响。但要泡出一壶好茶，仅仅只掌握注水手法是不够的，还需要配合好泡茶水温、茶水比例和浸泡时间。只有把各个要素都掌握好了，才能够冲泡出一杯美妙的茶汤。

微课 29：盖碗冲泡技法

盖碗从清朝时期流行至今，是人们日常生活中最常用到的茶具之一，也是最考究茶人"手艺"的，其一招一式、注水出汤，都需要眼、手、艺的完美配合，这不仅是技艺的融合，也是一种行为的艺术。

四、紫砂壶乌龙茶冲泡法

紫砂壶保温性好，泡茶不夺香，能够让茶叶更加醇厚，也不会因为茶具而影响茶叶的原味，适合冲泡耐高温和香气较高的茶叶（如乌龙茶、黑茶等）。紫砂壶泡茶不烫手，是初学者学习使用和理想泡茶器具。

（一）备水、备器、备茶

泡茶之前，应提前准备好本次冲泡所需的水、茶具和茶叶（图 11-61）。

（二）赏茶

用茶匙将茶叶从茶叶罐当中轻轻拨出，放入赏茶荷供客人观赏干茶的外形色泽及感知香气等。根据需要，可以用简短的语言介绍一下即将冲泡的茶叶的品质特征及其文化背景，用以引发品茶者的兴趣（图 11-62）。

图 11-61　备水、备器、备茶

图 11-62　赏茶

（三）洁具

首先揭开壶盖，往紫砂壶中注入三分之一的开水，清洗紫砂壶，右手拿起紫砂壶，食指按盖，左手托住壶底保持壶身平衡。以逆时针方向缓缓旋转紫砂壶身一周，使紫砂壶中的开水能够尽量清洗整个紫砂壶的内壁，然后将清洗紫砂壶的水倒入公道杯中，以同样的方法清洗公道杯，最后清洗品茗杯。

当面清洁茶具，既是对客人礼貌，又可以让壶身预热，更好地激发出茶香（图11-63～图11-67）。

（四）投茶

用茶匙将赏茶荷中的茶叶轻轻投入紫砂壶中（图11-68）。

图11-63　温壶

图11-64　温公道杯

图11-65　温品茗杯（一）

图11-66　温品茗杯（二）

图11-67　洗杯

图11-68　投茶

（五）浸润泡

将开水冲入紫砂壶中，注满整壶，左手提起壶盖将水面的泡沫轻轻刮掉，并清洗干净盖上。

当茶叶原料比较成熟或者粗老时，茶叶中可能会有灰尘杂质，因此第一泡汤可以不喝，直接倒掉（图11-69、图11-70）。

图 11-69　浸润泡（一）

图 11-70　浸润泡（二）

（六）冲泡

左手揭盖，右手提起水壶，继续向紫砂壶中注满开水，轻轻盖上盖子，并用开水浇淋整个壶身，使壶内外温度保持一致，最终使茶叶的香气更显，汤水更饱满（图 11-71）。

（七）出汤

将泡好的茶汤倾倒入公道杯中，此时可以通过公道杯观赏茶汤的颜色（图 11-72）。

图 11-71　冲泡

图 11-72　出汤

（八）分汤

将公道杯中的茶汤依序均分到各个品茗杯中，每个品茗杯倒七分满即可（图 11-73）。

图 11-73　分汤

下篇　茶生活

（九）奉茶

双手将泡好的茶送到客人面前，放在方便客人取放的位置。茶杯放好后，向客人伸出右掌，做出"请"的手势，或者配以语言说"请品茶"（图11-74、图11-75）。

图 11-74　奉茶　　　　　　　　　　　　　　图 11-75　请茶

（十）谢客

茶叶冲泡完成，将泡茶席面整理好，最后起身行礼谢客。

微课 30：紫砂壶冲泡技法

紫砂壶是中国特有的手工制造陶土工艺品，它独特的双气孔结构，既不夺茶香，也无熟汤气，能够最大限度地还原茶香味，被广大茶友所喜爱。那么，该如何正确使用紫砂壶呢？

五、茶叶冲泡"三要素"

日常生活中，虽然人人都能泡茶、喝茶，但要真正泡好茶、喝好茶并非易事。因此泡茶、喝茶是一项技艺、一门艺术。泡茶可以因时、因地、因人的不同而有不同的方法。泡茶时涉及茶、水、茶具、时间、环境等因素，把握这些因素之间的关系是泡好茶的关键。

茶叶中的化学成分是组成茶叶色、香、味的物质基础，其中多数能在冲泡过程中溶解于水，从而形成了茶汤的色泽、香气和滋味。泡茶时，应根据不同茶类的特点，调整水的温度、浸润时间和茶叶的用量，从而使茶的香味、色泽、滋味得以充分地发挥。综合起来，泡好一壶茶主要有三大要素：第一是茶水比例；第二是泡茶水温；第三则是浸泡时间和冲泡次数。

（一）茶水比例

茶叶用量应根据种类不同，茶具大小、不同等级而有所区别，一般而言，茶少水多，滋味淡薄；茶多水少，茶汤苦涩不爽。

一般情况下，饮茶应当有一个基本"浓淡适度"的标准，即 1 g 茶搭配 50 ～ 60 mL 开水的比例冲泡。如果是 200 mL 的杯（壶），那么，放上 3 ～ 4 g 的茶，冲水至七八成满，静置 3 ～ 5 min 就成了一杯浓淡适宜的茶汤。

品饮乌龙茶注重品味和闻香，故要汤少味浓，茶水比则为 1 g 茶冲泡 20 ～ 22 mL 水。若是以茶叶与茶壶容积比例来确定，投茶量则大致是茶壶容积的 1/3 ～ 1/2；而广东潮汕地区，投茶量达到茶壶容积的 1/2 ～ 2/3。

以上标准适合个人用盖碗或者是玻璃杯冲饮茶叶时参考使用。茶与水的用量还与饮茶者的个人喜好、饮茶时间长短有关，我们可依照个人对饮茶浓度的习惯酌情增减用量。但一般来说，茶不建议泡得太浓，因为浓茶有损胃气，对脾胃虚寒者更甚；同时，太浓或太淡的茶汤均不易体会出茶香嫩的味道。古人谓饮茶"宁淡勿浓"是有一定道理的。

（二）冲泡水温

泡茶水温与茶叶中有效物质在水中的溶解度呈正相关，在时间和用茶量相同的情况下，水温越高，溶解度越大，茶汤滋味越浓；水温越低，溶解度越低，茶汤滋味越淡。

泡茶水温的高低与茶的老嫩、松紧、大小有关（表 11-1）。

表 11-1　茶叶状态与冲泡水温关系表

茶叶状态	水温	茶叶状态	水温
粗老	高	细嫩	低
紧实	高	松散	低
整叶	高	碎叶	低

判断水的温度早期可用温度计作辅助，等熟悉之后就可凭经验来判断。请注意，所有的泡茶用水都须先烧沸，再以自然降温的方式来达到控温的目的。

（三）浸泡时间

茶叶的冲泡时间与茶叶种类、泡茶水温、投茶量和饮茶习惯等都有关。

如用茶杯泡饮普通红茶、绿茶，每杯放干茶 3 g 左右，用沸水 150 ～ 200 mL，冲泡时宜加杯盖，避免茶香散失，时间以 3 ～ 5 min 为宜。时间太短，汤浅味淡；时间长了，苦重涩显，清香不再。

对于注重香气的乌龙茶、花茶，泡茶时，为了不使茶香散失，不但需要加盖，而且冲泡时间不宜长，通常 40 ～ 60 s 即可。

另外，冲泡时间还与茶叶老嫩和茶的形态有关。一般说来，凡原料较细嫩，茶叶松散的，冲泡时间可相对缩短；相反，原料较粗老，茶叶紧实的，冲泡时间可相对延长。总之，冲泡时间的长短，最终还是以适合饮茶者的口味来确定为好。

（四）冲泡次数

茶叶中各种有效成分的浸出率是不一样的，最容易浸出的是氨基酸和维生素 C；其次是咖啡碱、茶多酚、可溶性糖等。一般茶冲泡第一次时，茶中的可溶性物质能浸出 50% ～ 55%；冲泡第二次时，能浸出 30% 左右；冲泡第三次时，能浸出约 10%；冲泡第四次时，只能浸出 2% ～ 3%，品饮价值就低了。所以，通常茶叶以冲泡三次为宜；当然，也可以通过缩短茶汤的浸泡时间来控制茶叶可溶性物质的浸出率，以达到增加冲泡次数的目的。

下篇　茶生活

如饮用颗粒细小、揉捻充分的红碎茶和绿碎茶，由于这类茶的内含成分很容易被沸水浸出，一般是冲泡一次就将茶渣滤去，不再重泡。速溶茶，也是采用一次冲泡法，工夫红茶则冲泡 2～3 次为宜。而条形绿茶如眉茶、花茶通常冲泡 2～3 次为宜。品饮乌龙茶多用小型紫砂壶，在用茶量较多时（约半壶）的情况下，可连续冲泡 4～6 次，甚至更多。适宜六大类茶叶的冲泡条件见表 11-2～表 11-7。

表 11-2　适宜绿茶冲泡的条件

茶类		细嫩程度	水温
绿茶		特别细嫩名优茶	80 ℃左右
		细嫩名优茶	85 ℃左右
		大宗绿茶	90 ℃以上
茶水比		浸泡时间	建议冲泡次数
单杯	1∶50	1～2 min	2～3 次
分杯	1∶30	前两泡约 30 s，之后每泡延长 15 s	3～4 次

表 11-3　适宜白茶冲泡的条件

茶类		细嫩程度	水温
白茶		白毫银针、白牡丹	90 ℃左右
		贡眉、寿眉	100 ℃开水
茶水比		浸泡时间	建议冲泡次数
分杯	1∶30	前两泡约 45 s，之后每泡延长 15 s	5～7 次

表 11-4　适宜黄茶冲泡的条件

茶类		细嫩程度	水温
黄茶		黄芽茶、黄小茶	90 ℃左右
		黄大茶	100 ℃开水
茶水比		浸泡时间	建议冲泡次数
单杯	1∶50	1～2 min	4～5 次
分杯	1∶30	前两泡约 30 s，之后每泡延长 15 s	

表 11-5　适宜乌龙茶冲泡的条件

茶类		细嫩程度	水温
乌龙茶		全部	100 ℃开水
茶水比		浸泡时间	建议冲泡次数
轻发酵	1∶20	前两泡约 30 s，之后每泡延长 15 s	7～9 次
重发酵		头泡即冲即出，之后每泡延长 10 s	

表 11-6　适宜红茶冲泡的条件

茶类		细嫩程度	水温
红茶		细嫩红茶	90 ℃左右
		大宗红茶	100 ℃开水
茶水比		浸泡时间	建议冲泡次数
单杯	1∶50	1～2 min	5～7次
分杯	1∶30	前两泡约 30 s，之后每泡延长 15 s	

表 11-7　适宜黑茶冲泡的条件

茶类		细嫩程度	水温
黑茶		全部	100 ℃开水
茶水比		浸泡时间	建议冲泡次数
分杯	1∶20 1∶30	建议快速润（洗）茶 1～2 泡后，前几泡需即冲即出，之后每泡延长 10～30 s	8～10次

微课 31：中国茶的冲泡要素

　　泡好茶，不如好好泡茶。由于品种、原料、工艺、采摘季节等诸多因素影响，不同的茶有着不同的特质。恰当的冲泡方法，或扬长、或避短，能将茶叶本身的特点发挥到更理想的状态。

专题二
齿颊留香：茶的品饮技艺

　　一杯好茶要如何品？一般可以从三个方面来进行，即一观，观色；二闻，闻香；三品，品味。

一、观赏茶汤颜色

　　所谓汤色（图 11-76），即冲泡茶叶后，内含成分溶解在沸水中的溶液所呈现的色彩。
　　茶汤泡好后应先看汤色，此时茶汤刚刚滤出，茶汤温度较高，不适宜立即品饮，以免烫伤舌面及口腔，这等待的时间恰好利于我们观赏茶汤颜色及嗅闻茶汤香气。观汤色要及时，动作要快，因茶汤中的成分和空气接触后很容易发生氧化变色，例如，绿茶的汤色氧化后变黄；红茶的汤色氧化会变暗等。时间拖延过久，部分茶汤还会出现浑汤而产生沉淀，如红茶茶汤的"冷后浑"现象。
　　一般情况下，随着茶汤温度的下降，汤色会逐渐变深。在相同的温度和时间内，红茶汤色变化大于绿茶，大叶种大于小叶种，嫩茶大于老茶，新茶大于陈茶。茶汤的颜色，

下篇　茶生活

以冲泡滤出后 10 min 以内来观察较能代表茶的原有汤色。

图 11-76　不同种类茶的汤色

不同茶类汤色会有明显区别，而且同一茶类中的不同花色品种、不同等级的茶叶汤色也会有差异（表 11-8）。绿茶汤色根据老嫩程度不同会呈现出碧绿、浅绿、深绿、杏绿或是黄绿等颜色，碧绿为最佳，浅绿、杏绿、深绿次之，黄绿更次；红茶汤色以金黄明亮、红艳明亮和红浓明亮为多，若在茶汤周边形成一圈金黄色的油环，俗称金圈，更属上品；乌龙茶的茶汤则会根据发酵程度以及焙火轻重的差别而呈现深浅不一的颜色，轻度发酵乌龙茶汤色多为蜜绿、黄绿或金黄，中度发酵乌龙茶汤色为深橙黄或橙红色，重度发酵乌龙茶汤色呈琥珀色；白茶汤色以嫩黄、清澈明亮为最佳，浅黄、深黄、橙黄或者橙黄中微泛红，都属于白茶在存放过程中呈现的正常汤色，存放年限越短汤色越浅，存放年限越长汤色越深。不管茶汤颜色浓或淡、深或浅，一定是清澈透明、不浑不暗的茶汤才是好茶。

表 11-8　正常茶汤颜色表

茶类	正常汤色表现
绿茶	碧绿、深绿、浅绿、杏绿、黄绿
白茶	嫩黄、浅黄、浅杏黄、黄、橙黄、橙红
黄茶	浅黄、杏黄、黄、橙黄、深黄
乌龙茶	蜜绿、蜜黄、黄绿、金黄、橙黄、橙红、琥珀色
红茶	金黄、红艳、红亮、红浓、粉红、浅红
黑茶	橙黄、深黄、红艳、红亮、红浓、红褐、褐

一般说来，凡属品质优秀的茶品，茶汤均以清澈明亮、无杂无沉淀为佳，一定不能浑浊、灰暗。

有些茶茶毫丰富，会引起茶汤出现"毫浑"现象。毫浑与普通的茶汤浑浊现象并不是一回事儿。所谓"毫浑"，并不是茶汤浑浊，而是幼嫩茶叶上的银白色茸毛经水冲泡部分脱落后，悬浮在茶汤中，透着光就能看到明显的细小的毫毛，这是茶叶细嫩的象征。

一般来说，茸毛多的茶，前一两泡会有些浑浊，之后就会变得清澈。而品质不好的茶汤，再怎么冲泡也是浑浊。

此外，注水的时候如果水柱比较急、比较粗，直接冲在茶叶上，导致茶叶翻滚，或者用煮茶法反复煮茶时，会让茶叶中比较小的物质混杂于茶汤中，茶汤当然也会出现浑浊了。

如果茶叶本身没问题，泡茶时的手法也没问题，那就应该是水质的原因了。一般来讲，硬水泡茶不如软水清澈，因为硬水中钙、镁、铁等金属离子含量高，它会与茶多酚类物质产生反应，导致茶汤出现浑浊，甚至飘起一层黑褐色的"锈油"。

▶小贴士：红茶茶汤的"冷后浑"

红茶则在茶汤温度降至 20 ℃以下后，常发生凝乳浑汤现象，俗称"冷后浑"。这是红茶色素和咖啡碱结合产生黄浆状不溶物的结果。冷后浑出现早且呈粉红色者是茶味浓、汤色艳的表征；冷后浑呈暗褐色，是茶味钝、汤色暗的红茶。

茶汤之所以会呈现"冷后浑"，那是由于茶叶中的茶多酚在氧化的过程中转化为茶黄素（TF）和茶红素（TR）与化学性质比较稳定而微带苦味的咖啡碱形成络合物。咖啡碱的特点是能溶于水，尤其易溶于 80 ℃以上的热水。在泡茶时，茶黄素的溶解度受水温的影响明显，茶汤在高温（接近 100 ℃）时，它们各自呈游离状态，溶于热水中，使得看到的茶汤是明澈透亮的。随着茶汤温度逐步变低变凉，茶黄素就会以"扎推"的方式构成一种络合物，这种络合物不易溶于冷水而易溶于热水。当茶汤冷却之后，便出现乳酪状物质，悬浮于茶汤中，使茶汤浑浊成乳状，即"冷后浑"景象。许多茶友会由于红茶"冷后浑"的现象而以为这款茶质量欠佳。实际上恰恰相反，红茶的"冷后浑"现象在高级茶汤中尤为明显，说明茶叶中有效化学成分含量高，是茶叶品质良好的象征。

二、嗅闻茶汤香气

嗅香气的技巧很重要。茶汤温度过高时，不宜嗅闻茶香，以免高温水蒸气烫伤鼻腔。最适合嗅茶叶香气的叶底温度为 45 ～ 55 ℃，超过此温度时，感到烫鼻；叶底温度低于 30 ℃时，茶香低沉，特别对染有异气的茶叶，容易随热气挥发而变得难以辨别。

嗅香气应以左手握杯，右手将盖开 45° 左右的缝，靠近杯沿用鼻趁热深嗅杯中叶底发出的香气；也可将整个鼻部深入杯内，接近叶底以扩大接触香气面积，增加嗅感。为了正确判断茶叶香气的高低、长短、纯异等，嗅时应重复一两次，但每次嗅闻不宜过久，一般在 3 s 以内，以免因嗅觉疲劳而失去灵敏感。嗅茶香的过程是：吸（1 s）——停（0.5 s）——吸（1 s），依照这样的方法嗅出茶的香气是"高温香"。另外，可以在品味时，嗅出茶的"中温香"。而在品味后，可嗅茶的"低温香"或者"冷香"。好的茶叶，有持久的香气。只有香气较高且持久的茶叶，才有余香、冷香，也才会是好茶。

除从氤氲的水汽中热闻茶香外，还可以闻杯盖上的留香，或是用闻香杯慢慢地细闻杯底香。如青茶冲泡后有一股浓郁的天然花果香，红茶具有甜香和花香，绿茶则有清香，花茶除了茶香外，还有不同的天然花香。茶叶的香气与所用原料的鲜嫩程度和制作技术的高低有关，原料越细嫩，所含芳香物质越多，香气也越高。

三、品尝茶汤滋味

茶汤滋味是茶叶的苦、涩、酸、甜、鲜等多种呈味物质综合反映的结果，如果它们的数量和比例适合，茶汤滋味就会变得鲜醇可口，回味无穷。茶汤的滋味以微苦中带甘、醇厚顺滑者为最佳。好茶喝起来甘醇浓稠，有活性；饮后喉头滋润、生津回甘的感觉会持续很久。

由于舌的不同部位对滋味的感觉不同（图11-77），所以，尝味时要使茶汤在舌头上循环滚动，才能正确且全面地分辨出茶味来。品滋味时，舌头的姿势要正确。把茶汤吸入口腔后，舌尖顶住上层齿根，嘴唇微微张开，舌稍上抬，使茶汤摊在舌的中间部分，再以腹式呼吸用口慢慢吸入空气，使茶汤在舌上微微滚动，在口腔内回旋，让茶汤和味蕾充分接触，品味出滋味。这种品茶方式往往会发出声音，因此也叫啜茶。"啜"可会意，"啜"字的右边四个"又"字，就是要让茶汤在口腔内一次又一次回旋。若初感有苦味的茶汤，应抬高舌位，把茶汤压入舌根，进一步评定苦的程度。对有烟味的茶汤，应把茶汤送入口后，嘴巴闭合，舌尖顶住上颚板，用鼻孔吸气，把口腔鼓大，使空气与茶汤充分接触后，再由鼻孔把气放出。这样重复二三次，对烟味的判别效果就会明确。

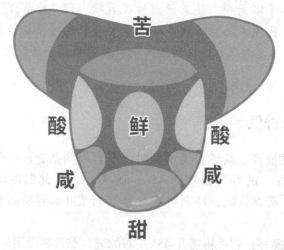

图11-77 舌头的味觉分布

品味茶汤的温度以40～50℃为最适合，如高于70℃，味觉器官容易烫伤，影响正常的品味；低于40℃时，味觉器官对茶汤滋味的灵敏度降低，在较低温度的茶汤中，溶解在热汤中的物质逐步被析出，汤味由协调变为不协调，影响我们对茶叶品质的判断。我们在品饮茶汤甚至是进食时，茶汤和食物入口温度不超过55℃最为适宜，可以降低食管鳞状细胞癌发生的机制。

品味茶汤时，每一口茶汤的量以5～10 mL最适宜。过多时感觉满嘴是汤，在口中难以回旋辨味；过少则觉得嘴空，口腔不能充分触汤，不利于辨别。将茶汤在舌中回旋2

次，品味 3 次即可。如果先后品饮多种茶，为了更精确判断滋味，品完茶后应以温开水漱口，把口中残余的茶汤香气和滋味洗去，才能准确品饮下一泡茶。

品味主要是品茶的浓淡、强弱、爽涩、鲜滞、纯异等。为了真正品出茶的本味，在品茶前最好不要吃有强烈刺激味觉的食物，如辣椒、葱蒜、糖果等，也不宜吸烟，以保持味觉与嗅觉的灵敏度。在喝下茶汤后，喉咙感觉应是软甜、甘滑，有韵味，齿颊留香，回味无穷。

文化拓展

奇妙的舌头

我们的舌头之所以能感觉到味道，是因为舌头上有被称为味觉感受器的味蕾和舌神经。研究表明，人类能够区分出 4 000 ～ 10 000 种不同的味质，这些味质的味道虽然有所不同，但本质上都是由咸、酸、甜、苦、鲜五种基本的味觉组合形成的。而我们喝茶时除了这五种味觉以外，往往会提到"涩"，涩曾经也被人们认为是一种味道，但如今它已经被踢出味觉领域，被证明是一种口感。

我们舌头的每个区域都能尝出 5 种基本味道，只是不同区域对每种味道的敏感阈值不同。一般来说，舌尖的味蕾对甜味比较敏感，舌两侧后部的味蕾对酸味比较敏感，舌两侧的前部对咸味比较敏感，而舌根和少量分布在软腭的味蕾则对苦味比较敏感。

很多人在刚刚开始学喝茶的时候，第一口茶汤多数人的第一反应都是"哇，好苦"，而长期喝茶的人往往不会觉得这个茶苦，这是什么原因呢？同样的茶汤为什么会有两种截然不同的结论呢？是因为长期喝茶的人味觉迟钝吗？其实长期喝茶的人味觉并不会迟钝，反而会比一般人更灵敏。当然，如果长期喝高浓度的茶，对味觉可能会有一定的影响。

我们的舌尖很敏感，比舌头其他部分更甚，当对舌头没有刺激的食物入口时，舌尖可能会产生甜的错觉，例如，有时候我们喝白水也会感觉甜就是这个道理。当茶汤入口，舌尖马上就会感应到苦，这个时候茶汤也确实是有苦味的。但我们喝茶时苦和涩都是茶汤滋味的正常表现，只要在吞咽以后苦味和涩味能够散掉，我们往往不会把该茶的滋味定义为苦。而我们认为真正有苦味的茶汤应该是我们吞咽之后舌根部位长时间都还有苦味没有散掉，这种茶汤我们往往会定义为苦。

当我们说到或者听到果脯类的小吃，如各种梅子，舌头两侧及腮帮子往往会不由自主地分泌出唾液来，这就是舌头感觉酸的部位的自然反应。而"鲜"在生活中最常见的就是"味精"了，它是氨基酸的一种，舌头感受到的鲜味其实就是氨基酸的味道。

随着年龄的增长，舌头表面味蕾的数量是逐渐减少的，功能也会出现减退，我们的味觉也一定程度会迟钝。临床研究发现，60 岁以上的人与 20 ～ 40 岁的人相比，对食盐、蔗糖等物质的敏感度大幅下降。而疾病、药物、吸烟等因素的干扰，也会导致人的味觉功能失调，甚至丧失。

📖 文化践行

一、综合实践

1.用玻璃杯冲泡绿茶，一般冲水入杯至（　　）为宜。

　　A.一二成满　　　　　　　　　　　B.三四成满

　　C.五六成满　　　　　　　　　　　D.七八成满

2.在味觉的感受中，舌头各部位的味蕾对不同滋味感觉不一样，（　　）易感受苦味。

　　A.舌尖　　　　　B.舌心　　　　　C.舌根　　　　　D.舌内侧

3.潮汕工夫茶的"茶房四宝"中泡茶的小壶名叫（　　）。

　　A.大彬壶　　　　B.孟承壶　　　　C.供春壶　　　　D.曼生壶

4.潮汕工夫茶以三泡为止，要求各泡的茶汤浓度（　　）。

　　A.随心所欲　　　B.由浓到淡　　　C.因人而异　　　D.一致

5.要想品到一杯好茶，首先要将茶泡好，需要掌握的要素是：选茶、择水、备器、雅室、（　　）。

　　A.冲泡和品尝　　　　　　　　　　B.观色和闻香

　　C.冲泡和奉茶　　　　　　　　　　D.品茗和奉茶

6.在冲泡茶的基本程序中煮水的环节讲究根据茶叶品种不同，所需（　　）不同。

　　A.水质　　　　　B.煮水器皿　　　C.时间　　　　　D.水温

7.品茶区别于喝茶，主要是品茶至少从（　　）来欣赏。

　　A.外形、滋味、叶底　　　　　　　B.茶具、环境、水质

　　C.茶艺、茶具、茶品　　　　　　　D.观色、闻香、品味

8.红茶品饮时，为了更好地观赏汤色，一般选用（　　）。

　　A.玻璃　　　　　B.金属　　　　　C.陶土　　　　　D.瓷器

9.最适宜的嗅香温度是（　　）

　　A.35～45℃　　　B.45～55℃　　　C.55～60℃　　　D.60～70℃

10.观赏茶汤的颜色，以冲泡滤出后（　　）分钟以内来观察较能代表茶的原有汤色。

　　A.10　　　　　　B.15　　　　　　C.20　　　　　　D.30

二、各抒己见

1.泡出一杯好茶，需要同时掌握哪些要素？

2.从不同维度简述"喝茶"与"品茶"的区别。

三、生活实践

根据科学的布席原则布一方茶席并完成泡茶流程，简要阐述什么样的布席方法和泡茶流程称得上"科学"。

参 考 文 献

［1］刘勤晋.茶文化学［M］.3 版.北京：中国农业出版社，2020.

［2］冯梦龙.警世通言［M］.杭州：浙江文艺出版社，2003.

［3］姚春鹏.黄帝内经［M］.北京：中华书局，2010.

［4］朱光潜.谈美［M］.上海：东方出版中心，2016.

［5］（汉）司马迁.史记［M］.北京：中华书局，2009.

［6］杨伯峻.论语译注［M］.2 版.北京：中华书局，2019.

［7］（魏）王弼.老子道德经注校释［M］.楼宇烈，校释.北京：中华书局，2018.

［8］（清）郭庆藩.庄子集释［M］.3 版.王孝鱼，点校.北京：中华书局，2019.

［9］余悦，叶静.中国茶俗学［M］.西安：世界图书出版西安有限公司，2014.

［10］周宏杰，李亚莉.民族茶艺学［M］.北京：中国农业出版社，2018.

［11］童启庆.茶树栽培学［M］.北京：中国农业出版社，2000.

［12］陆松侯.茶叶审评与检验［M］.北京：中国农业出版社，2005.

［13］陈宗懋.中国茶经［M］.上海：上海文化出版社，2011.

［14］虞富连.中国古茶树［M］.昆明：云南科技出版社，2016.

［15］江燕，黎星辉，浦滇等.基于茎材解剖结构的茶树树龄测定方法［J］.茶叶科学，
　　 2020，40（4）：492-500.

［16］梁名志，夏丽飞，张俊，等.老树茶与台地茶品质比较研究［J］.云南农业大学学报，
　　 2006，（04）：493-497.

［17］黄炳生.云南省古茶树资源概况［M］.昆明：云南美术出版社，2016.

［18］张颖彬，刘栩，鲁成银.中国茶叶感官审评术语基元语素研究与风味轮构建［J］.
　　 茶叶科学，2019，39（04）：474-483.

［19］叶喆民.中国陶瓷史［M］.北京：生活·读书·新知三联书店，2011.

［20］李辉柄.李辉柄陶瓷论集［M］.北京：故宫出版社，2013.

［21］田自秉.中国工艺美术史［M］.北京：商务印书馆，2014.

［22］姚江波.唐宋白瓷鉴定［M］.上海：上海科学技术文献出版社，2016.

［23］赵宏.中国陶瓷文化史［M］.北京：中国言实出版社，2015.

［24］程金城.中国陶瓷美学［M］.兰州：甘肃人民美术出版社，2007.

［25］李辉柄.宋代官窑瓷器［M］.北京：中央编译出版社，2008.

［26］马未都.马未都说收藏·陶瓷篇（上、下）［M］.北京：中华书局，2008.

［27］刘涛.宋瓷笔记［M］.北京：生活·读书·新知三联书店，2014.

［28］晋佩章.中国钧瓷艺术［M］.郑州：中州古籍出版社，2006.

［29］王子怡.中日陶瓷茶器文化比较研究［M］.北京：人民出版社，2010.

［30］李炳辉.青花瓷鉴定［M］.2 版.北京：故宫出版社，2012.

［31］廖宝秀．历代茶器与茶事［M］.北京：故宫出版社，2017.

［32］丁丹丹．唐代瓷质茶具的造型艺术研究［D］.株洲：湖南工业大学，2013.

［33］林乾良．南宋《茶具图赞》简介［J］.茶叶，2019，45（2）：114-115.

［34］周亚东，汪瑾．宋代建盏造物思想研究［J］.美术与设计，2020，（06）：136-139.

［35］李委委．宋代五大名窑的设计思想研究［J］.山东艺术学院学报，2022，（05）：64-68.

［36］张从军．文心与格物：紫砂壶起源考［J］.济南大学学报（社会科学版），2018，2（06）：98-104.

［37］金坛民间艺术［J］.建筑与文化，2006（S1）：58-59.

［38］朱丽华，霍福海．茶之水［M］.武汉：武汉大学出版社，2015.

［39］刘昭瑞．中国古代饮茶艺术［M］.西安：陕西人民出版社，2002.

［40］劳动和社会保障部中国就业培训技术指导中心组织．茶艺师：初级技能 中级技能 高级技能［M］.北京：中国劳动社会保障出版社，2004.

［41］朱海燕，肖蕾．零基础茶艺入门［M］.哈尔滨：黑龙江科学技术出版社，2019.